RECHERCHES CHIMIQUES

SUR LES CORPS GRAS

D'ORIGINE ANIMALE

ÉDITION IMPRIMÉE POUR LE CENTENAIRE DE 1789

DÉCISION DU 1er DÉCEMBRE 1888

RENDUE PAR M. LE GARDE DES SCEAUX FERROUILLAT

MINISTRE DE LA JUSTICE ET DES CULTES

APPROUVANT LE RAPPORT DE M. LE DIRECTEUR DE L'IMPRIMERIE NATIONALE

Grâce à l'obligeance de M. Ch. Brongniart, il nous a été possible de faire figurer en tête de ce volume la reproduction de la belle médaille exécutée par M. Roty en 1886 pour le centenaire de M. Chevreul.

DOYEN DES ETVDIANTS

MICHEL EVGENE CHEVREVL MEMBRE DE L'ACADEMIE DES SCIENCES

RECHERCHES CHIMIQUES

SUR LES CORPS GRAS

D'ORIGINE ANIMALE

PAR

E. CHEVREUL

AVEC UN AVANT-PROPOS DE M. A. ARNAUD

AIDE-NATURALISTE AU MUSÉUM D'HISTOIRE NATURELLE

> On doit tendre avec effort à l'infaillibilité sans y prétendre.
>
> MALEBRANCHE.

PARIS

IMPRIMERIE NATIONALE

M DCCC LXXXIX

AVANT-PROPOS.

M. Henri Chevreul allait écrire l'introduction aux *Recherches chimiques sur les corps gras*, comme il avait écrit celle qui précède la *Loi du contraste simultané des couleurs*, lorsqu'il fut enlevé à l'affection des siens, après une courte maladie, le 27 mars 1889, sans avoir pu achever de réaliser ce pieux devoir envers son père, alors plus que centenaire.

Si le grand âge de Michel-Eugène Chevreul lui interdisait de s'occuper activement de la réimpression de ses deux principaux ouvrages, faite par l'Imprimerie nationale pour l'Exposition universelle de 1889, le vénérable savant a néanmoins suivi pendant plusieurs mois avec grand intérêt le progrès de cette nouvelle édition de ses œuvres capitales. Cependant, il ne lui était pas réservé de voir terminer cette consécration de son existence scientifique, car il s'éteignait doucement quelques jours après son fils, le 9 avril 1889, dans sa cent troisième année.

Les *Recherches chimiques sur les corps gras d'origine animale* constituent un travail magistral, qui ouvrit à Chevreul les portes de l'Institut. Pour apprécier dignement un tel travail, il fallait l'autorité d'un savant éminent. Aussi ai-je été heureux de trouver parmi les documents réunis par M. Henri Chevreul, en vue de l'introduction qu'il était près d'écrire, quelques pages du plus grand intérêt. Elles contiennent l'appréciation de Dumas, notre illustre chimiste, qui fut le condisciple de Chevreul pendant un demi-siècle. Dans un discours prononcé à la séance solennelle de la Société d'encouragement à l'industrie nationale, le 10 décembre 1851, J.-B. Dumas s'exprime ainsi :

Aujourd'hui notre Conseil décerne le prix d'Argenteuil à M. Chevreul, l'auteur du *Traité des corps gras;* il a pleine confiance dans l'accueil que la France et l'Europe feront à cette décision nouvelle. En effet, jamais la puissance de la science pure, la grandeur des résultats qu'il est permis d'obtenir par un travail persévérant n'ont été mises dans une plus complète évidence.

Il y a vingt-huit ans, M. Chevreul publiait son célèbre *Traité des corps gras.*

Jusqu'alors tout à fait inconnue, la nature des huiles et des graisses y était dévoilée tout d'un coup, et d'une manière si complète que les années n'y ont rien changé.

Les corps gras peuvent être considérés comme des sels dont la base varie, dont les acides varient aussi : c'est dans les acides que le caractère gras réside surtout; c'est en eux que consiste la partie la plus abondante des corps gras, car ils font presque toujours neuf dixièmes de leur poids au moins.

Ces acides sont tantôt solides comme de la cire, tantôt liquides comme de l'huile, tantôt volatils comme des essences. Ils peuvent être séparés des corps gras naturels par des bases, telles que la chaux, qui s'en emparent; par des acides, tels que l'acide sulfurique, qui les mettent en liberté; par la distillation, qui les rend libres aussi.

Enfin ils peuvent former des savons solubles avec la soude et la potasse. Vous comprenez dès lors combien d'industries les recherches si savantes et si exactes de M. Chevreul sur les corps gras ont fait naître et ont métamorphosées.

C'est de là qu'est née la fabrication de la bougie stéarique, qui a déplacé tout d'un coup l'ancienne bougie de cire, qui, peu à peu, repousse à son tour la chandelle de la consommation.

C'est de là qu'est sorti l'emploi de l'acide oléique pour la préparation des laines au tissage, emploi devenu général aujourd'hui.

C'est de là que dérivent, en ce moment même, ces imitations inattendues des essences naturelles des plantes, au moyen des acides volatils que M. Chevreul a reconnus dans les matières grasses.

Changés en éthers par les procédés de la chimie, ces acides volatils reproduisent souvent des essences suaves, parfois identiques avec celles que la nature fabrique, et tendent à devenir la base d'un nouveau commerce, dont personne ne saurait prévoir la portée.

C'est du *Traité des corps gras*, devenu le manuel du savonnier, que proviennent, en ligne directe, toutes les améliorations que cette industrie a réalisées depuis vingt ans.

C'est là que l'agriculture a appris, à son tour, à raisonner les manipulations qui fournissent le beurre; c'est à cette école qu'elle apprendra l'art de l'obtenir abondant et de bon goût.

Chaque page du *Traité des corps gras* renferme une industrie nouvelle en germe. Les indications sont si précises, qu'en transportant sur quelques milliers de kilogrammes des opérations exécutées par M. Chevreul sur quelques grammes de matières, le manufacturier retrouve avec surprise et non sans respect les chiffres exacts donnés par l'auteur.

M. Chevreul! nombre d'industries vous doivent la vie, une foule d'entre elles vous doivent la théorie qui les guide. Dans toutes les opérations dont les corps gras sont l'objet, vous avez fait succéder à la routine un raisonnement sûr de sa marche, aux ténèbres la clarté!

Vous avez créé l'industrie des bougies stéariques par la saponification; depuis peu, vos élèves, vos successeurs y ont ajouté, en s'appuyant sur vos propres travaux, la fabrication des bougies par la distillation des acides gras, l'emploi de l'acide oléique dans le travail des draps, l'intervention des acides gras dans la fabrication des essences artificielles. C'est par centaines de millions qu'il faudrait compter les produits auxquels vos découvertes ont donné naissance; la France, l'Angleterre, la Russie, la Suède, l'Espagne, le monde entier se livre à leur fabrication et trouve dans leur emploi une source nouvelle de jouissance, de bien-être et de salubrité.

Le Conseil a pensé que les applications récentes que vos travaux ont fait surgir justifiaient l'application qu'il vous a faite du legs du marquis d'Argenteuil; il a aussi pensé que ces applications doivent être reportées à leur source commune et qu'aucune d'elles n'eût pu se passer du secours qu'elle y avait puisé.

M. Chevreul! le Conseil et la Société se sentent honorés d'avoir à vous décerner le prix. Il résume et consacre l'opinion de l'Europe savante sur les travaux dignes de servir de modèle à tous les chimistes.

Aux paroles éloquentes de Dumas il n'y a rien à ajouter, si ce n'est, peut-être, de les faire suivre d'un document curieux, résumant la carrière si bien remplie de Chevreul. Ce document écrit de sa main, sur deux pages en regard, a été rédigé vers l'année 1860. Il constitue une véritable autobiographie, que nous reproduisons en fac-similé ci-après. Complétons-en seulement les indications : Chevreul fut nommé grand-croix de la Légion d'honneur dans l'année 1875, alors qu'il exerçait les hautes fonctions de directeur du Muséum d'histoire naturelle, fonctions qu'il a remplies avec un si grand dévouement jusqu'à l'âge de quatre-vingt-dix-sept ans.

En terminant, qu'il me soit permis de remercier ici M. Eugène Chevreul, petit-fils de mon vénéré maître, de l'honneur qu'il m'a fait en me confiant le soin de coordonner ces quelques documents. C'est un bien faible hommage rendu à Chevreul par son dernier élève et disciple.

A. ARNAUD.

Chevreul (Michel Eugène) né à Angers Dépt de Maine et Loire le 31 août 1786

il a fait ses études à l'école centrale d'Angers en l'an 9 – 10 – 11 de la république. il a remporté les premiers prix de langue latine, de langue grecque, de minéralogie et de chimie.

en 1803 il vint à Paris où il a étudié la chimie sous Mr Vauquelin –

en 1809 il a succédé à son maître dans l'enseignement particulier qui avait été fondé par Fourcroy. il l'a continué jusqu'en 1818 –

le 21 mars 1810 il fut nommé aid. naturaliste au Muséum d'histoire naturelle

le 9 novembre 1813 il fut nommé agrégé professeur pour les sciences physiques au Lycée Charlemagne

le 2 octobre 1817 professeur titulaire pour les sciences physiques.

le 2 mai 1821 un des auteurs du Journal des savants

à partir de l'année 1821 jusqu'en 1840 il a fait les examens de chimie à l'école polytechnique

le 9 septembre 1824 il fut nommé Directeur des teintures des manufactures royales –

de l'année 1826 à l'année 1840, il a fait aux Gobelins un cours de chimie appliquée à la teinture – et tous les deux ans depuis un cours sur la loi du contraste simultané des couleurs et ses applications aux arts et aux beaux arts –

l'année le 7 février 1830 il a été nommé professeur administrateur du Muséum d'histoire naturelle –

Mr Chevreul a été nommé

1 membre de la société philomathique le 16 mai 1808

2 associé libre de l'académie royale de médecine, le 1 avril 1823

3 membre de ~~l'[illegible]~~ la société de pharm. du nord de l'all. le 10 juin 1825

4 membre de l'Institut de France le 7 août 1826

5 membre de la société royale de Londres le 23 novembre 1826

6 membre de l'académie royale de Stockholm le 13 mai 1829

7 membre de la société industrielle d'angers le 2 mai 1830

8 membre de la société Royale et centrale d'agriculture de France le 22 avril 1832

9 membre de l'académie des sciences de copenhague le 16 mai 1833

10 membre de l'académie Royale de Berlin le 10 juin 1834

11 membre de la société d'émulation de Rouen le 16 d'août 1839

12 membre de la société de médecine d'angers le 9 de mai 1842

13 membre de la société impériale des curieux de la nature de Moscou 19 de nov 1842

14 membre de la société médicale d'émulation de [illegible] le 27 septembre 1842

15 membre de la société d'agriculture et des arts utiles de Lyon le 23 de juin 1843

16 membre de l'institut des [illegible] 20 juin 1845

17 membre de l'académie des sciences de Naples 21 de février 1866

18 membre de la société d'agriculture de New-York 4 décemb. 1841

19 membre de la société d'agriculture de Bologne 10 de février 1850

20 membre de la société imp. d'agriculture de Moscou 25 oct 1851

21 membre de l'académie de Lyon le 13 de juin 1852

22 memb. de l'académie impériale des sciences de St Petersbourg le 29 décemb. 1853

23 membre corresp. de la société des géorgophiles de Florence 8 de juin 1854

24 membre de l'académie Rle des lettres et des sciences de [illegible] 1858

membre de l'académie des curieux de la nature 1860

Docteur honoraire en médecine et en chirurgie de la facd. Berlin le 16 d'octobre 1860

décoration de la garde nationale 1 sept. 1815

chevalier de la legion d'honneur 17 [illegible] 1823

officier 29 d'avril 1838

commandeur 26 d'avril 1840

chevalier de Danneborg 11 de février 1835

chevalier de l'ordre de notre dame de la conception avec droit en sautoir 12 de juillet 1855

Commandeur avec plaque de l'ordre du christ de juillet 1860

À

NICOLAS-LOUIS VAUQUELIN

MON MAÎTRE

INTRODUCTION.

Inconvénients d'exposer de nombreuses recherches sur un même sujet dans une suite de mémoires

Lorsqu'on entreprend un travail de chimie susceptible de s'agrandir, la nécessité où l'on se trouve de le commencer presque toujours par un ordre de faits que le hasard présente, oblige l'auteur, dans l'exposition qu'il fait successivement de ses recherches, de suivre une route qu'il n'aurait pas choisie, si, maître de l'ensemble de son travail, avant de le donner au public, il l'avait disposé dans l'ordre qu'il aurait jugé le plus convenable : une suite de cette nécessité le force à se répéter, soit pour rectifier ce qu'il a dit d'abord, soit pour compléter ses premières observations, soit enfin pour faire sentir toute l'importance que méritent des choses auxquelles il n'avait accordé qu'une légère attention. Ajoutez à cela l'inconvénient des expériences incidentes, nécessaires cependant pour éclaircir les recherches principales ou légitimer des inductions que l'on en tire; l'inconvénient de désigner par des périphrases des substances qui ne sont point encore assez bien connues pour qu'on puisse leur imposer un nom particulier, et vous sentirez combien la lecture d'un certain nombre de mémoires sur un même sujet sera fatigante pour la plupart des lecteurs, et combien ils seront disposés à prendre une idée défavorable d'un travail qui sera le fruit de longues observations et de nombreuses expériences.

Il y a des gens qui sont d'une sévérité extrême dans le jugement qu'ils portent sur l'homme qui a soumis un même sujet à des recherches multipliées; ils ne lui passent point les erreurs qu'il a commises, et, loin de lui savoir gré des obstacles qu'il a franchis, des chemins qu'il a frayés, ils accueillent ce qu'il a fait de bien avec indifférence et comme un résultat tout simple du temps qu'il a consacré à son travail : ils réservent leurs éloges pour celui qui présente à leur curiosité, dans un court espace de temps, des travaux divers dans chacun desquels il n'y a qu'un petit nombre de faits intéressants que l'esprit saisit sans peine, parce que, isolés, ils ne font point un système, qui exige toujours quelque étude pour être compris lorsqu'on en veut apprécier la valeur réelle. Les gens dont nous parlons ignorent que la découverte des faits saillants, isolés, est généralement plus facile que celle des faits secondaires qui servent de lien aux premiers; car ceux-ci s'offrant pour ainsi dire d'eux-mêmes, leur découverte est souvent le fruit du hasard. Ce n'est que lorsqu'on veut les unir avec d'autres, distinguer des faits principaux pour y subordonner ceux qui n'en sont que des conséquences, que les obstacles se multiplient et que le temps s'écoule avec une rapidité effrayante pour l'observateur qui n'aperçoit point encore de terme à ses efforts. Cependant, si cette manière de travailler est pénible, elle a des avantages incontestables et pour l'avancement de la science et pour l'observateur lui-même, à qui elle présente fréquemment l'occasion de contrôler les conséquences qu'il a tirées de ses premières expériences.

Avantages des recherches détaillées sur un même sujet pour la science.

On dit que la chimie se compose de faits, mais des faits seuls ne constituent pas cette science; car lorsqu'on donne des définitions générales, lorsqu'on forme des groupes de corps d'après des propriétés analogues et des propriétés différentes, il a fallu nécessairement interpréter des faits déjà observés pour établir les rapports qui les lient. Lorsqu'on définit, il y a donc des rapports établis et on reconnaît des propriétés de différents ordres, quant à l'importance qu'on attribue à chacune d'elles : dès lors il y a plus que des faits, quoique en dernier ressort toute interprétation, toute définition, doivent s'appuyer sur des faits bien observés. Priestley a découvert un grand nombre de corps importants; il a reconnu la plupart de leurs propriétés, et certainement il a fourni à la science plus de faits proprement dits que Lavoisier; cependant, sans que nous ayons l'intention de diminuer en rien la gloire du savant anglais, nous pouvons dire, sans crainte d'être démenti, que la postérité a placé Lavoisier au-dessus de lui. Quelle en est la cause, si ce n'est pas la manière dont les faits ont été interprétés? Ce qui est vrai pour les faits qui ont servi de base à la théorie antiphlogistique doit l'être pour ceux qui restent à découvrir : nous pensons donc qu'au lieu de recueillir sur des sujets très différents des faits qui manquent de corrélation, il est préférable pour les progrès de la science de rassembler le plus possible des faits analogues, de les coordonner ensemble, afin d'en déduire les conséquences générales, qui seules peuvent imprimer à un ensemble de faits le caractère constitutif de la science.

Avantages des recherches détaillées sur un même sujet pour l'observateur.

Si on reconnaît la nécessité d'estimer le degré de certitude des résultats qu'on a obtenus, rien n'y est plus propre que la marche que nous avons suivie : en effet, veut-on déterminer les rapports chimiques des corps qu'on vient de découvrir, il se présente des difficultés dépendantes du mode suivant lequel la chimie procède dans ses moyens d'observation. Personne n'ignore qu'il n'y a pas de découvertes sans expériences exactes; mais l'art d'exécuter ces expériences, tout mécanique qu'il est, offre des obstacles de plus d'un genre à surmonter. Cependant de l'exactitude des moyens ou des instruments dépend celle des résultats; il est donc indispensable, avant d'employer ces moyens ou ces instruments, d'en reconnaître le degré de précision, soit qu'on les emprunte à ceux qui nous ont précédés, soit que la nature des travaux auxquels on se livre oblige à en inventer de nouveaux. Or un travail sur des corps analogues et peu connus conduit nécessairement celui qui l'entreprend à déterminer le degré de précision de ses méthodes d'observer, parce que, d'une part, il trouve dans le grand nombre d'expériences qu'il fait pour connaître ces corps sous un même rapport l'occasion fréquente de vérifier ses premières observations, et qu'il est ainsi conduit ou à prendre en considération telle différence entre des résultats qu'il aurait négligée s'il s'était borné à faire un petit nombre d'expériences, ou à négliger telle différence qui l'avait frappé d'abord, mais qui ne se reproduit pas constamment dans des expériences subséquentes; parce que, d'une autre part, en multipliant les rapports sous lesquels des corps analogues sont susceptibles d'être envisagés, il trouve dans les expériences les plus faciles le moyen de contrôler celles qui présentent plus de difficultés pour être faites exactement.

Nos motifs pour étudier les composés organiques.

Lorsque nous avons commencé l'étude des sciences physiques, nous avons été frappé du vague qui régnait alors dans la chimie organique, en même temps que nous avons aperçu l'étendue des applications qu'on peut faire de cette branche de la philosophie naturelle aux sciences physiologiques et anatomiques, à la médecine, et à ces arts nombreux dont l'objet est de préparer avec la matière des corps organisés des substances utiles à l'homme. Tels sont les motifs qui nous ont engagé depuis longtemps à réfléchir sur tout ce qui se rattache aux connaissances chimiques des produits de l'organisation.

Manière dont nous avons examiné la composition des substances organiques.

Nous nous sommes appliqué à connaître les principes que l'on sépare immédiatement des végétaux et des animaux, parce que *cette connaissance est la base de la chimie organique et de toutes ses applications*. Pénétré de cette vérité, nous avons entrepris nos recherches sur les substances astringentes, naturelles et artificielles, sur l'extractif, sur les matières colorantes, recherches qui ont précédé nos travaux sur les corps gras. Ce n'est qu'après avoir fait tous nos efforts pour isoler les espèces des principes immédiats qui constituaient les matières soumises à notre examen, que nous avons cherché d'abord à caractériser chaque espèce par des propriétés chimiques et par un ensemble de propriétés physiques, ensuite à déterminer les rapports que ces espèces ont ensemble et ceux qu'elles ont avec les corps déjà décrits.

Manière dont nous avons considéré l'analyse organique.

En même temps que nous nous sommes efforcé d'atteindre ce but, nous avons fixé notre attention sur l'instrument même de nos recherches, c'est-à-dire sur *l'analyse organique elle-même*. Nous avons cherché à reconnaître le mode d'action des réactifs le plus ordinairement employés, ainsi que l'influence des circonstances principales dans lesquelles on fait agir ces réactifs sur les composés organiques. Par exemple, dans nos recherches sur les substances astringentes artificielles, nous avons étudié l'action des acides sulfurique et nitrique sur un assez grand nombre de substances; dans nos recherches sur les matières colorantes et sur l'extractif des feuilles de pastel,

1° relativement aux réactifs qu'elle emploie.

nous nous sommes appliqué à reconnaître comment les sels et leurs principes immédiats agissent en général sur les principes colorants et sur les matières organiques qu'ils précipitent. En publiant la description de notre digesteur distillatoire, nous avons examiné plusieurs questions relatives à l'usage des dissolvants dans l'analyse organique, et nous avons donné un moyen facile de faire agir les dissolvants à une température plus élevée que celle qu'ils peuvent atteindre lorsqu'ils sont chauffés sous la simple pression de l'atmosphère. Enfin nos dernières recherches nous ont fait voir que l'alcool, l'éther sulfurique, l'acide nitrique, ne forment pas de matières grasses lorsqu'ils agissent sur plusieurs substances azotées.

4° relativement aux circonstances principales dans lesquelles on l'opère.

Relativement aux circonstances principales dans lesquelles on pratique les procédés de l'analyse organique, nous avons vu que l'action de la chaleur sur les substances végétales et animales donne des résultats différents, suivant que ces substances sont chauffées avec ou sans le contact de l'oxygène atmosphérique; nous avons vu que les alcalis, en agissant sur beaucoup de ces mêmes substances, offrent des phénomènes absolument différents, suivant que l'oxygène est présent à l'action ou qu'il en est exclu. Nos observations détruisent plusieurs anomalies que présentaient l'acide gallique, l'hématine, la carmine, etc., mis en contact à la fois avec l'air et les alcalis. Nous avons également apprécié l'influence de l'oxygène atmosphérique sur la nature des produits de la putréfaction. En définitive, nous arrivons à ce résultat *que les produits de la décomposition des substances organiques que nous avons examinées sont moins compliqués qu'on ne le pense généralement, ce qui tient à ce que nous avons reconnu plusieurs principes immédiats dans des corps que l'on considérait comme des espèces pures, et en outre à ce que nous avons pris en considération l'influence de l'air dans l'action des réactifs.*

Nos vues sur l'analyse organique seront développées dans un ouvrage spécial. Mais en énumérant les travaux qui nous ont occupé, ce serait manquer à la reconnaissance, à la justice, si nous taisions les secours que nous avons trouvés et dans les écrits de notre honorable maître, M. Vauquelin, et dans les conseils de la bienveillante amitié que, depuis vingt ans, il n'a jamais cessé de nous témoigner.

Manière dont nos recherches sur les corps gras d'origine animale sont exposées dans cet ouvrage

L'ouvrage que nous donnons au public se compose de six livres, que nous allons examiner succinctement.

LIVRE PREMIER.

Il se compose premièrement de plusieurs définitions que nous croyons nécessaires à la clarté de l'ouvrage, et qui sont extraites d'écrits antérieurs à celui-ci, et de l'ouvrage inédit dont nous venons de parler. Deuxièmement de la description détaillée du procédé au moyen duquel nous avons déterminé la proportion des éléments des corps gras, en brûlant ceux-ci par l'oxyde brun de cuivre, comme M. Gay-Lussac avait déterminé la proportion du carbone à l'azote dans l'acide urique, en brûlant cet acide par le même oxyde. Nous nous estimerons heureux si nos analyses élémentaires sont placées à la suite des analyses de MM. Gay-Lussac et Thénard, et de celles de M. Berzelius. Ici nous remplissons un devoir en témoignant toutes les obligations que nous avons aux deux savants français qui ont créé la méthode de déterminer la proportion des éléments des substances organiques.

LIVRE II.

Il contient la description de toutes les espèces de corps gras d'origine animale que nous avons examinées.

Les espèces sont décrites de la manière suivante :

1° *Composition de l'espèce.*

Après avoir exposé la composition des espèces qui jouissent de l'acidité à l'état de pureté où nous les avons étudiées, nous donnons la proportion d'eau qu'on obtient de ces acides en les chauffant avec le massicot. Dans l'état actuel de la science, on peut croire que cette eau a été simplement séparée des acides, ou bien qu'elle a été produite par une portion de leur hydrogène et par l'oxygène du massicot. Suivant la première manière de voir, les acides, tels qu'on les a analysés, seraient des *hydrates*, et suivant la seconde, ils seraient des espèces d'*hydracides*. Dans notre ouvrage, nous avons employé le langage de la première hypothèse; mais, d'après la seconde hypothèse, nous avons donné dans des *notes* la composition de la portion des acides qui reste fixée à du plomb, après qu'on a fait chauffer ces acides avec le massicot. Nous avouons que la volatilisation du stéarate et du margarate d'ammoniaque, préparés par la voie sèche, qui a lieu sans dégagement d'eau, est favorable à la dernière hypothèse, et nous ajouterons que nous avons observé dans ces derniers temps un assez grand nombre de phénomènes sur d'autres substances que les corps gras, qui nous semblent aujourd'hui plus conformes à l'hypothèse des hydracides qu'à celle des hydrates.

2° *Propriétés physiques de l'espèce.*

3° *Propriétés chimiques qu'on observe sans que l'espèce éprouve des changements dans sa composition élémentaire.*

4° *Propriétés chimiques qu'on observe dans l'espèce lorsqu'elle est mise en contact avec des corps, ou placée dans des circonstances, qui déterminent un changement dans sa composition.*

Nous avons cru devoir établir cette distinction de deux groupes de propriétés chimiques plutôt que de décrire successivement, dans une même division, celles qu'on observe lorsque l'espèce est soumise aux actions de la chaleur, de la lumière, de l'électricité, des corps simples, des acides, etc., parce qu'il y a un rapport entre les propriétés d'un même groupe qui disparaît dans l'autre manière d'exposer les propriétés chimiques. En effet, il est évident que celles de ces propriétés qui appartiennent au premier groupe sont les seules qui puissent être considérées comme propres à la nature du corps, parce qu'elles sont les conséquences d'une *telle nature* qui reste invariable dans les circonstances où l'on observe les phénomènes qui dépendent de ces propriétés. Les propriétés du second groupe appartiennent bien à *cette nature*, mais on ne les observe que quand elle est changée, de sorte que ce sont plutôt les éléments de l'espèce qui agissent soit isolément, soit en donnant naissance à des produits moins compliqués que l'espèce elle-même. Par exemple, l'eau qui se combine à la chaux et aux sels agit comme eau sans que sa nature éprouve aucun changement, tandis que si on la fait passer à l'état de vapeur sur du fer rouge de feu, elle se décompose et n'agit plus comme eau, mais comme ferait l'oxygène.

Nous regrettons d'autant plus que le temps ne nous ait pas permis d'étudier l'action du chlore et de l'iode sur les corps gras, que quelques phénomènes que nous avons observés en mettant l'acide margarique en contact avec le chlore nous ont paru d'un grand intérêt. Nous regrettons encore de n'avoir pas déterminé tous les effets de l'action que l'acide sulfurique et surtout l'acide nitrique exercent sur les espèces des corps gras : nous n'avons guère envisagé de cette action que les effets qui peuvent servir de caractère à quelques substances. Nous aurions désiré multiplier assez nos expériences pour décider si, comme nous le soupçonnons, un acide qui a été obtenu d'abord par M. Vogel, de l'axonge traitée par l'acide nitrique, est identique avec ceux que nous avons obtenus de toutes les espèces de corps gras dans lesquelles l'hydrogène est au carbone dans le même rapport que les éléments de l'hydrogène percarburé, ou dans un rapport peu différent. S'il en était ainsi, cet acide serait aux corps gras qui le produisent ce qu'est l'acide oxalique aux substances qui donnent une quantité notable de ce dernier lorsqu'on les traite par l'acide nitrique.

5° *Le siège de l'espèce.*

6° *La préparation de l'espèce.*

7° *La nomenclature de l'espèce et sa synonymie.*

8° *L'histoire de sa découverte et celle des travaux auxquels elle a donné lieu.*

LIVRE III.

Les propriétés principales des espèces de corps gras étant décrites, nous donnons les procédés propres à les préparer dans l'état où nous les avons étudiées. Nous expliquons nos procédés, et nous résumons dans un tableau toutes les opérations auxquelles le corps gras le plus compliqué peut donner lieu lorsqu'on veut isoler les produits de sa saponification.

Nous avons préféré donner la préparation de la plupart de nos espèces dans un livre à part, plutôt que de l'exposer dans le livre précédent, par la raison que nos procédés sont nouveaux et qu'ils se composent d'un assez grand nombre d'opérations.

LIVRE IV.

Nous y traitons des graisses animales qui sont formées de plusieurs principes immédiats, et du gras des cadavres.

LIVRE V.

La composition des corps gras qui ont la propriété de se saponifier étant établie, ainsi que celle des produits de leur saponification, nous cherchons à vérifier nos analyses, en comparant, sous le rapport des poids et des proportions, les éléments des corps gras saponifiables avec les éléments des produits de la saponification de ces corps. Après cela nous considérons la saponification par rapport aux bases alcalines en général, et par rapport à la proportion de la base alcaline qui est nécessaire pour saponifier un poids donné de graisse.

LIVRE VI.

Nous y plaçons sous différents titres les généralités de l'ouvrage. Après avoir parlé de l'état de la science sur les corps gras avant notre travail, nous envisageons la composition immédiate de ces mêmes corps, à peu près dans l'ordre où nos recherches ont été faites. Nous exposons le *principe* qu'on doit suivre pour établir les espèces dans la chimie organique. Ce principe, qui peut être considéré comme l'expression la plus abrégée de toutes nos recherches analytiques, et qui n'a pas cessé de nous guider depuis longtemps, aura, nous l'espérons, la plus heureuse influence sur les progrès de l'analyse organique, en offrant aux jeunes chimistes un *criterium* qui leur a manqué jusqu'ici. Ensuite nous résumons ce que l'on peut tirer de plus général de nos recherches : 1° relativement à l'action des dissolvants sur les sels formés d'un acide gras; 2° relativement à la saponification. Nous faisons quelques applications de notre travail; et enfin nous exposons quelques conjectures sur la composition immédiate des espèces de corps gras saponifiables.

Presque toutes les recherches qui composent cet ouvrage ont été présentées à l'Académie des sciences sous la forme de mémoires, et par conséquent dans un ordre entièrement différent de celui où nous les reproduisons. Depuis trois ans que notre ouvrage est écrit, nous nous sommes efforcé de le rendre le moins indigne possible d'être offert aux savants. Lorsque de nouveaux travaux nous ont conduit à penser que l'on pouvait mettre plus d'exactitude dans des expériences que nous n'en avions mis d'abord, nous n'avons pas hésité à revenir sur nos pas. C'est ainsi que la plupart de nos analyses élémentaires des corps gras ont été répétées plusieurs fois. Désirant par-dessus tout que la vérité soit connue, nous exposons franchement les difficultés que nous n'avons pu surmonter, et il n'est aucun cas où nous cherchions à dissimuler ce qui manque à nos travaux pour qu'ils soient complets. Ceux qui voudront les continuer sentiront la vérité de ce que nous avançons, et ceux qui voudront en faire des applications soit aux arts, soit à quelques sciences, ne risqueront point de s'égarer s'ils se pénètrent bien du sens de nos paroles.

RECHERCHES CHIMIQUES

SUR LES CORPS GRAS

D'ORIGINE ANIMALE.

LIVRE PREMIER.

CHAPITRE PREMIER.

DÉFINITIONS.

1. Les premiers travaux que j'ai entrepris sur l'analyse végétale m'ont fait penser que la manière dont on présentait l'histoire des principes immédiats organiques était peu satisfaisante; en effet, quoiqu'on reconnût que la gomme arabique diffère de la gomme adragant, que les sucres cristallisables ne sont pas susceptibles d'être confondus avec les sucres liquides, on considérait les gommes, les sucres, comme formant deux espèces; on étendait cette manière de voir aux huiles fixes, aux huiles volatiles, aux résines, etc. C'était avouer que l'espèce prise dans les principes immédiats organiques n'est pas une collection de corps identiques quant aux propriétés. Suivant ma manière de voir, on devait, au contraire, considérer les sucres, les gommes, comme des genres formés de plusieurs espèces; et les huiles, les résines, etc., comme des composés de plusieurs principes immédiats dont l'union n'est pas assujettie à des proportions définies, quoique chacun d'eux le soit dans sa composition élémentaire. Cette opinion m'a été démontrée après que j'ai eu

IMPRIMERIE NATIONALE.

découvert la stéarine et l'oléine; je l'ai consignée et dans une petite dissertation sur la composition des végétaux[1], et dans plusieurs articles détachés. C'est sans doute à ce mode de publication qu'il faut attribuer le peu d'attention que l'on a donné à mes vues, et la raison pour laquelle on ne les a pas citées dans des écrits où l'on a énoncé des opinions et rapporté des expériences plus ou moins analogues aux miennes.

2. Je définis l'*espèce* dans les corps composés, *une collection de corps identiques, par la nature, la proportion et l'arrangement de leurs éléments;* car on doit rapporter à trois causes la différence des propriétés que nous observons dans les corps que nous sommes parvenus à décomposer. En effet, des éléments divers, ainsi que les mêmes éléments unis en des proportions différentes, produisent constamment des combinaisons distinctes les unes des autres; on sait de plus qu'il y a des substances qui donnent à l'analyse les mêmes éléments unis dans la même proportion, et qui sont loin d'avoir les mêmes propriétés : il faut donc, pour concevoir la cause des différences que ces substances présentent, recourir à des arrangements divers, soit dans leurs atomes élémentaires, soit dans leurs atomes composés ou particules; mais avant d'admettre cette troisième cause pour expliquer la différence de deux corps composés, on doit avoir constaté que ces corps sont identiques quant à la nature et à la proportion de leurs éléments. Or, pour arriver à ce résultat, de nombreuses expériences sont nécessaires, ainsi que le prouvent toutes les recherches que l'on a faites pour trouver une différence de composition entre le spath d'Islande et l'arragonite, et la disposition

[1] *Éléments de botanique* de M. Mirbel, t. I.

dans laquelle on est généralement de présumer une différence de composition où il y a diversité de propriétés. Cependant, si *l'on s'arrête aux limites de l'expérience*, on ne voit pas d'autre manière de concevoir le cas dont je parle qu'en recourant à des arrangements divers d'atomes ou de particules; mais, je le répète, c'est un résultat qui est conditionnel à l'état de la science, comme l'est la nature simple que nous attribuons aux corps qui ont résisté à l'analyse.

3. J'applique le mot *variété* à des corps *d'une même espèce* qui diffèrent par des formes secondaires, ou par quelques propriétés peu importantes du corps qu'on peut considérer comme type de l'espèce.

4. Enfin le mot *genre* ne doit être imposé qu'à une collection d'*espèces* qui possèdent une ou plusieurs propriétés communes très importantes : telle est la propriété qu'ont les sucres d'éprouver la fermentation alcoolique lorsqu'ils sont en contact avec la levure.

5. J'appelle PRINCIPES IMMÉDIATS DES CORPS ORGANISÉS, OU PRINCIPES IMMÉDIATS ORGANIQUES, *les composés dont les éléments ont été unis sous l'influence de la vie, et desquels on ne peut séparer plusieurs sortes de matières sans en altérer évidemment la nature*. Quelques savants pensent que l'expression de *principes immédiats* est vicieuse, en ce qu'il répugne à la raison d'appliquer le mot de *principes* à des corps composés : je ne partage pas cette opinion, et voici pourquoi. Quand on considère en général la composition d'un sel, telle que Lavoisier l'a établie, il est visible que ce qui la constitue, c'est l'union d'un acide et d'un alcali, plutôt que les éléments de l'acide et ceux de l'alcali : car, concevez ces éléments unis dans d'autres proportions que celles qui constituent un corps acide, un corps alcalin, et ces éléments ne

vous donneront plus l'idée d'un sel. D'après cela, il semble conséquent de dire que l'acide et l'alcali sont *les deux principes immédiats des sels.* Il en est de même du sucre, de la gomme, de l'amidon, du ligneux, etc., relativement à une plante; de la fibrine, de l'albumine, du tissu cellulaire, etc., relativement à un animal : on doit considérer ces substances comme les principes immédiats et caractéristiques de la plante, de l'animal auquel elles appartiennent; tandis que l'oxygène, l'azote, le carbone et l'hydrogène en sont les principes éloignés ou élémentaires.

6. Les définitions précédentes étaient nécessaires pour faire sentir la distinction que je fais entre les principes immédiats, considérés comme espèces, et les groupes de plusieurs de ces principes, qui ont été inscrits sur la liste des espèces, ou qui ont été considérés comme des genres. Plus on rassemble de corps sous un nom commun, plus il y a d'arbitraire dans ces réunions; car si en chimie il ne peut y en avoir pour établir l'existence de la presque totalité des espèces de corps dont la composition est bien déterminée, il en est tout autrement pour établir les genres que l'on forme en réunissant des espèces d'après la prépondérance que l'on accorde à telle propriété sur telle autre, puisque cette prépondérance n'est guère susceptible de devenir l'objet d'une démonstration. Lorsque j'ai intitulé cet ouvrage *Recherches sur les corps gras*, je n'ai pas considéré les corps auxquels on a donné ce nom comme un genre ni même comme un ordre de genres bien distincts; j'ai pris une dénomination que les corps qui ont été l'objet de mes travaux étaient en possession de porter : mais, tout en employant cette dénomination, je me suis engagé à en faire sentir le vague, parce que j'attribue une grande partie des obstacles que rencontrent dans les sciences physiques ceux qui en commencent l'étude

avec l'intention d'en accroître le domaine, à ce qu'on a négligé presque toujours d'établir des distinctions entre les différents degrés de précision dont les définitions sont susceptibles.

7. On a donné le nom de CORPS GRAS à *des substances qui brûlent avec une flamme volumineuse et en déposant du noir de fumée, qui sont solubles dans l'alcool, et qui ne le sont pas, ou que très peu, dans l'eau.* Les premières distinctions que l'on a faites entre les corps gras ont été surtout établies d'après la considération des divers degrés de température où ils se liquéfient; ainsi, on a appelé *huiles* les corps gras qui sont liquides de 15 à 10 degrés, et à plus forte raison au-dessous; *beurres*, ceux qui sont mous à 18 degrés et fusibles à quelques degrés au-dessus; *graisses*, ceux qui, provenant des animaux, sont en général moins fusibles que les beurres; *suifs*, ceux qui se fondent à 40 degrés environ; enfin on a appelé *cires* ceux qui se liquéfient de 44 à 64 degrés. Plus tard, on a étendu la dénomination de *corps gras* à plusieurs autres groupes de substances, tels que ceux des *résines*, des *huiles volatiles*, etc. Les résines ont été caractérisées par l'état solide, une fusibilité moindre que celle des cires, la friabilité, une odeur plus ou moins forte; les *baumes* dans l'origine ne se distinguaient des résines que par la mollesse, et presque toujours par une odeur plus prononcée. Les *huiles volatiles* ont eu pour propriétés caractéristiques l'odeur pénétrante, la volatilité, la faculté de tacher le papier comme les huiles proprement dites, avec cette différence, cependant, que la tache produite par les premières disparaît lorsque le papier est exposé à l'air, tandis que la tache produite par les secondes est permanente. On voit, d'après ce qui précède, combien l'expression de *corps gras* est vague, et l'impossibilité où l'on est d'en donner une définition scientifique.

CHAPITRE II.

DESCRIPTION DU PROCÉDÉ AU MOYEN DUQUEL ON PEUT FAIRE L'ANALYSE ÉLÉMENTAIRE DES CORPS GRAS.

8. On prend un tube de verre vert *to*, fig. 1, fermé à un bout, de 0^{m}007 à 0^{m}008 de diamètre intérieur, de 0^{m}010 de diamètre extérieur, d'une capacité de 26 centimètres cubes et légèrement courbé en *o*; on l'expose au feu pendant une demi-heure environ, afin de le dessécher intérieurement; pour cela, on le chauffe graduellement de *t* en *o*, l'orifice *o* étant plus élevé que le bout fermé *t*. On ferme le tube avec un *bouchon*, et l'on en détermine le poids dans une grande balance de Fortin.

9. On pèse par substitution dans une petite balance très sensible à 0^{g}001, quand elle est chargée de 20 grammes, la matière qu'on veut analyser. Si elle est solide, on la prend dans le plus grand état de division possible; son poids doit être au moins de 0^{g}45 à 0^{g}50. On la verse dans une capsule de porcelaine où l'on a mis préalablement de 45 à 50 grammes de deutoxyde de cuivre qui vient d'être chauffé au rouge. On opère le mélange des deux corps avec un pilon de verre bien sec, le plus rapidement possible. Quand la matière est fixe, on doit placer la capsule entre deux fourneaux allumés, afin que l'oxyde soit moins disposé à absorber la vapeur aqueuse de l'atmosphère. On introduit dans le tube, au moyen d'un entonnoir : 1° 1 gramme d'oxyde de cuivre; 2° le mélange; 3° une dizaine de grammes d'oxyde de cuivre; celui-ci doit avoir été trituré par portions dans la capsule, afin d'enlever quelques parcelles de

mélange qui pourraient s'être attachées aux parois de ce vase; 4° enfin 1 gramme de planures de cuivre qu'on a préalablement calcinées fortement avec le contact de l'air, afin d'en oxyder la surface. Ce cuivre doit être tassé avec un gros fil de platine.

10. On prend le poids du tube plein fermé avec son *bouchon;* en retranchant de ce poids la somme des poids de la matière organique, du cuivre et du tube, on a le poids de l'oxyde de cuivre. D'un autre côté, connaissant : 1° la densité et le poids du cuivre; 2° la densité et le poids de l'oxyde; 3° la densité et le poids de la matière organique, il est facile de déterminer le volume de chacune de ces substances; or, en faisant la somme des volumes, la soustrayant de la capacité du tube, on a la quantité d'air qui s'y trouve contenu avec les matières qu'on y a introduites.

11. On remplit de mercure un flacon étroit, gradué, fermé à l'émeri, dont la capacité jusqu'à la naissance du goulot doit avoir été déterminée avec la plus grande précision. La capacité du flacon doit être de 9 décilitres à 1 litre. On le renverse dans une cuve à mercure, et on l'assujettit au moyen d'un appareil ingénieux inventé par Gahn et dont nous devons en France la connaissance à M. Berzelius. On passe sous le goulot du flacon la branche *a* d'un tube coudé, fig. 2; avant de la faire passer, il faut remplir la courbure *bda* de mercure, afin de ne pas introduire d'air dans le flacon, et en outre adapter en *c* un bouchon qui s'applique exactement dans l'orifice *o* du tube *t*, fig. 1, et qui s'y enfonce de 0^m01 au moins. La longue branche du tube, fig. 2, doit être de 0^m760, et sa capacité, à partir de la ligne *ba*, doit être de 2^{cc} à $2^{cc}5$. On la détermine, ainsi que celle du premier tube, au moyen du mercure.

12. On place le tube *to*, fig. 1, dans un fourneau en terre, dont le foyer a environ $0^m 42$ de longueur, $0^m 14$ de largeur et $0^m 06$ de profondeur. Les ouvertures de la grille et celles des parois doivent avoir été bouchées avec de la terre. Le tube est incliné dans le fourneau, ainsi que le représente la figure 3; on y adapte le tube *cbda* et on lute le bouchon avec de la cire à cacheter.

13. On met du charbon allumé dans le fourneau, de manière à chauffer seulement le cuivre et la moitié environ de la colonne d'oxyde qui recouvre le mélange; celui-ci est préservé de la chaleur par un écran de fer-blanc *c*. Quand on juge que l'oxyde est suffisamment chaud, on éloigne l'écran de *o* et on met du charbon jusqu'à l'écran; on arrive ainsi de proche en proche à chauffer l'extrémité *t*: on doit chauffer lentement, c'est-à-dire ne reculer l'écran que quand il ne se dégage presque plus de gaz. Une fois qu'on a commencé à chauffer une partie du tube, on doit en porter la température jusqu'au rouge obscur, et l'entretenir à ce degré pendant tout le reste de l'opération. Il faut éviter de mettre le charbon en contact avec le tube, autrement celui-ci se ramollirait assez pour se percer; et quand on est arrivé à chauffer l'extrémité *t*, il faut maintenir la température du tube dix à quinze minutes après qu'il ne se dégage plus de gaz.

14. La combustion de la matière organique étant terminée, on laisse refroidir le tube *to*. Dès qu'il est à la même température que l'air, on le dégage du tube *cbda* après avoir noté la colonne de mercure qui s'élève dans ce dernier au-dessus du niveau de la cuve, afin d'en tenir compte dans la détermination du volume du gaz contenu dans les deux tubes.

15. On essaye si l'eau qui se trouve dans le tube *cbda* est insipide; et si elle ne rougit pas le papier de tournesol d'une manière permanente, elle le rougit toujours un peu, parce qu'elle est saturée d'acide carbonique. On chauffe l'extrémité [1] du tube *to*, afin d'être bien sûr qu'il ne s'y trouvera pas d'humidité quand on le pèsera; on attend qu'il soit un peu refroidi pour y adapter son *bouchon*, puis on le pèse. La différence du poids actuel d'avec le poids primitif (10) provient entièrement : 1° de ce que le tube ne contient plus de matière organique; 2° de ce que l'oxyde de cuivre a cédé de son oxygène à la partie combustible de cette matière, en supposant que le tube dans les deux pesées ait eu sa surface extérieure également humide.

16. Pour conclure la composition de la matière organique, il reste à déterminer : 1° la quantité de gaz resté dans les tubes après l'opération; 2° la proportion de l'acide carbonique, de l'oxygène, de l'azote, contenus dans les produits de l'opération, ainsi que celle du carbone et de l'hydrogène qui pourraient avoir échappé à l'action comburante de l'oxyde de cuivre.

Détermination de la quantité des gaz restés dans les tubes après l'opération

17. On vide le tube *to*, on le remplit de mercure jusqu'à l'endroit où le bouchon du tube *cbda* était enfoncé, puis on détermine le volume de ce mercure. On fait la même opération sur la partie du tube *cbda* qui était remplie de gaz, après que les tubes étaient revenus à la température de l'air (14). D'un autre côté, on sait le volume du cuivre; on détermine celui du mélange d'oxyde et de cuivre réduit qui était dans le premier tube, et on retranche la somme de ces deux volumes de la capacité des tubes : la différence est le

[1] Il ne faut chauffer que l'extrémité du tube, parce que le cuivre métallique pourrait s'oxyder aux dépens de l'air.

volume du gaz qui s'y trouvait après la combustion. On ramène celui-ci à o de température et d'humidité, et à la pression de $0^{m}760$.

Détermination de la proportion des gaz du flacon.

18. Comme il est très difficile de reconnaître exactement le volume du gaz qu'on a recueilli dans le flacon, en abaissant simplement celui-ci dans la cuve, de manière à établir le niveau entre le mercure intérieur et le mercure extérieur, et en lisant ensuite sur la graduation l'espace occupé par les gaz, il est nécessaire de faire cette estimation de la manière suivante : on a une cloche étroite, graduée en centimètres cubes; on y introduit la quantité d'acide carbonique saturé de vapeur d'eau qu'on présume nécessaire pour achever de remplir le flacon d'après le volume qu'il contient déjà, et qu'on a estimé au moyen de la graduation; puis on fait passer le gaz acide dans le flacon de manière à l'emplir jusqu'à la naissance du goulot. Cela étant fait, on absorbe l'acide carbonique par la potasse, on transvase le *résidu gazeux* dans un tube étroit gradué; on fait cette dernière opération dans la cuve à eau : ce résidu, soustrait de la capacité du flacon, donne la quantité d'acide carbonique qui s'y trouvait contenue; et, en retranchant de celle-ci la quantité qu'on y a introduite, on a la quantité d'acide carbonique provenant de l'analyse. Quant au *résidu gazeux*, on détermine : 1° son oxygène au moyen du phosphore; 2° l'hydrogène et le carbone qu'il peut contenir, en le faisant détoner (après en avoir absorbé l'oxygène) avec un mélange connu d'hydrogène et d'oxygène en excès; 3° enfin son azote, en absorbant par le phosphore l'oxygène qui reste après la détonation.

19. Connaissant la proportion respective des gaz du flacon, connaissant le volume total de ceux qui sont restés dans les tubes après l'opération, il est facile de déterminer la proportion respective de ces

derniers, et avec toutes ces données on peut conclure la proportion des éléments de la matière organique.

A. DÉTERMINATION DU CARBONE.

20. Ayant ramené le volume du gaz acide carbonique à ce qu'il est sous la pression de $0^m 760$, à la température de 0 et à la sécheresse extrême, on détermine en poids son oxygène et son carbone: on ajoute à cette dernière quantité celle du carbone que peut contenir le *résidu gazeux* insoluble dans la potasse (18). Dans l'analyse où j'ai eu le plus de gaz inflammable (celle de la cholestérine), le volume de l'acide carbonique produit par la combustion du *résidu gazeux* n'excédait pas 4 centimètres cubes.

B. DÉTERMINATION DE L'HYDROGÈNE ET DE L'OXYGÈNE.

21 A. En soustrayant de l'oxygène que le cuivre a cédé à la matière organique pour la brûler, l'oxygène de l'acide carbonique (A), la différence est la quantité d'oxygène que le cuivre a cédée pour brûler une partie de l'hydrogène de la matière organique, et par une règle de proportion on a cette partie d'hydrogène[1].

B. Il y avait de l'oxygène atmosphérique dans les tubes; cet oxygène a dû concourir, avec celui de l'oxyde de cuivre, à brûler la matière organique; il faut donc en tenir compte. Or rien n'est plus facile, puisque la quantité d'oxygène qui était dans les tubes au commencement de l'expérience est connue, ainsi que celle qui reste après la combustion; il est évident que la différence de ces deux

[1] Il ne faut pas perdre de vue qu'il s'agit ici de l'analyse des substances dans lesquelles il y a une quantité d'hydrogène qui excède la proportion nécessaire pour convertir en eau l'oxygène de ces mêmes substances.

quantités représente une quantité d'hydrogène brûlé qu'on peut déterminer comme la première A.

C. On ajoute aux poids des deux portions d'hydrogène le poids de celui qui peut se trouver dans le *résidu gazeux* (18) : cette quantité ne s'est jamais élevée au-dessus de 8 centimètres cubes d'hydrogène pur dans mes analyses.

D. Enfin on fait la somme des poids du carbone et des trois portions d'hydrogène que nous venons de déterminer, et en la soustrayant du poids de la matière organique, on a la quantité d'eau qui a été formée aux dépens d'une quatrième portion d'hydrogène et de tout l'oxygène de la matière organique.

22. On peut conclure certainement la composition d'une matière organique en suivant le procédé que je viens de décrire; mais comme on pourrait craindre quelque erreur pour l'hydrogène, par la raison qu'on ne recueille pas l'eau formée, je fais un essai préliminaire qui a pour objet de déterminer directement la quantité d'eau produite par la combustion de la matière organique, et de conclure ensuite par le calcul la composition de cette matière, lorsqu'on sait d'ailleurs la quantité d'oxygène que le cuivre a cédée pour la brûler.

23. On recueille l'eau dans un appareil qui se compose : 1° d'un tube *a*[1] contenant 0g500 de matière organique avec 55 à 60 grammes d'oxyde de cuivre; 2° d'un tube *b* contenant 40 grammes environ de chlorure de calcium; à ses extrémités sont adaptés un tube *c* qui communique au tube *a* et un tube *o'* qui communique à un

[1] Ce tube est semblable à celui que M. Berzelius emploie dans l'analyse des matières organiques.

tube *d*, dont l'ouverture plonge dans le mercure. Les tubes *c* et *c'* sont lutés avec de la cire à cacheter. L'extrémité de *c'* qui est implantée dans le tube *b* est garnie de batiste claire, afin que le chlorure ne puisse pas sortir du tube lorsqu'on le charge de cette substance. Le tube *a* est fixé au tube *c* au moyen d'un tuyau de caoutchouc, lequel est fortement serré à ses extrémités contre les tubes par du fil de soie. Avant l'expérience, on pèse : 1° le tube *a*; 2° le tube *b* fermé avec deux petits *bouchons* que l'on garde soigneusement. Quand l'opération est terminée, on sépare le tube *d*; on ferme l'ouverture du tube *c'* avec son *bouchon*, puis on coupe le tube *a* en *a'*, après avoir volatilisé toute l'eau qui pouvait s'être condensée entre *a* et *a'*. On porte le tube dans la balance avec la portion *a'a''* du tube *a* et le second *bouchon;* quand l'équilibre est établi, on ôte tous ces objets du plateau où on les a mis; on détache du tube au chlorure la portion *a'a''* du tube *a*, on la fait sécher, on la reporte dans le plateau de la balance avec le tuyau de caoutchouc et la soie qui tenaient le tube *a* fixé au tube *b*, puis on ajoute les poids qui sont nécessaires pour rétablir l'équilibre. Si de ces poids on soustrait le poids primitif du tube au chlorure fermé avec ses deux bouchons, la différence donne le poids de l'eau formée. Enfin, en pesant le tube *a* et la portion *a'a''*, on détermine la proportion d'oxygène que l'oxyde de cuivre a cédée pour brûler la matière organique.

24. Cet essai a plusieurs avantages : 1° il fait connaître le volume d'acide carbonique qu'on recueillera d'une quantité déterminée de la matière organique. D'après cette connaissance, on calcule le poids de la matière qu'on doit brûler pour obtenir le plus possible de gaz acide carbonique, sans pourtant que celui-ci excède le volume que le flacon est capable de contenir. 2° Il sert de preuve à l'analyse où l'on

détermine la composition de la matière organique d'après la quantité d'acide carbonique recueillie; et si la quantité d'hydrogène qu'on a obtenue par l'expérience différait trop de celle déterminée par le calcul, il faudrait recommencer une combustion, afin de recueillir l'acide carbonique, en prenant cette fois toutes les précautions possibles pour dessécher complètement l'intérieur du tube et pour y introduire rapidement le mélange; car ces précautions ont la plus grande influence sur l'exactitude de l'analyse.

25. Pour savoir où pouvait aller l'erreur provenant de la vapeur aqueuse et de l'air que l'oxyde de cuivre, comme corps poreux, peut absorber dans l'atmosphère pendant qu'on le mélange avec la matière organique, j'ai fait deux expériences dans chacune desquelles j'ai chauffé un tube rempli d'oxyde de cuivre qui avait été dans les mêmes conditions que s'il s'était agi d'une analyse. Ce tube communiquait avec un flacon dans lequel j'avais introduit un volume d'acide carbonique bien pur. Dans la première expérience, où, à dessein, je n'avais pas pris toutes les précautions possibles contre les erreurs, le tube contenait 100 grammes d'oxyde pur, quantité presque double de celle que j'ai constamment employée dans mes analyses; il a perdu $0^{g}012$; le gaz du flacon a donné à l'analyse le volume primitif d'acide carbonique avec une quantité d'air qui correspondait à celle que les tubes avaient perdue, sauf un excès de 3 centimètres cubes d'azote. Dans la seconde expérience, où j'avais évité plus soigneusement les causes d'erreur, le tube contenait 60 grammes d'oxyde de cuivre, ce qui est le maximum des quantités que j'ai employées; la perte s'est élevée à peine à $0^{g}006$, et cette fois il n'y avait qu'un très léger excès d'azote. Ces expériences m'ont paru prévenir l'objection que l'on pourrait faire au procédé que j'ai suivi relativement à l'excès

d'hydrogène, qu'il tend à porter dans la détermination des éléments des matières organiques.

26. Les résultats des analyses ont été calculés d'après les déterminations faites par MM. Berzelius et Dulong des poids spécifiques des gaz.

Poids du litre	d'acide carbonique sec à 0° et à 0m 76 de pression......	1g 98033
	d'hydrogène..............	0 08937
	d'oxygène................	1 43228

27. Les températures sont estimées en degrés centésimaux.

LIVRE II.

TABLEAU DES ESPÈCES DE CORPS GRAS.

		ESPÈCES.
1re DIVISION. Corps gras acides.	1er GENRE. Qui ne se volatilisent pas quand on les met dans l'eau bouillante.... *Fixes* relativement aux suivants....	Acide stéarique. — margarique. — oléique.
	2e GENRE. Qui peuvent distiller avec l'eau.... *Volatils*......................	Acide phocénique. — butyrique. — caproïque. — caprique. — hircique.
2e DIVISION. Corps gras non acides.	3e GENRE. Non altérables par les alcalis et non susceptibles de s'y unir........	Cholestérine. Éthal.
	4e GENRE. Susceptibles d'être convertis par les alcalis en acides gras fixes et en une substance grasse non acide...	Cétine.
	5e GENRE. Susceptibles d'être convertis par les alcalis en glycérine (*principe doux*) et en acides gras fixes.........	Stéarine de mouton. — d'homme. Oléine.
	6e GENRE. Susceptibles d'être convertis par les alcalis en glycérine, en acides gras fixes et en acides gras volatils...	Phocénine. Butyrine. Hircine.

CHAPITRE PREMIER.

DE L'ACIDE STÉARIQUE ET DES STÉARATES.

PREMIÈRE SECTION.

DE L'ACIDE STÉARIQUE.

§ 1. COMPOSITION.

28. L'acide stéarique hydraté brûlé par l'oxyde brun de cuivre a donné :

	POIDS.
Oxygène	10,1488
Carbone	77,4200
Hydrogène	12,4312

29. Lorsqu'on expose l'acide stéarique hydraté avec du massicot à la température de 100 et quelques degrés, il se dégage de l'eau qui n'est point acide. En faisant cette expérience plusieurs fois sur 500 milligrammes d'acide hydraté mêlé avec 4g5 de massicot, on trouve que la perte est de 0g017 ou 0g018 [1]. J'adopterai le pre-

[1] Voici la manière d'opérer : on met 0g500 d'acide extrêmement divisé dans un tube de verre de 0m008 de diamètre intérieur et de 0m05 à 0m07 de longueur. On y ajoute 4g5 de massicot sec; on mêle les matières avec un gros fil de platine qui doit rester dans le tube. On tare ce dernier avec tout ce qu'il contient; on l'introduit dans un second tube de verre et on le chauffe jusqu'à ce qu'il ne se volatilise plus d'eau. Celle-ci se condense en grande partie dans le haut du long tube. Il faut chauffer à dif-

mier nombre. La perte est la même si l'on chauffe 0g 500 d'acide hydraté avec la quantité de massicot qui est strictement nécessaire pour neutraliser l'acide sec de l'hydrate.

1° L'acide hydraté est formé de : Conséquences.

Acide sec.	483	96,6	100
Eau.....	17	3,4	3,52, qui contient 3,129 d'oxygène.

2° L'acide stéarique sec est formé de :

	EN POIDS.		EN VOLUME.
Oxygène..................	7,1262	7,377	1,00
Carbone...................	77,4200	80,145	14,19
Hydrogène (1)................	12,0538	12,478	27,15
TOTAL...........	96,6000		

30. 100 parties d'acide sec neutralisent une quantité de base qui contient 3 parties d'oxygène; conséquemment, dans les stéarates neutres, l'oxygène de l'acide est à celui de la base sensiblement

férentes fois, et chaque fois il est nécessaire de diviser préalablement les matières avec le fil de platine. Pour avoir des résultats constants, on doit tenir compte de l'humidité qui se trouve à la surface du petit tube.

(1) Si l'on admet que l'eau dégagée est produite aux dépens de l'oxygène du massicot et aux dépens de l'hydrogène de l'acide, la portion de cet acide qui reste fixée au plomb est formée de :

	EN POIDS.		EN VOLUME.
Oxygène..........................	10,1488	10,187	1,00
Carbone..........................	77,4200	77,713	9,97
Hydrogène.....................	12,0538	12,100	19,06
TOTAL.............	99,6226		

: : 2,5 : 1 ou : : 5 : 2; d'après cela, et en admettant que l'acide est formé en volumes

Oxygène	1
Carbone	14
Hydrogène	27

sa composition sera :

	EN ATOMES.	EN POIDS.	
Oxygène	5	500,0	7,463
Carbone	70	5357,1	79,963
Hydrogène	135	842,4	12,574
Totaux		6699,5	100,000

§ 2. PROPRIÉTÉS PHYSIQUES DE L'ACIDE STÉARIQUE HYDRATÉ.

31. Quand il est fondu, il présente un liquide limpide incolore qui à 70 degrés cristallise en belles aiguilles entrelacées, brillantes, du plus beau blanc.

32. $0^{g}500$ d'acide stéarique, chauffés dans le vide d'un baromètre dont le bout fermé est courbé en forme de cornue, entrent en ébullition et se volatilisent : pendant l'opération, l'abaissement du mercure est de $0^{m}006$ environ. Quand le tube est refroidi, on voit qu'il s'est dégagé à peine $\frac{1}{10}$ de centimètre cube de gaz sous la pression de $0^{m}76$, et que l'acide a la même fusibilité qu'avant d'avoir été chauffé. Le seul signe d'altération qu'on aperçoive quelquefois est une légère coloration de l'acide en jaune, coloration qui se manifeste surtout à la fin de l'opération.

33. L'acide stéarique est insipide et inodore.

§ 3. PROPRIÉTÉS CHIMIQUES
QU'ON OBSERVE SANS QUE L'ACIDE SOIT ALTÉRÉ.

34. L'acide stéarique est insoluble dans l'eau.

35. Quand il est liquéfié par la chaleur, il s'unit à l'alcool en toutes proportions; si l'on chauffe à 75 degrés 1 partie d'alcool d'une densité de 0,794 avec 1 partie d'acide stéarique, on obtient une solution qui ne se trouble qu'à 50 degrés; alors elle cristallise en écailles brillantes; à 45 degrés, elle est prise en masse.

36. L'acide stéarique, en se séparant lentement d'une solution alcoolique, cristallise en larges écailles blanches, brillantes.

37. 1 partie d'acide stéarique chauffée avec 1 partie d'éther d'une densité de 0,727, dans un tube que l'on tient fermé avec le doigt, est dissoute; mais quand les dernières portions d'acide disparaissent, il s'est volatilisé beaucoup d'éther. Dans l'expérience que j'ai faite, la solution était limpide à 60 degrés; à 57 degrés, elle était prise en une masse formée de belles lames chatoyantes.

38. L'acide stéarique est susceptible de s'unir à l'acide sulfurique concentré, sans éprouver d'altération.

39. L'acide stéarique forme avec les bases salifiables de véritables sels. On peut démontrer l'action mutuelle de ces corps : 1° par la force avec laquelle l'acide rougit le tournesol (75); 2° par la décomposition des sous-carbonates de potasse et de soude qu'il opère à la température de 100 degrés.

§ 4. PROPRIÉTÉS CHIMIQUES QU'ON OBSERVE DANS DES CIRCONSTANCES OÙ L'ACIDE EST ALTÉRÉ.

Distillation de l'acide avec le contact de l'air.

40. 1 gramme d'acide stéarique a été introduit dans une cornue qui contenait 29 centimètres cubes d'air atmosphérique et dont le bec était engagé sous une cloche pleine de mercure. Aux premières impressions de la chaleur, l'acide s'est fondu, et il est passé de l'air dans la cloche : peu à peu l'acide a bouilli, il s'est coloré en roux, une vapeur s'est condensée dans le col de la cornue d'abord en liquide, puis en une substance solide d'un blanc roux; enfin il est passé une huile épaisse, brune, et il n'est resté qu'une trace de charbon.

a. Produit gazeux.

Le gaz qui avait passé dans la cloche occupait 13cc 5; il était légèrement odorant; il ne contenait que 0cc 01 d'acide carbonique et des traces de gaz inflammable.

Le volume du gaz resté dans la cornue était de 16cc 4; l'ayant traité par l'eau de potasse, il y eut une absorption de 1cc 5 d'acide carbonique, et le résidu contenait assez de gaz inflammable carburé pour brûler avec une flamme bleue pesante, quand on y plongeait une bougie allumée.

b. Produit solide.

Il pesait 0g 96; il était odorant, roux; certainement il était imprégné d'un liquide aqueux qui tenait un acide volatil en dissolution, car lorsqu'on plongeait un papier de tournesol dans le col de la cornue où il s'était figé, ce papier devenait rouge, quoiqu'il ne fût pas en contact immédiat avec le produit solide, et quoique la cornue eût été préalablement remplie de mercure, puis vidée.

Ce produit était d'un demi-degré plus fusible que l'acide stéarique. L'ayant traité par l'eau de potasse, tout a été dissous, excepté quelques gouttelettes fondues, d'apparence huileuse, qui étaient en trop petite quantité pour qu'on pût les recueillir. La solution abandonnée à elle-même s'est prise en mucilage nacré, comme la solution de stéarate de potasse concentrée.

41. L'acide stéarique chauffé suffisamment avec le contact de l'air brûle à la manière de la cire.

Action de l'acide sulfurique à 66 degrés avec le contact de l'air.

42. $0^{g}2$ d'acide stéarique très divisé, mis à la température de 27 degrés dans une cloche de verre de $0^{m}01$ de diamètre intérieur, avec 2 grammes d'acide sulfurique, imbibent promptement ce dernier. Les matières ne se colorent pas, ou qu'extrêmement peu. Par l'agitation, une portion d'acide stéarique est dissoute et l'autre vient à la surface de la liqueur. Une demi-heure après qu'on a mêlé les corps, il se dépose sur les parois du tube, de haut en bas, de petites aiguilles nacrées, blanches, réunies en étoiles; au bout de deux heures, ces aiguilles retiennent toute la liqueur entre elles; au bout de vingt-quatre heures, l'aspect des matières est le même, et pendant l'action il ne se dégage pas d'acide sulfureux sensible à l'odorat; cependant un papier de tournesol plongé dans l'atmosphère du tube est très légèrement rougi. Enfin, après huit jours, la portion de l'acide stéarique qui n'avait point été dissoute pendant les premières vingt-quatre heures est convertie en belles aiguilles fines, radiées, semblables à celles dont j'ai parlé. Quelques parties de matière qui sont en contact avec l'air du tube ont une légère couleur lilas. Si l'on prend une portion de matière, et si on la mêle avec l'eau, il se dégage une odeur d'hydrogène et l'on obtient des flocons blancs, qui, étant fondus, puis figés et lavés, présentent les propriétés de l'acide stéarique, avec cette différence qu'ils sont légèrement odorants et colorés, et qu'ils sont plus fusibles de 1 degré environ; autant que j'ai pu voir, ces flocons ne retenaient pas d'acide sulfurique.

43. Si l'on prend une autre portion de la matière et qu'on l'expose dans un bain d'eau bouillante, on obtient un liquide d'une couleur jaune très pâle, qui se divise en deux couches, dont la plus légère et la plus mince contient le plus d'acide stéarique; elle se congèle par le refroidissement de 45 à 44 degrés en une matière qui est encore molle à 25 degrés. La couche inférieure ne se congèle pas après une exposition de deux heures dans une température de 12 degrés, mais au bout de vingt-quatre heures elle a déposé de petits cristaux en aiguilles réunies en globules. Elle ne contient d'ailleurs que peu de matière en solution, qu'elle laisse précipiter, au moins en partie, par l'eau. J'ignore si les deux couches contiennent l'acide sulfurique dans le même état de concentration.

44. Si l'on tenait pendant plusieurs heures à 100 degrés l'acide sulfurique en contact avec l'acide stéarique, celui-ci noircirait, et il se dégagerait du gaz acide sulfureux. Enfin, au-dessus de 100 degrés, il serait réduit en charbon.

Action de l'acide nitrique.

45. 2 grammes d'acide stéarique n'éprouvent aucune action sensible de la part de 200 grammes d'acide nitrique à 32 degrés, avec lesquels on les met en macération pendant trois jours.

46. Par l'action de la chaleur il se dégage de l'acide nitreux. Si l'on opère dans une cornue munie d'un récipient, et si l'on cohobe plusieurs fois le produit, on finit par dissoudre tout l'acide stéarique. On arrête l'opération lorsque le produit forme avec le résidu une solution parfaitement transparente; alors on transvase dans une capsule et on fait évaporer à siccité au bain-marie. Le résidu pèse 1g854; il est visqueux, en partie cristallisé, légèrement jaune, acide.

On le met en macération avec 52 grammes d'eau; après vingt-quatre heures, on filtre, on lave ce qui n'a pas été dissous avec 8 grammes d'eau; puis on le traite par l'alcool bouillant. En opérant ainsi, on obtient : A, *un extrait aqueux*; B, *un extrait alcoolique*.

I. Extrait aqueux.

47. Il donne des *cristaux acides* et une eau mère légèrement jaune, qui n'est pas astringente et qui ne précipite pas l'eau de chaux.

Cristaux acides.

48. Les *cristaux acides* ont une saveur franche très aigre et un goût de succin empyreumatique; ils sont petits et n'ont pas une forme bien déterminée; ils sont réunis sous forme de plaques minces: exposés à la chaleur, ils fondent, tachent le papier comme une huile, puis ils se subliment en laissant une trace de charbon.

1 partie de cristaux n'est pas dissoute à 20 degrés par 20 parties d'eau; si l'on ajoute 5 parties d'eau, la dissolution est presque complète. Elle le devient en faisant chauffer. Par le refroidissement, elle ne dépose rien.

Cette solution est très acide; elle ne précipite pas les hydrochlorates de manganèse et de peroxyde de fer, ni les nitrates d'argent et de cuivre, ni l'eau de chaux.

Elle produit quelques flocons avec les eaux de baryte et de strontiane, qui paraîtraient occasionnés plutôt par quelque matière étrangère mêlée à l'acide que par l'acide lui-même.

Elle précipite légèrement l'acétate de plomb et plus abondamment le sous-acétate.

Elle décompose les sous-carbonates avec effervescence.

Les *cristaux acides* forment avec la potasse un sel qui cristallise en rosaces extrêmement fines. Ce sel rougit le papier de tournesol quand il est humide; il a une saveur fraîche, piquante, avec un goût particulier.

La solution de ce sel ne précipite pas l'hydrochlorate de chaux, même quand on y ajoute de l'eau de chaux.

Elle ne précipite pas le nitrate de strontiane, même quand on y ajoute de l'eau de strontiane.

Elle trouble légèrement le nitrate de baryte.

Elle forme avec l'acétate de plomb un précipité qui disparaît dans un excès de solution ou d'acétate.

Elle trouble très légèrement le nitrate d'argent; l'eau éclaircit le mélange.

Elle précipite le sulfate de cuivre; le précipité disparaît dans l'eau.

Les sulfates de zinc et de protoxyde de manganèse font un léger précipité dans la dissolution concentrée, qui disparaît entièrement ou presque entièrement dans l'eau.

L'acide sulfurique très faible se comporte comme ces sulfates.

49. L'acide dont je viens de parler est le même que celui que MM. Vogel et Braconnot ont obtenu en traitant le suif par l'acide nitrique; M. Vogel l'a pris pour de l'acide sacholactique. M. Braconnot a fait observer avec raison qu'il en diffère. Cet acide me paraît être d'une nature particulière.

β. Extrait alcoolique.

50. Cet extrait évaporé à siccité pèse 0g 1. Si on le redissout dans l'alcool froid et qu'on ajoute de l'eau à la solution, on obtient : 1° *une huile*; 2° *un liquide aqueux*.

1° Huile.

51. Cette huile est encore liquide à 0; elle tache le papier de tournesol sec, sans le rougir, comme le ferait l'huile d'olive; mais si

l'on mouille le papier, sur-le-champ il passe au rouge. Elle a l'odeur du succin empyreumatique. Sa solution alcoolique est précipitée par l'eau; cependant elle paraît se dissoudre dans une grande proportion d'eau bouillante. Elle est soluble dans la potasse; elle forme avec la chaux et la baryte des combinaisons insolubles dans l'eau, qui sont analogues aux oléates.

52. Il contient les mêmes matières que l'*extrait* A. — 2° Liquide aqueux.

§ 5. SIÈGE.

53. Il existe dans les savons de graisses de mouton, de bœuf et de porc.

§ 6. PRÉPARATION.

54. Voir le livre III, chap. I.

§ 7. NOMENCLATURE.

55. Le nom de *stéarique* est dérivé de στέαρ «suif». Je lui ai donné ce nom, parce que cet acide est le produit caractéristique de la saponification du suif.

§ 8. HISTOIRE.

56. Je le décrivis en 1816; je lui donnai le nom d'acide *margareux* en 1820, après que j'en eus fait l'analyse. (Voir les observations qui terminent le chapitre de l'acide margarique.)

DEUXIÈME SECTION.

DES STÉARATES.

ARTICLE PREMIER.

STÉARATE DE POTASSE.

Préparation. 57. On fait chauffer dans une capsule 2 parties d'acide stéarique avec 2 parties de potasse à l'alcool, dissoutes dans 20 parties d'eau. Quand la combinaison est opérée, on retire les matières du feu; par le refroidissement, le stéarate, sous forme de grumeaux, se sépare d'une eau mère qui ne contient que de l'eau et la potasse en excès. On soumet à la presse le stéarate, après l'avoir enfermé entre des papiers joseph, puis on le fait dissoudre dans 15 à 20 fois son poids d'alcool d'une densité de 0,821. Par le refroidissement, on obtient le sel cristallisé; on le jette sur un filtre privé de sous-carbonate de chaux par l'acide hydrochlorique, où on le lave avec de l'alcool froid. Si l'on craignait qu'il ne retînt un excès d'alcali, il faudrait le dissoudre de nouveau dans l'alcool.

Composition. 58. 1 gramme traité par l'acide hydrochlorique a donné 0g86 d'acide hydraté, qui représentent 0g8308 d'acide sec, et 0g237 de chlorure de potassium, qui représentent 0g1499 de potasse; donc :

Acide	100	
Potasse.	18,	qui contiennent 3,051 d'oxygène.

Propriétés. 59. Le stéarate de potasse est en petites paillettes ou en larges

écailles très brillantes, absolument incolores; il est doux au toucher; il a une saveur légèrement alcaline.

60. Si l'on fait dissoudre du stéarate dans de l'alcool d'une densité de 0,794, bouillant, et qu'on fasse ensuite concentrer la dissolution par l'ébullition jusqu'au moment où elle commence à déposer du sel, on la trouve alors formée de 100 parties d'alcool et de 15 parties de stéarate. (Voir, pour la manière d'opérer, la note de la page 37.) Action de l'alcool.

61. 1 partie de stéarate de potasse est dissoute à la température de 66 degrés, dans 10 parties d'alcool d'une densité de 0,821. La solution commence à se troubler à 55 degrés; à 38 degrés, la liqueur est prise en masse.

62. 100 parties d'alcool à 10 degrés dissolvent 0,432 de partie de stéarate.

63. 100 parties de cet éther, chauffées jusqu'à bouillir, sur 1 partie de stéarate, ne laissent précipiter que quelques flocons par le refroidissement. La liqueur refroidie contient pour 100 parties d'éther 0,16 de partie d'acide stéarique, tenant un atome de bistéarate de potasse; d'où il suit que l'éther décompose 1 partie du stéarate de potasse. Action de l'éther sulfurique d'une densité de 0,728.

64. 0g20 de stéarate de potasse, placés dans une atmosphère saturée de vapeur d'eau à 12 degrés, en ont absorbé, au bout de six jours, 0g02. Le sel, exposé de nouveau pendant vingt-quatre heures dans la même atmosphère, n'augmente pas sensiblement de poids. Action de l'eau.

65. 1 partie de stéarate et 10 parties d'eau forment, à la température ordinaire, un mucilage opaque qui, à 99 degrés, se liquéfie; par le refroidissement, on obtient un mucilage nacré.

66. 1 partie de stéarate chauffée dans 25 parties d'eau s'y dissout complètement. La solution est non seulement parfaitement limpide à 100 degrés, mais encore à 92 degrés. On peut la filtrer. Par le refroidissement, elle se prend en masse nacrée visqueuse. Le stéarate serait encore dissous par une proportion d'eau beaucoup plus grande.

67. Si l'on fait dissoudre 1 partie de stéarate de potasse dans 100 parties d'eau bouillante, on obtient, par le refroidissement, une matière solide, qui est représentée par du stéarate et du bistéarate de potasse, et une eau qui retient un peu plus du quart de la potasse du stéarate mis en expérience.

68. Si l'on fait dissoudre 1 partie de stéarate dans 20 parties d'eau bouillante, et si on mêle la solution avec 1000 parties d'eau également bouillante, il se forme, par le refroidissement, un dépôt qui paraît nacré quand il est suspendu dans le liquide, mais qui ne l'est plus quand on l'a recueilli sur un filtre. La liqueur d'où il s'est précipité retient de la potasse et une trace presque insensible d'acide stéarique. Ce dépôt est fusible à une température plus élevée que 100 degrés. Il est formé de 100 parties d'acide et de 9,2 parties de potasse[1].

69. Une solution de 1 partie de stéarate dans 20 parties d'eau

[1] Car 0g500 ont donné : acide hydraté, 0g462 : chlorure de potassium, 0g065, qui représentent 0g0411 de potasse.

bouillante, mêlée avec 5000 parties d'eau froide, donne un dépôt nacré qui a sensiblement la même composition que le précédent[1].

70. Une solution de 1 partie de stéarate dans l'alcool, mêlée avec 5000 parties d'eau froide, donne un dépôt qui paraît nacré tant qu'il est suspendu dans la liqueur où il s'est produit, mais qui n'a plus cet aspect quand on l'a recueilli sur un filtre. Ce dépôt a donné une proportion un peu plus forte de potasse que le précédent : pour 100 d'acide, on a eu 9,63 de potasse[2].

71. 1 partie de stéarate de potasse cristallisé, mais dans un grand état de division, mise avec 5000 parties d'eau, ne se gonfle point; elle cède à ce liquide la moitié de son alcali. Dans une expérience faite comparativement avec les deux précédentes, où le stéarate était resté pendant dix jours en contact avec l'eau, le dépôt était sensiblement nacré; il contenait, pour 100 d'acide, 9,7[3] de potasse. Il n'est pas douteux que, si le contact des matières eût été prolongé, le stéarate eût perdu au moins la moitié de son alcali.

72. D'après ce qui précède, on voit : 1° que l'alcool, qui dissout et la potasse et l'acide stéarique, dissout le stéarate de potasse sans l'altérer notablement; 2° que l'éther, qui dissout mieux l'acide stéarique que la potasse, change la composition du stéarate de potasse et dissout proportionnellement plus d'acide que de base; 3° que l'eau, qui

[1] Car 0g500 de ce dépôt ont donné 0g463 d'acide hydraté et 0g065 de chlorure de potassium.

[2] Car 0g500 ont donné 0g462 d'acide hydraté et 0g068 de chlorure de potassium.

[3] Car 0g500 ont donné 0g464 d'acide hydraté et 0g070 de chlorure

ne dissout pas l'acide stéarique, ne peut dissoudre le stéarate de potasse qu'à l'aide d'une température élevée, et qu'à froid, si elle est en petite quantité, elle forme avec ce sel un mucilage épais, tandis que si sa proportion est suffisante, elle le réduit en potasse qui se dissout et en bistéarate qui ne se dissout pas, et ce qu'il y a de remarquable, c'est que dans cette dernière circonstance il ne se forme pas de mucilage.

Action du gaz oxygène sur le stéarate de potasse.

73. On a mis $0^{g}5$ de stéarate de potasse dans une cloche avec $2^{cc}5$ d'alcool d'une densité de 0,821; on a fini de remplir le vaisseau avec du mercure, puis on l'a renversé dans un bain de ce métal, et l'on y a fait passer 4 centimètres cubes d'oxygène; on a exposé l'appareil entre deux fourneaux. Les fourneaux ont été allumés tous les jours et cela pendant cinq heures chaque jour; la température du mercure était de 55 à 65 degrés. Après un mois, l'absorption était nulle, le gaz oxygène s'est trouvé aussi pur qu'avant l'expérience et l'acide stéarique n'avait point éprouvé de changement dans sa fusibilité et ses propriétés physiques.

74. Une expérience analogue dans laquelle $0^{g}5$ de stéarate et 2 centimètres cubes d'eau ont été exposés au contact de 4 centimètres cubes d'oxygène, absolument dans les mêmes circonstances que les matières précédentes, a donné le même résultat. On a cru cependant observer une absorption de $0^{cc}1$.

Action de l'acide stéarique sur le sous-carbonate de potasse.

75. L'acide stéarique décompose à chaud le sous-carbonate de potasse. Pour rendre la décomposition sensible, on fait passer dans un tube plein de mercure 1 partie d'acide stéarique et 8 à 10 parties d'eau tenant $\frac{1}{2}$ partie de sous-carbonate de potasse en dissolution. On

chauffe les matières avec un fer rouge jusqu'à l'ébullition. Après le refroidissement, on trouve un résidu gazeux, qui est de l'acide carbonique pur. Si l'on répète l'expérience dans une petite fiole munie d'un tube à gaz, on observe que l'acide stéarique est dissous avant qu'il y ait aucun dégagement d'acide carbonique et que ce dégagement n'a lieu qu'à l'époque où la liqueur bout. Il se produit d'abord du stéarate et très vraisemblablement du carbonate neutre[1], qui donne de l'acide carbonique lorsque la température est plus élevée. La combinaison produite entre l'acide stéarique et la potasse est du stéarate neutre; en ajoutant de l'eau aux matières et en les faisant chauffer, on obtient une dissolution parfaitement limpide. Cette dissolution, mêlée à de l'eau et refroidie, donne un bistéarate formé d'acide 100 et de potasse 8,22[2]. La liqueur d'où il s'est déposé, filtrée plusieurs fois, ne contient que des traces d'acide stéarique.

ARTICLE 2.

DU BISTÉARATE DE POTASSE.

76. On fait dissoudre 1 partie de stéarate de potasse dans une quantité suffisante d'eau bouillante; on verse cette solution dans 1000 parties d'eau froide : il se forme un dépôt de bistéarate de potasse; on le recueille sur un filtre, on le fait sécher à l'air, puis on le dissout dans l'alcool bouillant : par le refroidissement, on obtient le bistéarate de potasse cristallisé. Préparation.

[1] On peut admettre aussi qu'il se forme d'abord une combinaison triple entre les deux acides et la potasse, laquelle perd son acide carbonique à la température de 100 et quelques degrés.

[2] 0g5 de ce bistéarate ont donné 0g47 d'acide stéarique hydraté et 0g059 de chlorure de potassium, qui représentent 0g 0373 de potasse.

Composition. 77. 0g400 de bistéarate de potasse donnent 0g373 d'acide hydraté, qui représentent 0g3603 d'acide sec, et 0g051 de chlorure de potassium, qui représentent 0g0323 de potasse.

Acide.......	3603	100
Potasse......	323	8,97, qui contiennent 1.52 d'oxygène.

78. Lorsqu'on chauffe le bistéarate de potasse avec du massicot, on obtient de l'eau. Le stéarate neutre dans la même circonstance n'en laisse pas dégager.

Propriétés. 79. Le bistéarate de potasse est en petites écailles d'un éclat argentin, inodores, douces au toucher.

80. Chauffé à 100 degrés, il ne se fond pas.

Action de l'eau. 81. 1 partie de bistéarate de potasse mise dans 1000 parties d'eau froide ne paraît pas éprouver d'action; cependant, si l'on examine l'eau après un mois de contact, on y trouve un peu de potasse et une trace presque insensible d'acide stéarique.

82. L'eau chaude a une action très marquée sur ce sel. Que l'on chauffe jusqu'à faire bouillir 1000 parties d'eau avec 1 partie de bistéarate de potasse et qu'on retire le liquide du feu après quelques minutes d'ébullition, la liqueur sera laiteuse, mucilagineuse; il sera impossible de lire à travers une couche de 0m03 des caractères de 0m007 de longueur; la liqueur perdra de son opacité jusqu'à la température de 75 à 72 degrés; alors elle sera presque demi-transparente et l'on pourra lire au travers; elle aura perdu de sa viscosité; à 67 degrés, elle déposera quelques flocons; à 59 degrés, elle

commencera à déposer une matière nacrée qui augmentera jusqu'à la température de 26 degrés[1]; alors la liqueur sera trouble, mais pas autant qu'elle l'était à 100 degrés.

83. Quand le liquide est le plus opaque, c'est-à-dire quand il est bouillant, il contient l'acide stéarique dans deux états : 1° une portion est dissoute à l'état de stéarate neutre; 2° une autre portion est simplement tenue en suspension par l'eau et le stéarate neutre; car, si l'on passe le liquide bouillant dans un double filtre de papier, on obtient : 1° une solution de stéarate neutre, qui par le refroidissement dépose du bistéarate; 3° un surstéarate qui contient plus d'acide que le bistéarate soumis à l'expérience. Il est évident que si l'on attend pour filtrer la liqueur qu'elle soit entièrement refroidie, ou plutôt que le stéarate qu'elle tient en solution soit réduit en potasse et en bistéarate, on aura un *dépôt* formé : 1° de ce bistéarate; 2° d'un surstéarate plus acide que celui qui a été soumis à l'expérience.

84. Un *dépôt* semblable au précédent (qui avait été obtenu de 3 grammes de bistéarate de potasse[2] bouilli dans 3 litres d'eau et recueilli sur un filtre privé de sous-carbonate de chaux, après l'entier refroidissement de la liqueur) était parfaitement liquide à 100 degrés et se figeait de 75 à 71 degrés; il était formé d'acide 100, potasse 6,18[3]. Si l'on suppose : 1° que le bistéarate de potasse est formé de 1 proportion de potasse et de 2 proportions d'acide; 2° que,

[1] Le bistéarate qui a servi à faire l'expérience précédente avait été obtenu en versant dans 15 litres d'eau froide 5 grammes de stéarate de potasse dissous dans 20 grammes d'eau bouillante et n'avait pas été repris par l'alcool.

[2] Voir la note précédente.

[3] $0^{g}400$ ont donné : 1° $0^{g}382$ d'acide hydraté, qui représentent $0^{g}369$ d'acide sec; 2° $0^{g}036$ de chlorure de potassium, qui représentent $0^{g}0228$ de potasse.

par l'action de l'eau bouillante, $\frac{1}{2}$ proportion de potasse est dissoute avec $\frac{1}{2}$ proportion d'acide, tandis qu'il reste un résidu formé de $\frac{1}{2}$ proportion de potasse et de $1\frac{1}{2}$ proportion d'acide, il s'ensuivra qu'en filtrant la liqueur, après son entier refroidissement, il ne restera que $\frac{1}{4}$ proportion de potasse en dissolution, parce que l'autre $\frac{1}{4}$ se sera déposé avec la $\frac{1}{2}$ proportion d'acide dissous à l'état de bistéarate; conséquemment, le dépôt sera formé de 2 proportions d'acide stéarique et de $\frac{3}{4}$ de proportion de potasse, ce qui donne le rapport de 100 d'acide à 6,75 de potasse, au lieu de celui de 100 à 6,18 trouvé par l'expérience.

85. Lorsqu'on a fait bouillir le *dépôt* (84) dans 1000 fois son poids d'eau, il s'est fondu en une matière *d'aspect huileux*. Par le refroidissement, cette matière s'est figée, et peu à peu elle est devenue blanche et s'est gonflée en absorbant de l'eau. Le liquide est devenu très trouble, parce qu'une multitude de petits globules de la même matière qui étaient disséminés dans son sein ont absorbé de l'eau. Le liquide filtré contenait une quantité très sensible de potasse; aussi la matière d'aspect huileux a-t-elle donné à l'analyse moins de potasse que le surstéarate qui a été soumis une seule fois à l'action de l'eau bouillante. La matière d'aspect huileux étant formée d'acide 100 et de potasse 4,47 [(1)], la proportion de cet alcali est sensiblement le $\frac{1}{4}$ de celle qui constitue le stéarate neutre; et l'on peut, d'après cela, considérer la matière d'aspect huileux comme un quadrostéarate de potasse.

86. Lorsqu'on a fait bouillir le *dépôt* (84) dans l'alcool, il s'y est

(1) 0g,210 ont donné : 1° 0g,205 d'acide hydraté, qui représentent 0g,198 d'acide sec; 2° 0g,014 de chlorure de potassium, qui représentent 0g,00886 de potasse.

dissous et par le refroidissement la solution a déposé de véritable bistéarate de potasse, formé d'acide 100, potasse 9,3[1]; ce sel était sous la forme de petites paillettes douées de l'éclat argentin le plus vif. L'alcool refroidi retenait en dissolution de l'acide stéarique et un peu de bistéarate de potasse. L'ayant fait concentrer de nouveau, j'ai obtenu un dépôt de bistéarate et une liqueur qui, ayant été filtrée, puis mêlée à l'eau et chauffée, s'est recouverte d'un acide stéarique contenant si peu de potasse, que $0^{g}200$ traités par l'acide hydrochlorique n'ont pas perdu de leur poids, et que l'acide évaporé a laissé une trace de matière qui n'était pas sensible à une balance accusant $0^{g}001$; quoiqu'il contînt si peu de potasse, j'ai cru observer que celle-ci lui donnait la propriété d'imbiber l'eau.

87. On voit donc que l'eau bouillante en réagissant sur le bistéarate de potasse en sépare une portion d'alcali et que le résidu indissous forme avec l'alcool bouillant une solution qui se réduit par le refroidissement en bistéarate de potasse, qui cristallise, et en acide stéarique, qui reste dans l'alcool avec une portion de bistéarate. Les forces qui agissent dans ce cas sont la force de solidité du bistéarate d'une part, et d'une autre part l'affinité de l'alcool pour l'acide stéarique.

88. 100 parties d'alcool bouillant d'une densité de 0,794 dissolvent 27 parties de bistéarate[2]. Action de l'alcool.

[1] $0^{g}300$ ont donné : 1° $0^{g}280$ d'acide hydraté, qui représentent $0^{g}270$ d'acide sec; 2° $0^{g}040$ de chlorure de potassium, qui représentent $0^{g}0253$ de potasse.

[2] Cette détermination a été faite de la manière suivante : on a introduit 27 parties de bistéarate dans une petite poire de verre; on a versé dessus de l'alcool; on a fait bouillir : tout a été dissous. On a continué de faire bouillir jusqu'au moment où l'on a

100 parties d'alcool d'une densité de 0,794 qui ont été chauffées sur du bistéarate en retiennent, à la température de 24 degrés, 0,36 de partie en dissolution. Il m'a paru que la matière qui reste en dissolution contient une proportion d'acide stéarique un peu plus forte que celle du précipité. Si je ne me suis pas trompé, l'alcool aurait une tendance analogue à celle de l'éther pour séparer de l'acide du bistéarate, mais cette tendance serait beaucoup plus faible.

89. La solution alcoolique de bistéarate de potasse n'a pas d'action sur l'hématine; cela prouve que la potasse est plus fortement attirée par l'acide stéarique que par le principe colorant.

90. Quand on mêle une solution alcoolique de bistéarate de potasse avec de l'eau, il se fait un précipité nacré abondant qui contient moins de potasse que le bistéarate, et l'on trouve dans l'eau de la potasse avec une très faible quantité d'acide stéarique. Cette décomposition explique pourquoi l'hématine qu'on a mêlée avec une solution alcoolique de bistéarate et qui n'en a éprouvé aucune action sensible, passe au pourpre dès qu'on ajoute une certaine quantité d'eau à la liqueur. — Dans une expérience que j'ai faite, 1 partie de bistéarate dissoute dans l'alcool bouillant ayant été mise ensuite avec 1754 parties d'eau a donné un précipité formé d'acide stéarique 100 et de potasse 6,9, c'est-à-dire que ce précipité était analogue au

aperçu que le bistéarate commençait à se déposer; alors on a mis la poire de verre dans une balance; quand elle a été mise en équilibre, on l'a vidée et séchée: pour rétablir l'équilibre, il a fallu mettre 127 parties du côté de la poire. La solubilité du stéarate de potasse dans l'alcool d'une densité de 0,794 a été déterminée de la même manière; on a observé que, quoique moins soluble que le bistéarate dans l'alcool bouillant, il est plus tôt dissous que ce dernier.

dépôt (84). En le traitant par l'alcool bouillant, on a obtenu, par le refroidissement, du bistéarate de potasse.

91. Dans le mélange d'une solution alcoolique de bistéarate de potasse avec l'eau, l'affinité de celle-ci pour l'alcool et pour la potasse d'une part, et d'une autre part l'insolubilité de l'acide stéarique dans l'alcool très aqueux, opèrent dans le bistéarate une décomposition analogue à celle que le même sel éprouve de la part de l'eau bouillante.

92. L'éther sulfurique bouillant enlève au bistéarate de potasse une quantité notable d'acide, et cela doit être, puisque nous avons démontré qu'il en sépare du stéarate neutre. Action de l'éther sulfurique.

93. Si l'on fait bouillir 0g700 de bistéarate dans 20 grammes d'éther, tout le sel ne sera pas dissous. La liqueur, après avoir été abandonnée vingt-quatre heures à elle-même, retiendra, pour 20 grammes d'éther, 0g088 d'acide stéarique, lequel, incinéré, ne laissera pas 0g001 de potasse.

94. L'expérience suivante m'a convaincu que l'éther peut convertir le bistéarate de potasse en stéarate soluble dans l'eau bouillante et en acide stéarique.

On a pris 0g100 de bistéarate, on l'a traité :

1° Par 52 centimètres cubes d'éther bouillant qui n'était point acide ;

2° Par 32 *idem* ;

3° Par 52 *idem* ;

4° Par 42 *idem*.

Chaque lavage n'a été filtré que douze heures après avoir été retiré du feu.

Les trois premiers, réunis et évaporés, ont laissé un résidu pesant 0gr052, lequel avait la même fusibilité que l'acide stéarique et dont 0gr040 incinérés laissaient une trace de cendre jaunâtre alcaline qui était absolument insensible à une balance trébuchant sous la charge de 0gr001.

Le quatrième lavage évaporé a laissé à peine 0gr001 de résidu.

La matière indissoute par l'éther froid était nacrée et entièrement soluble dans l'eau bouillante; c'était donc du *stéarate neutre* ou plutôt un *stéarate alcalin*, puisque nous savons que l'éther enlève de l'acide au stéarate neutre.

Action de l'acide stéarique sur le tournesol.

95. L'acide stéarique mis dans l'extrait aqueux de tournesol concentré n'a aucune action à froid; mais à chaud l'acide s'unit à l'alcali de l'extrait et la couleur bleue de ce dernier passe au rouge. Si l'extrait concentré est en excès, pour que l'acide puisse absorber tout l'alcali auquel il est capable de s'unir dans la circonstance dont je parle, on obtiendra une matière indissoute et un liquide aqueux coloré en bleu. Qu'on sépare celui-ci, qu'on presse la matière indissoute entre des papiers joseph, qu'on la laisse sécher, qu'on la dissolve dans l'alcool bouillant d'une densité de 0,800 et qu'on filtre la solution encore chaude, il restera sur le papier un peu d'extrait bleu et la solution laissera déposer par le refroidissement *du stéarate de potasse neutre cristallisé. L'acide stéarique a donc assez d'énergie pour enlever au tournesol aqueux concentré tout l'alcali nécessaire à sa neutralisation.*

96. Si, au lieu d'employer de l'extrait coloré concentré, on se ser-

vait d'extrait très étendu d'eau, celui-ci serait également rougi; mais par le refroidissement *l'on obtiendrait, non pas du stéarate neutre, mais du bistéarate*, parce que le stéarate, qui peut exister dans une grande proportion d'eau bouillante, se réduit à la température ordinaire en potasse et en bistéarate.

97. Les expériences suivantes sont extrêmement propres à démontrer : 1° l'action de l'acide stéarique sur le tournesol; 2° l'action de l'eau froide pour réduire le stéarate neutre de potasse en bistéarate qu'elle ne dissout pas, et en potasse qu'elle retient en dissolution. Que l'on dissolve du bistéarate de potasse dans de l'alcool faible et qu'on verse goutte à goutte dans la solution de l'extrait aqueux de tournesol, celui-ci passera au rouge, parce qu'il cédera son alcali au bistéarate, qui deviendra stéarate neutre; que l'on ajoute de l'eau froide au liquide rouge, celui-ci repassera au bleu et il se déposera du bistéarate de potasse en petites paillettes.

98. Pour que la solution alcoolique de bistéarate rougisse le tournesol, il est nécessaire que l'alcool qui sert de dissolvant soit faible; car s'il était concentré, le tournesol ne serait point rougi. En voici la preuve :

Si l'on fait chauffer 0g 02 de bistéarate de potasse dans 5 grammes d'alcool d'une densité de 0g 792, on obtient une solution qui ne rougit pas 0g 20 d'extrait aqueux de tournesol[1], qu'on y ajoute goutte à goutte, lors même qu'on porte la liqueur à l'ébullition. Que l'on verse 5 grammes d'eau dans la solution, il ne se produira pas de

[1] L'extrait que j'ai employé contenait :

Eau	1.85	92.5
Extrait sec	0.15	7.5

précipité, mais le tournesol passera au rouge. Pour rendre l'expérience plus frappante, il est bon de colorer l'eau en bleu par du tournesol afin d'éloigner l'idée que l'effet produit tiendrait à de l'acide contenu dans l'eau. Enfin, si l'on ajoute 10 grammes d'eau à la liqueur rouge, il se précipite du bistéarate de potasse et le tournesol repasse au bleu. De ces faits on peut conclure que *la proportion de l'acide stéarique, qui dans le bistéarate de potasse se trouve en excès à la neutralisation de la base, est plus fortement attirée par le stéarate de potasse qu'elle ne l'est par la potasse du tournesol, lorsque le bistéarate est dissous dans l'alcool concentré; tandis que le contraire a lieu lorsque le bistéarate est dissous dans un alcool faible, par exemple, dans celui dont la densité est de* 0,914.

99. Les causes des effets dont je viens de parler sont : 1° *la force de solidité de l'extrait de tournesol ou plutôt son insolubilité dans l'alcool absolu*[1]; cette force, ajoutant à la stabilité de la combinaison du principe colorant avec l'alcali, est évidemment opposée à l'action que la seconde proportion de l'acide du bistéarate tend à exercer sur l'alcali du tournesol; 2° *l'affinité de la seconde proportion de l'acide stéarique pour le stéarate de potasse, auquel elle est unie dans le bistéarate;* car, pour que le tournesol soit rougi, il faut que cette proportion d'acide quitte le stéarate neutre pour se porter sur l'alcali du principe colorant. La preuve que cette affinité a de l'influence, c'est que si l'on dissout 0g 02 d'acide stéarique dans 5 grammes d'alcool d'une densité de 0g 792 et que l'on y ajoute goutte à goutte 0g 20 d'extrait

[1] Cette insolubilité est démontrée par l'expérience suivante : si l'on ajoute un peu d'extrait aqueux de tournesol au bistéarate de potasse dissous dans l'alcool absolu, il se produit un précipité bleu, et si l'on filtre, la liqueur passe incolore. Ce résultat a lieu lors même que les liquides qu'on mêle sont chauds.

aqueux de tournesol, sur-le-champ la liqueur passe au rouge pourpre; si l'on filtre la liqueur après l'avoir fait bouillir, elle passe colorée en rouge et il reste sur le papier des flocons d'un rouge foncé.

ARTICLE 3.

DU STÉARATE DE SOUDE.

100. On fait chauffer dans une capsule de porcelaine 20 parties d'acide stéarique avec 300 parties d'eau tenant 13 parties de soude en dissolution. L'union de l'acide avec l'alcali a lieu, et la combinaison, sous la forme d'une masse grumelée, se sépare d'un liquide alcalin qui ne retient pas d'acide en dissolution. *Préparation.*

On sépare le stéarate de l'eau mère, on le fait égoutter, on le soumet à la presse entre des papiers; on le fait sécher au soleil et on le fait dissoudre dans 25 fois son poids d'alcool bouillant afin d'en séparer un peu de soude carbonatée. Par le refroidissement, la liqueur filtrée se prend en masse, et peu à peu le stéarate passe de l'état gélatineux à celui de petits cristaux brillants; on les jette sur un filtre, on les lave avec de l'alcool froid; enfin on les fait sécher.

101. 0g500 décomposés par l'acide hydrochlorique ont donné 0g461 d'acide stéarique hydraté et 0g103 de chlorure de sodium, qui représentent 0g0549 de soude; donc : *Composition.*

Acide..	4451	89,02	100
Soude..	549	10,98	12,33, qui contiennent 3,154 d'oxygène.

102. Il est sous forme de cristaux brillants ou en plaques demi-transparentes qui sont insipides d'abord et qui ont ensuite un goût alcalin. Il est fusible. *Propriétés physiques.*

Action de l'alcool.

103. 1 partie de stéarate de soude se dissout dans 20 parties d'alcool d'une densité de 0,821. La solution se trouble de 71 à 69 degrés; elle se prend en gelée, qui peu à peu se contracte et finit par se réduire en petits cristaux extrêmement brillants. (Voir le 2e tableau à la fin du chapitre III de ce livre.)

104. 100 parties de solution alcoolique saturée à 10 degrés ne contiennent que 0,2 de partie de margarate; conséquemment, 100 d'alcool ne peuvent dissoudre que 0,2004.

Action de l'éther sulfurique d'une densité de 0,708.

105. L'éther sulfurique bouillant en sépare un peu d'acide stéarique, lequel retient une trace de soude. Lorsqu'on chauffe jusqu'à l'ébullition 100 parties d'éther avec 1 partie de stéarate de soude, on obtient par le refroidissement de la liqueur un léger dépôt. La liqueur refroidie à 12 degrés ne retient en dissolution pour 100 d'éther que 0,15 d'acide stéarique.

Action de l'eau.

106. 1 partie de stéarate de soude demi-transparent, mise en macération dans 600 parties d'eau à 12 degrés pendant huit jours, n'éprouve aucun changement dans son aspect. Après quinze jours, le stéarate a perdu de sa transparence en absorbant de l'eau. Le liquide évaporé laisse une trace d'alcali.

107. 1 partie de stéarate et 10 parties d'eau, chauffées à 90 degrés, forment un liquide épais, presque transparent, qui à 62 degrés est en masse blanche solide. En ajoutant à cette masse 40 parties d'eau et en faisant chauffer, tout est dissous, même au-dessous de 100 degrés. La solution peut être filtrée. Si alors on la reçoit dans 2000 parties d'eau, on obtient, par le refroidissement, du bistéarate

de soude nacré. La soude séparée de l'acide stéarique est retenue par l'eau; celle-ci ne contient qu'une trace d'acide absolument insensible à la balance.

108. 0g200 de stéarate de soude mis à 12 degrés dans une atmosphère saturée d'eau ont absorbé, après six jours, 0g015 d'eau. Une nouvelle exposition de vingt-quatre heures n'augmente pas sensiblement le poids du stéarate.

ARTICLE 4.

DU BISTÉARATE DE SOUDE.

109. On l'obtient en faisant dissoudre 1 partie de stéarate de soude dans 2000 à 3000 parties d'eau chaude, en filtrant la liqueur refroidie, lavant le dépôt, le faisant sécher, puis le traitant par l'alcool chaud. La solution refroidie laisse déposer du bistéarate, qu'on recueille sur un filtre et qu'on fait ensuite sécher au soleil. Préparation.

110. 0g500 ont donné 0g488 d'acide hydraté et 0g532 de chlorure de sodium, qui représentent 0g2835 de soude; donc le sel est formé de : Composition.

Acide................	471.65	94.33	100
Soude................	28.35	5.67	6.01

111. Il est plus fusible que le stéarate; il est blanc, insipide, inodore. Propriétés.

112. Il est insoluble dans l'eau.

113. Il est très soluble dans l'alcool; la solution rougit le tournesol, et la liqueur repasse au bleu quand on y ajoute de l'eau.

ARTICLE 5.

DU STÉARATE DE BARYTE.

Préparation. **114.** On fait bouillir de l'eau de baryte dans un ballon; on la filtre encore chaude dans un matras à long col, contenant de l'acide stéarique et un peu d'eau bouillante. En opérant ainsi, on évite le contact de l'acide carbonique de l'air. On fait bouillir les matières pendant deux heures; on ferme le matras, et quand il est un peu refroidi, on décante l'eau de baryte qui est en excès à la combinaison, on lave le stéarate à l'eau bouillante, puis on le traite par l'alcool chaud pour enlever l'acide qui pourrait être en excès.

Composition. **115.** 1 gramme brûlé dans un creuset a laissé une quantité de baryte qui a produit 0,34 de sulfate; conséquemment :

Acide	77,69	100
Baryte.	22,31	28,72, qui contiennent 3,001 d'oxygène.

Propriétés. **116.** Il est en poudre blanche, insipide, inodore, fusible au feu.

ARTICLE 6.

DU STÉARATE DE STRONTIANE.

Préparation. **117.** On le prépare comme le précédent.

Composition. **118.** 1 gramme brûlé dans un creuset a laissé une quantité de strontiane représentée par 0g 29 de sulfate; donc :

Acide	83.655	100
Strontiane.	16.345	19.54, qui contiennent 3.0189 d'oxygène.

119. Ses propriétés sont analogues à celles du précédent.

ARTICLE 7.

DU STÉARATE DE CHAUX.

120. On le prépare en mêlant deux solutions bouillantes d'hydrochlorate de chaux et de stéarate de potasse. Le précipité doit être lavé jusqu'à ce que le lavage ne précipite plus par le nitrate d'argent et l'oxalate d'ammoniaque. Préparation.

121. 1 gramme inciné a laissé une quantité de base représentée par 0g,24 de sulfate de chaux. Composition.

Acide....	90.033	100
Chaux....	9.967	11.06, qui contiennent 3,107 d'oxygène.

122. Ses propriétés sont analogues à celles du margarate de baryte.

ARTICLE 8.

DU STÉARATE DE PLOMB.

123. On le prépare en mêlant deux solutions aqueuses, bouillantes, de nitrate de plomb et de stéarate de potasse; le précipité doit être lavé jusqu'à ce que l'eau ne se colore plus par l'acide hydrosulfurique; on le fait ensuite sécher au soleil. Il est blanc, fusible, inodore. Préparation.

124. 1 gramme inciné donne 0g,295 de massicot; donc : Composition.

Acide.........	70.5	100
Oxyde.........	29,5	41.84, qui contiennent 3 d'oxygène.

ARTICLE 9.

DU SOUS-STÉARATE DE PLOMB.

Préparation. 125. On le prépare avec les mêmes précautions que le stéarate de baryte, avec cette seule différence qu'au lieu d'eau de baryte on fait usage de sous-acétate de plomb dissous dans l'eau.

Propriétés. 126. Il est incolore, très fusible; quand il a été fondu, il est transparent et susceptible d'être pulvérisé par trituration.

Composition. 127. Il est formé de :

Acide	54	100
Oxyde de plomb	46	85,18

128. Si l'on prépare ce sel avec un sous-acétate de plomb qui contient du cuivre, le sous-stéarate de plomb en contient et la proportion de la base est plus faible.

ARTICLE 10.

DU STÉARATE D'AMMONIAQUE.

Préparation et composition. 129. On met dans une cloche de verre, étroite et courbée au sommet, 0g25 d'acide stéarique hydraté; on le fait fondre, et lorsqu'il est figé, on remplit la cloche de mercure, on la renverse dans un bain de ce métal et on y fait passer un volume de gaz ammoniac, tel qu'à 0m760 de pression et à zéro il occuperait 26 centimètres cubes. On chauffe l'acide pour le liquéfier seulement, puis on abandonne les matières à elles-mêmes. L'absorption est d'abord rapide et elle se continue lors même que l'acide est figé. Quand il n'y a plus d'absorption, l'opération est terminée. A aucune époque de l'opération il ne se manifeste de l'eau.

Voici le détail d'une expérience faite avec beaucoup de soin.

Le thermomètre étant à 22 degrés et le baromètre à $0^{m}753$, on a chauffé pendant une minute $0^{g}25$ d'acide stéarique hydraté avec 30 centimètres cubes de gaz ammoniac qui avait séjourné sur la chaux; l'absorption était :

	cc
Après 1 heure	9,3
2 heures	9.7
3	10,1
24	21,4
48	14,0
72	16,3
96	18,0

A cette dernière époque, les 18 centimètres cubes de gaz, ramenés à $0^{m}760$ de pression et à zéro, représentaient $16^{cc}48$.

L'absorption continua, mais très lentement, pendant encore un mois; après ce temps elle parut terminée, au moins ne fit-elle plus de progrès pendant un second mois.

Le gaz non absorbé était de l'ammoniaque pure. Son volume fit connaître que, toutes corrections faites, il y avait eu 21 centimètres cubes de gaz absorbé.

D'après ce résultat, la composition du stéarate d'ammoniaque sec est :

Acide	24125	100
Ammoniaque	1612	6,68

Maintenant, si l'on admet que 48,81 d'ammoniaque est l'équivalent de 117,72 de potasse et que 18 de potasse neutralisent

IMPRIMERIE NATIONALE.

100 d'acide stéarique, on trouve que 100 de ce même acide sont neutralisés par 6,54 d'ammoniaque et que 0g25 de cet acide hydraté absorbent 20cc 55 de cet alcali à l'état gazeux.

Propriétés.

130. Le stéarate d'ammoniaque est blanc, presque inodore; il a un goût alcalin; il peut être sublimé dans le vide; il y a bien de l'ammoniaque qui est séparée, mais elle finit par être absorbée. Il ne se manifeste pas d'eau.

131. Si l'on distille le stéarate d'ammoniaque dans une cornue avec le contact de l'air, il y a dégagement d'ammoniaque; il se manifeste de l'eau et il se sublime un sous-stéarate mêlé d'une huile empyreumatique.

132. Il est soluble dans l'eau chaude[1], au moins dans l'eau ammoniacale. Par le refroidissement, la solution dépose un surstéarate sous forme de petites écailles brillantes, lequel contient probablement deux fois plus d'acide que le stéarate neutre.

[1] Pour le dissoudre, il faut le chauffer au milieu de l'eau dans un vase fermé, entièrement rempli de liquide.

CHAPITRE II.

DE L'ACIDE MARGARIQUE ET DES MARGARATES.

PREMIÈRE SECTION.

DE L'ACIDE MARGARIQUE.

§ I. COMPOSITION.

133. L'acide margarique hydraté (de graisse humaine), brûlé par l'oxyde brun de cuivre, a donné :

Oxygène	11,656
Carbone.	76,366
Hydrogène.	11,978

134. Lorsqu'on le chauffe avec le massicot, on obtient de 0g 500 d'acide 0g 017 d'eau.

1° L'acide hydraté est formé de : Conséquences.

Acide sec.	483	96,6	100
Eau.	17	3,4	3,52, qui contiennent 3,129 d'oxygène.

2° L'acide margarique sec est formé de :

	EN POIDS.		EN VOLUME.
Oxygène	8,6334	8,937	1,00
Carbone.	76,3660	79,053	11,55
Hydrogène [1]	11,6006	12,010	21,57
TOTAL	96,6000		

[1] Si l'on admet que l'eau dégagée est produite aux dépens de l'oxygène du massicot

135. 100 parties d'acide sec neutralisent une quantité de base qui contient 3 d'oxygène; conséquemment, dans les margarates neutres, l'oxygène de l'acide est à celui de la base sensiblement : : 3 : 1; d'après cela et en admettant que l'acide est formé en volume de :

Oxygène	1,00
Carbone	11,33
Hydrogène	21,67

l'acide margarique sera formé de :

	ATOMES.	EN POIDS.	
Oxygène	3	300	9,07
Carbone	34	2602	78,67
Hydrogène	65	405,6	12,26
TOTAL		3307,6	

§ 2. PROPRIÉTÉS PHYSIQUES DE L'ACIDE MARGARIQUE.

136. Les propriétés physiques de cet acide sont les mêmes que celles de l'acide stéarique, si ce n'est qu'il se fond à 60 degrés et qu'il cristallise par refroidissement en aiguilles entrelacées, qui sont plus rapprochées que celles de l'acide stéarique et moins brillantes.

et aux dépens de l'hydrogène de l'acide, la portion de cet acide qui reste fixée au plomb sera formée de :

	EN POIDS.		EN VOLUME.
Oxygène	11,6560	11,7000	1,00
Carbone	76,3660	76,6550	8,56
Hydrogène	11,6006	11,6450	15,98
TOTAL	99,6226		

§ 3. PROPRIÉTÉS CHIMIQUES
QU'ON OBSERVE SANS QUE L'ACIDE SOIT ALTÉRÉ.

137. L'acide margarique est insoluble dans l'eau comme l'acide stéarique; il est extrêmement soluble dans l'alcool et dans l'éther; il s'unit aux bases salifiables et forme des sels qui ont beaucoup d'analogie avec les stéarates. Il rougit le tournesol et décompose à chaud les sous-carbonates de potasse et de soude.

§ 4. PROPRIÉTÉS CHIMIQUES
QU'ON OBSERVE DANS DES CIRCONSTANCES OÙ L'ACIDE EST ALTÉRÉ.

138. L'acide margarique chauffé dans une cornue qu'on a adaptée à un ballon qui communique avec l'air se fond, exhale une fumée blanche qui se dépose en une matière farineuse dans le col de la cornue. Il bout et dégage une vapeur élastique qui se condense en liquide, puis en solide; il se manifeste en même temps de l'eau qui rougit le tournesol, et une odeur forte due à une huile empyreumatique et peut-être à un acide volatil; il ne se forme que très peu de gaz et de liquide. Le charbon qui reste est en petite quantité.

139. Dans une expérience où j'ai chauffé 1 gramme d'acide margarique dans une cornue qui contenait 394 centimètres cubes d'air, le produit solide pesait 0g90; il était blanc, nuancé de jaune et de roux; la potasse l'a dissous, excepté 0g05 d'une matière grasse rousse, non acide[1]. La solution alcaline, outre beaucoup d'acide margarique,

[1] Dans une ancienne expérience faite sur 100 parties d'un mélange d'acide margarique et d'acide stéarique fusible à 56°,5, j'ai obtenu 25 parties de matière non acide

contenait une quantité notable de cette dernière matière : le charbon pesait $0^{g}018$, mais il n'avait pas été fortement rougi.

qui était insoluble dans l'eau de potasse. Cette matière a été dissoute dans l'alcool bouillant : par le refroidissement, celui-ci a laissé déposer de petits cristaux nacrés, de nature grasse, qui étaient légèrement colorés après avoir été fondus. L'alcool refroidi retenait en dissolution une huile d'un jaune foncé, liquide à 18 degrés.

DEUXIÈME SECTION.

DES MARGARATES.

ARTICLE PREMIER.

DU MARGARATE DE POTASSE.

140. (Voir le 1er tableau à la fin du chapitre III de ce livre.) Préparation.

141. 1 gramme traité par l'acide hydrochlorique a donné 0g 8679 d'acide margarique hydraté et 0g 237 de chlorure de potassium, qui représentent 0g 15 de potasse; donc : Composition.

Acide......	85	100
Potasse.....	15	17,67, qui contiennent 2.997 d'oxygène.

Composition calculée :

Acide..............	100
Potasse.............	17.81, qui contiennent 3,02 d'oxygène.

142. Il est blanc. Il m'a été impossible de l'obtenir en belles écailles nacrées, comme le stéarate de potasse. Quelquefois il se précipite de l'alcool bouillant où il est dissous en petites écailles nacrées: mais ces écailles, conservées quelque temps dans l'alcool, finissent par perdre leur éclat, phénomène que le stéarate de potasse ne m'a pas présenté. Propriétés.

143. (Voir le 1er tableau à la fin du chapitre III de ce livre.) Action de l'eau.

Action de l'alcool. 144. (Voir le 1er tableau à la fin du chapitre III de ce livre.)

Action de l'éther. 145. (*Idem.*)

Action de l'acide margarique sur le sous-carbonate de potasse. 146. Elle est la même que celle de l'acide stéarique.

ARTICLE 2.

DU BIMARGARATE DE POTASSE.

Préparation. 147. On obtient ce sel en traitant le margarate de potasse neutre par une proportion d'eau convenable.

Composition.

Acide	91,935	100
Potasse	8,065	8,70

La composition calculée est :

Acide	100
Potasse	8,9

Propriétés. 148. Il est en petites écailles nacrées qui n'ont jamais l'éclat argentin du bistéarate.

Action de l'eau. 149. L'eau froide lui enlève des traces d'alcali.

150. 1 partie bouillie dans 75 parties d'eau a cédé à ce liquide $\frac{1}{404}$ de partie formé de potasse et d'une trace d'acide margarique.

Action de l'alcool. 151. 100 parties d'alcool d'une densité de 0,834 en ont dissous 31,37 de bimargarate à 67 degrés; 100 parties d'alcool n'en dissolvent que 0,31 à la température de 20 degrés.

152. La solution alcoolique de bimargarate de potasse ajoutée à l'eau cède à ce liquide une quantité notable de potasse, ainsi que le fait le bistéarate. Dans une de mes expériences, la matière précipitée contenait, pour 100 d'acide, 7,8 de potasse; contre 1 partie de bimargarate, on avait employé 340 parties d'eau.

153. Elle est la même que celle de l'acide stéarique. Action de l'acide margarique sur le tournesol.

ARTICLE 3.

DU MARGARATE DE SOUDE.

154. (Voir le 2e tableau qui se trouve à la fin du chapitre III de ce livre.) Préparation.

155. 0^{g}265 de margarate de soude parfaitement sec, décomposé par l'acide hydrochlorique, ont donné 0^{g}244 d'acide margarique hydraté et 0^{g}055 de chlorure de sodium, qui représentent 0^{g}0293 de soude. Composition.

Acide margarique.	2357	100
Soude	293	12,43, qui contiennent 3,179 d'oxygène.
Total	2650	

La composition calculée donne :

Acide	100
Soude	11,82, qui contiennent 3.023 d'oxygène.

156. Il est en petites plaques demi-transparentes; il est insipide d'abord, mais il a ensuite un goût alcalin; exposé à la chaleur, il se fond. Propriétés.

157. 1 partie de margarate de soude mise dans 600 parties d'eau, à la température de 12 degrés, n'a éprouvé aucun changement dans son aspect après une macération de huit jours; après quinze jours, il a perdu de sa transparence. L'eau évaporée ne laisse qu'une trace de margarate.

158. 2 grammes de margarate de soude chauffés dans 100 parties d'eau ont été dissous avant que l'eau entrât en ébullition. La solution était parfaitement limpide; l'ayant étendue dans 3 litres d'eau froide, on a obtenu un précipité nacré. Après trois jours, on a filtré; l'eau évaporée a laissé un résidu alcalin qui ne retenait qu'une quantité d'acide margarique inappréciable. Le dépôt nacré était un vrai surmargarate de soude.

159. Le margarate de soude existe dans tous les savons à base de soude. C'est lui qui produit dans le baume opodeldoch les *végétations* qu'on y remarque lorsque cette matière est exposée à une basse température.

ARTICLE 4.

DU BIMARGARATE DE SOUDE.

Préparation. 160. On l'a obtenue en dissolvant le margarate neutre dans une grande quantité d'eau chaude; recueillant le dépôt nacré sur un filtre, le séchant, puis le faisant dissoudre dans l'alcool bouillant, le bimargarate précipité a été égoutté sur du papier, puis séché au soleil.

Composition. 161. 0gr,223 ont été décomposés par l'acide hydrochlorique; on a obtenu 0gr,217 d'acide margarique hydraté et 0gr,232 de chlorure de sodium, qui représentent 0gr,01252 de soude.

Acide. . .	0,20962	100	
Soude. . .	0,01252		5,973, qui contiennent 1,528 d'oxygène.
TOTAL.	0,22214		

La composition calculée donne :

Acide.	100
Soude.	5,91

162. Il est plus fusible que le margarate neutre; il est blanc, insipide, inodore. Propriétés.

163. Il ne se dissout pas dans l'eau.

164. Il est très soluble dans l'alcool; la solution rougit la teinture de tournesol, et la liqueur passe au bleu quand on y ajoute de l'eau.

ARTICLE 5.

DU MARGARATE DE BARYTE.

165. Elle est la même que celle du stéarate de baryte. Préparation.

166. 0g100 brûlés dans un creuset de platine ont donné une cendre dont la baryte était représentée par 0g034 de sulfate; donc Composition.

Acide.	77,69	100,00	
Baryte.	22,31		28,72, qui contiennent 3,001 d'oxygène.

La composition calculée est :

Acide.	100
Baryte.	28,92

ARTICLE 6.

DU MARGARATE DE STRONTIANE.

Préparation. 167. Elle est la même que celle du stéarate de baryte.

Composition. 168. 0^g100 brûlés donnent une cendre dont la strontiane est représentée par 0^g029 de sulfate.

Acide....	83,655	100
Strontiane.	16,345	19,54, qui contiennent 3,0638 d'oxygène.

La composition calculée donne :

Acide....................................	100
Strontiane................................	19,56

ARTICLE 7.

DU MARGARATE DE CHAUX.

Préparation. 169. Elle est la même que celle du stéarate de chaux.

Composition. 170. 0^g100 brûlés laissent une cendre dont la chaux est représentée par 0^g024 de sulfate.

Acide...	90,033	100
Chaux..	9,967	11,07, qui contiennent 3,1095 d'oxygène.

La composition calculée donne :

Acide....................................	100
Chaux.....................................	10,76

ARTICLE 8.

DU MARGARATE DE PLOMB.

Préparation. 171. Elle est la même que celle du stéarate de plomb.

172. 0^g9 incinérés dans une capsule de verre donnent 0^g265 de massicot. Composition.

Acide. .	635	70,55	100
Massicot.	265	29,45	41,74, qui contiennent 2.993 d'oxygène.

La composition calculée donne :

Acide.	100
Massicot.	42,16

ARTICLE 9.

DU SOUS-MARGARATE DE PLOMB.

173. Il a été préparé comme le sous-stéarate de plomb. Préparation.

174. 1^g7 de ce sel brûlés donnent 0^g775 de massicot : donc : Composition.

Acide. .	925	54,41	100
Massicot.	775	45,59	83,79, qui contiennent 6,008 d'oxygène.

La composition calculée donne :

Acide.	100
Base	84,32

ARTICLE 10.

DU MARGARATE D'AMMONIAQUE.

175. L'acide margarique hydraté se comporte avec le gaz ammoniac comme l'acide stéarique, si ce n'est cependant qu'il s'y combine plus lentement ; il en absorbe sensiblement le même volume. Préparation.

176. L'acide margarique s'unit également bien à l'ammoniaque

liquide. En chauffant l'acide dans un flacon fermé, entièrement plein d'ammoniaque liquide, on obtient une solution complète, si l'ammoniaque est suffisamment étendue; dans le cas contraire, il se forme un margarate gélatineux plus ou moins transparent.

Propriétés. 177. Chauffé dans le vide, il se comporte comme dans le stéarate d'ammoniaque.

178. Il se dissout dans l'eau chaude, au moins dans celle qui contient de l'ammoniaque : la solution dépose du surmargarate nacré par le refroidissement et il ne reste pas sensiblement d'acide dans la liqueur.

179. Le margarate d'ammoniaque exposé à l'air à 13 degrés (au moins celui qui a été préparé avec l'ammoniaque aqueuse) laisse dégager une portion de son alcali.

OBSERVATIONS SUR LES ACIDES STÉARIQUE ET MARGARIQUE.

180. Le 5 juillet 1813, je fis connaître à l'Institut, sous le nom de *margarine*, une substance grasse qui possède les propriétés acides. En 1816, je la nommai *acide margarique*. Je l'avais retirée, dès 1811, d'un savon qui m'avait été remis pour en faire l'analyse. C'est cette analyse qui m'a conduit à entreprendre le travail qui est le sujet de cet ouvrage. En 1816, lorsque je recherchai s'il existe des différences entre les acides des bimargarates de potasse, obtenus au moyen de l'eau des savons des graisses de divers animaux, je trouvai que les acides margariques des graisses d'homme, de porc, de jaguar et d'oie ont sensiblement les mêmes propriétés physiques et un degré de fusibilité compris entre 55 degrés et 56°,5. J'observai que les acides

margariques obtenus des savons des stéarines de mouton et de bœuf différaient des précédents sous ce dernier rapport, puisqu'ils se figeaient, le premier à 64°,8, le second à 62 degrés. Je ne prononçai point alors si les acides de mouton et de bœuf sont essentiellement distincts des autres.

181. Le 17 juillet 1820, je présentai à l'Institut des analyses de ces acides, desquelles il résultait : 1° que l'acide margarique de mouton contient moins d'oxygène que les acides margariques d'homme et de porc; 2° que dans ces acides le carbone est à l'hydrogène sensiblement dans le même rapport. Ces résultats m'engagèrent à nommer l'acide margarique de mouton *acide margareux*.

182. Dans ces derniers temps, j'ai soumis cet acide à beaucoup d'expériences.

1° J'ai traité absolument de la même manière du bimargarate de potasse de mouton et du bimargarate de potasse d'homme dont les acides avaient le même degré de fusibilité (ce procédé est détaillé livre III, chapitre I, section III). J'ai obtenu du premier un acide fusible à 70 degrés et du second un acide fusible à 60 degrés, et j'ai vu qu'en traitant plusieurs fois ce dernier par l'alcool je parvenais plutôt à abaisser son degré de fusion qu'à l'élever.

2° Ayant eu quelque raison de penser que les margarates neutres de potasse d'homme et de mouton seraient plus faciles à purifier que leurs bimargarates respectifs, je les ai traités par l'alcool et la cristallisation (ce procédé est détaillé livre III, chapitre I, section III), et je suis arrivé au même résultat que le précédent. Du margarate de potasse d'homme, dont l'acide était fusible à 60 degrés, ayant subi cinq dissolutions successives dans l'alcool, s'est toujours trouvé fusible à 60 degrés.

3° Je n'ai pu réduire une quantité donnée de savon de mouton à base de potasse, seulement à de l'oléate et à du margarate dont l'acide est fusible à 70 degrés; j'ai toujours obtenu une proportion sensible d'un acide fusible de 56 à 60 degrés, qui avait des propriétés analogues à celles de l'acide margarique d'homme et dont la fusibilité s'abaissait plutôt qu'elle ne s'élevait quand on le traitait un grand nombre de fois par l'alcool bouillant.

4° Ayant traité de la même manière des savons de graisse de bœuf et de porc à base de potasse, j'en ai obtenu de l'acide fusible à 70 degrés et un acide fusible à 58 degrés, analogue à celui d'homme; ce dernier était plus abondant dans le savon de graisse de porc que dans le savon de graisse de bœuf, et il l'était plus dans ce dernier que dans le savon de graisse de mouton.

183. De ces expériences il suit donc *que j'ai obtenu un acide fusible à 70 degrés et un autre fusible à 60 degrés qu'il m'a été impossible de rendre moins fusible.* Ajoutons à ce résultat le suivant, qui fait partie du mémoire présenté en 1816 à l'Académie : *Ayant saponifié comparativement de la stéarine d'homme fusible à 49 degrés et de la stéarine de mouton fusible à 43 degrés, la matière grasse du savon de la première stéarine était fusible à 51 degrés, tandis que celle du savon de la seconde était fusible de 54 à 53 degrés, et leurs savons traités par l'eau donnaient des bimargarates dont l'acide d'homme était fusible à 56°,5 et celui de mouton à 64°,8.*

184. D'après cela, on ne peut confondre les deux acides dont je

viens de parler; mais j'avoue qu'en réfléchissant : 1° à leurs nombreuses analogies; 2° à la difficulté d'estimer *rigoureusement* par l'analyse élémentaire la proportion des éléments qui doivent constituer un acide margarique et un acide margareux dans lesquels l'oxygène du premier serait à celui du second comme 6 : 5; 3° à la probabilité que l'acide fusible à 60 degrés serait de l'acide margarique fusible à 70 degrés uni à une matière un peu plus oxygénée que lui et qui le rendrait plus fusible, j'ai préféré donner à l'acide fusible à 70 degrés le nom d'*acide stéarique* et réserver le nom d'*acide margarique* à l'acide fusible de 55 à 60 degrés.

CHAPITRE III.

DE L'ACIDE OLÉIQUE ET DES OLÉATES.

PREMIÈRE SECTION.

DE L'ACIDE OLÉIQUE.

§ 1. COMPOSITION.

185. L'acide oléique hydraté (de graisse de mouton), brûlé par l'oxyde brun de cuivre, a donné :

	EN POIDS.
Oxygène	10,784
Carbone	77,866
Hydrogène	11,350

186. Lorsqu'on chauffe l'acide oléique avec le massicot, il y a un dégagement d'eau; la moyenne de plusieurs expériences a donné, pour 0g500 d'acide, 0g019 d'eau volatilisée.

Conséquences. 1° L'acide hydraté est formé de :

Acide sec..	481	96,2	100	
Eau	19	3,8	3,95,	qui contiennent 3,5 d'oxygène.

2° L'acide oléique sec est formé de :

	EN POIDS.	EN VOLUME.
Oxygène	7,699	1,00
Carbone	80,942	13,73
Hydrogène [1]	11,359	23,69

[1] Si l'on admet que l'eau dégagée est produite aux dépens de l'oxygène du mas-

187. 100 parties d'acide sec neutralisent une quantité de base qui contient 3 d'oxygène. Conséquemment, dans les oléates neutres, l'oxygène de l'acide est à celui de la base sensiblement comme 2,5 : 1, ou comme 5 : 2. D'après cela, et en admettant que l'acide est formé en volume de :

Oxygène	1.0
Carbone	14,0
Hydrogène	23.4

sa composition sera :

	ATOMES.	EN POIDS.	
Oxygène	5	500	7,59
Carbone	70	5357	81,32
Hydrogène	117	730	11,09
TOTAL		6587	100,00

§ 2. PROPRIÉTÉS PHYSIQUES.

188. L'acide oléique hydraté a l'aspect d'une huile incolore; à 19 degrés, sa densité est de 0,898. Il se congèle à quelques degrés au-dessous de zéro en une masse blanche formée d'aiguilles. Il a une légère odeur et saveur rances. Il se volatilise dans le vide sans éprouver d'altération.

sicot et aux dépens de l'hydrogène de l'acide, la portion de cet acide qui reste fixée au plomb sera formée de :

	EN POIDS.		EN VOLUME.
Oxygène	10,7840	10,830	1.00
Carbone	77,8660	78,196	9,43
Hydrogène	10,9280	10,974	16,23
TOTAL	99,5780		

§ 3. PROPRIÉTÉS CHIMIQUES QU'ON OBSERVE SANS QUE L'ACIDE SOIT ALTÉRÉ.

189. Il est insoluble dans l'eau.

190. Il est soluble dans l'alcool d'une densité de 0,822 en toutes proportions. L'eau mêlée à la solution en sépare l'acide.

191. Il s'unit aux bases et forme des savons ou plutôt des sels que nous appelons *oléates*. Comme l'acide margarique, il rougit fortement le tournesol et décompose les sous-carbonates.

192. Il s'unit en toutes proportions à l'acide stéarique ou margarique; en traitant la combinaison qui en résulte par l'alcool froid, on dissout beaucoup d'acide oléique et peu d'acide stéarique ou margarique. En traitant la même combinaison par l'alcool à la température de 60 degrés, on la dissout complètement; par le refroidissement, il se sépare des cristaux d'acide stéarique ou margarique, retenant de l'acide oléique.

193. A une basse température, l'acide oléique est susceptible de s'unir à l'acide sulfurique concentré sans se décomposer.

§ 4. PROPRIÉTÉS CHIMIQUES QU'ON OBSERVE DANS DES CIRCONSTANCES OÙ L'ACIDE EST ALTÉRÉ.

Distillation de l'acide avec le contact de l'air.

194. L'acide oléique distillé dans une petite cornue, avec le contact de l'air, donne une huile presque incolore; ensuite il bout, se colore, dégage une huile citrine, puis un peu d'huile brune et des gaz acide carbonique et hydrogène carburé. Il ne reste dans la cornue qu'un atome de charbon.

195. Les produits liquides sont très acides. Quand on les lave avec l'eau bouillante, on obtient un lavage acide qui donne un peu de vinaigre à la distillation et un résidu qui précipite légèrement l'acétate de plomb et qui rougit la teinture de tournesol. Doit-il ses propriétés à de l'acide sébacique? C'est ce que je n'ai pas constaté.

196. L'acide oléique, chauffé suffisamment avec le contact de l'air, brûle à la manière des huiles grasses.

197. $0^{g}2$ d'acide oléique mis dans un tube de verre de $0^{m}01$ de diamètre intérieur avec 2 grammes d'acide sulfurique, à la température de 27 degrés, sont dissous dès qu'on agite les liquides. Il y a une petite élévation de température; la solution est un peu colorée et il se manifeste une légère odeur d'acide sulfureux. Vingt-quatre heures après, il n'y a pas de changement sensible, si ce n'est que la couleur est un peu plus foncée; au bout de huit jours, la coloration est encore plus forte, et si l'on expose les matières à 100 degrés pendant une heure, il s'en dégage du gaz sulfureux sans effervescence et, à ce qu'il m'a paru, un peu d'acide hydrosulfurique; à une température au-dessus de 100 degrés, l'effervescence est vive et l'acide oléique est promptement réduit en charbon. Action de l'acide sulfurique à 66 degrés avec le contact de l'air.

198. 2 grammes d'acide oléique se comportent, avec 200 grammes d'acide nitrique à 32 degrés, d'une manière analogue à l'acide stéarique, avec cette différence, cependant, que l'action est plus rapide. En opérant comme il est dit (46), on obtient un résidu pesant $1^{g}74$, légèrement jaune, acide, en partie cristallisé, que l'on réduit en (A) *extrait aqueux* et en (B) *extrait alcoolique*. Action de l'acide nitrique.

199. Il donne des *cristaux acides* et une eau mère légèrement A. Extrait aqueux.

jaune, qui n'est pas astringente et qui ne précipite pas l'eau de chaux.

Cristaux acides. 200. Ils ont été examinés comparativement avec ceux qui provenaient de l'action de l'acide nitrique sur l'acide stéarique (48). Je ne parlerai que des légères différences qu'ils m'ont présentées.

Ils étaient plus petits et moins transparents.

Ils ont formé avec la potasse un *sel* dont les cristaux étaient en *rosaces* moins prononcées.

B. Extrait alcoolique. 201. Évaporé à siccité, il pèse $0^g\,049$. Si on le redissout dans l'alcool froid et si l'on ajoute de l'eau à la solution, on obtient : 1° *une huile;* 2° *un liquide aqueux.*

1° Huile. 202. Elle est analogue à celle qu'on obtient avec l'acide stéarique, car elle ne rougit pas le papier de tournesol sec, tandis qu'elle rougit ce papier humide; elle est soluble dans la potasse et forme avec la baryte et la chaux des composés insolubles.

2° Liquide aqueux. 203. Il contient les mêmes substances que l'extrait A.

§ 5. SIÈGE.

204. Il existe dans les savons de graisses de porc, d'homme, etc.

§ 6. PRÉPARATION.

205. (Voir livre III, chapitre I.)

§ 7. NOMENCLATURE.

206. *Oléique* vient d'*oleum* « huile ». Je lui ai donné ce nom parce

qu'il a l'aspect d'une huile et qu'il est produit dans une plus grande proportion par les huiles ou plutôt par l'oléine qu'il ne l'est par les graisses ou plutôt par les stéarines.

§ 8. HISTOIRE.

207. Je le décrivis pour la première fois sous la dénomination de *graisse fluide* dans un Mémoire lu à l'Institut le 2 novembre 1813.

208. TABLE DES TERMES DE FUSION DE COMBINAISONS DE L'ACIDE OLÉIQUE AVEC L'ACIDE MARGARIQ

ACIDE		TERMES DE FUSION.		ACIDE		TERMES DE FUSI
OLÉIQUE [1].	MARGARIQUE [2].			OLÉIQUE [1].	MARGARIQUE [2].	
99	1	commence à se troubler à 2° congelé comme l'huile d'olive à	0	49	51	point de fusion. 4
98	2	7	2	48	52	4
97	3	7	3	47	53	4
96	4	7,5	5	46	54	4
95	5	9,5	7	45	55	4
94	6	11	8	44	56	4
93	7	15	9	43	57	4
92	8	15	10	42	58	4
91	9	16	14	41	59	4
90	10	21	17	40	60	4
89	11	25,5	18	39	61	4
88	12	26	21	38	62	4
87	13	26	24	37	63	4
86	14	27	25°5	36	64	4
85	15	28 point de fusion............	26°5	35	65	4
84	16	30	27°5	34	66	4
83	17	30	28°5	33	67	4
82	18	32	29°5	32	68	4
81	19	32	30°5	31	69	4
80	20	32,5	31°5	30	70	4
79	21	35	32	29	71	4
78	22	35	33	28	72	4
77	23	36	34	27	73	4
76	24	36	34°5	26	74	4
75	25	36,5	35°5	25	75	4
74	26	37	35°5	24	76	4
73	27	37	36	23	77	4
72	28		36°5	22	78	5
71	29		37	21	79	5
70	30		37°5	20	80	5
69	31		38	19	81	5
68	32		38°5	18	82	5
67	33		38°75	17	83	5
66	34		39	16	84	5
65	35		39°5	15	85	5
64	36		39°75	14	86	5
63	37		40	13	87	5
62	38		40°25	12	88	5
61	39		41	11	89	5
60	40		41	10	90	5
59	41		41°75	9	91	5
58	42		42	8	92	5
57	43		42	7	93	5
56	44		42°25	6	94	5
55	45		42°50	5	95	5
54	46		43	4	96	5
53	47		43°5	3	97	5
52	48		43°75	2	98	5
51	49		44	1	99	5
50	50		44			

(1) Cet acide oléique provenait de la graisse humaine : exposé pendant quelques jours à la température de zéro, il déposait un peu d'acide ma rique.

(2) Cet acide margarique provenait de la graisse humaine; il était fusible à 55 degrés.

DEUXIÈME SECTION.

DES OLÉATES.

ARTICLE PREMIER.

DE L'OLÉATE DE POTASSE.

209. Composition de l'oléate de potasse.

Acide oléique.......... 100
Potasse................ 17,91, contenant 3,036 d'oxygène.

En essayant de déterminer la composition de ce sel par la quantité d'acide qui peut être dissoute dans une eau de potasse dont l'alcali réel est connu, l'on trouve que pour 100 d'acide réel il faut 16,55 de potasse, d'où il suit que la potasse peut dissoudre un peu plus d'acide que la quantité nécessaire à sa neutralisation.

210. On met dans une capsule 1 partie d'acide oléique avec 1 partie de potasse à l'alcool dissoute dans 5 parties d'eau; on fait chauffer et on agite les matières; l'union de l'acide avec l'alcali, qui avait commencé à s'opérer à froid, s'achève. L'oléate est mou; il refuse de se dissoudre dans l'eau qui contient l'alcali en excès à la combinaison, ou d'absorber ce liquide pour former une gelée. L'oléate refroidi perd un peu de sa mollesse. On le sépare du liquide alcalin; on le soumet à la presse entre des papiers joseph; puis on le fait dissoudre à chaud dans 10 à 15 fois son poids d'alcool à 0,821, bouillant, afin de séparer un léger excès d'alcali qui se trouve à l'état de sous-carbonate. En faisant évaporer l'alcool, on obtient l'oléate. Si celui-ci contenait Préparation de l'oléate de potasse.

de l'alcali en excès, il faudrait le redissoudre dans un peu d'eau, l'exposer à l'air pour que l'excès de la potasse absorbât de l'acide carbonique, puis le dessécher et le redissoudre de nouveau dans l'alcool concentré.

Observation. 211. L'acide oléique s'unit à froid avec la potasse humectée, en dégageant une chaleur sensible. En opérant à chaud avec 2 parties d'acide oléique, 1 partie de potasse et 8 parties d'eau, l'oléate de potasse absorbe la totalité de l'eau qui tient l'alcali en excès, et forme une gelée visqueuse, demi-transparente, qui conserve ses propriétés physiques après qu'elle est refroidie à 13 degrés. Si l'on ajoute à cette gelée $\frac{1}{2}$ partie de potasse dissoute dans 4 parties d'eau et qu'on fasse chauffer, l'oléate, à l'état gélatineux, se sépare, par le refroidissement, de l'excès de potasse qui reste dissous dans une partie de l'eau. Cette gelée conserve sa transparence. Si l'on presse l'oléate entre des papiers jusqu'à ce qu'il ne les humecte plus, si on le dissout ensuite par l'alcool bouillant et qu'on laisse évaporer spontanément la dissolution dans un verre, il reste un oléate gélatineux et transparent qui conserve encore ses propriétés après avoir été exposé à l'air pendant six mois.

Propriétés. 212. Il est pulvérulent, incolore, inodore ou presque inodore; sa saveur est amère et alcaline.

213. Lorsqu'on met 1 partie d'oléate sec avec 2 parties d'eau froide, celle-ci est absorbée; il se fait une gelée transparente : en ajoutant 2 parties d'eau, la gelée forme un liquide sirupeux, filant.

214. L'oléate de potasse étendu dans une grande quantité d'eau

m'a paru se réduire à la longue en potasse, qui reste en dissolution, et en un suroléate gélatineux, qui se dépose.

215. 1 partie d'oléate de potasse mise avec 1 partie d'alcool d'une densité de 0,821 à la température de 13 degrés n'est pas dissoute. En élevant la température à 50 degrés, la dissolution est complète: à 40°,5, elle se trouble; à 31 degrés, tout est pris en une masse molle; à 12 degrés, la masse est solide; si l'on ajoute 1 partie d'alcool et si l'on fait chauffer, tout se dissout; la liqueur se refroidit à 12 degrés sans se troubler; abandonnée quelques heures à 10 degrés, elle dépose des cristaux d'oléate neutre. La liqueur qui reste contient :

Alcool	100
Oléate	46,4

216. 100 parties d'éther bouillant peuvent dissoudre au moins 3,43 parties d'oléate. La dissolution reste permanente à la température de 12 degrés.

217. L'oléate de potasse n'est pas soluble dans l'eau de potasse concentrée, ni dans l'eau saturée de chlorure de potassium.

218. La solution aqueuse d'oléate de potasse est décomposée par les eaux de chaux, de strontiane et de baryte: il se forme des oléates insolubles; elle l'est également par tous les sels dont les bases sont des oléates insolubles.

219. Les acides sulfurique, sulfureux, phosphorique, phosphoreux, borique, tous les acides, en un mot, qui sont solubles dans l'eau, décomposent l'oléate de potasse; ils s'emparent de la base et

mettent l'acide en liberté. Il est remarquable que le gaz acide carbonique que l'on fait passer dans une solution aqueuse d'oléate de potasse à 5 degrés de température produit le même effet, lorsqu'on sait que l'acide oléique chauffé avec la potasse carbonatée au milieu de l'eau en expulse l'acide carbonique.

L'oléate de potasse est décomposé par la pile : l'acide va au pôle positif, et la potasse au pôle négatif.

ARTICLE 2.

DU SUROLÉATE DE POTASSE.

220. Lorsqu'on met 103,5 parties d'acide oléique hydraté avec 400 parties d'eau qui contiennent 9,21 parties de potasse réelle, et qu'on fait digérer les matières à une douce chaleur, on obtient une masse gélatineuse que l'on peut étendre dans 1000 parties d'eau sans la dissoudre et sans qu'il se sépare d'acide oléique. L'eau dans laquelle le suroléate est suspendu est très difficile à filtrer : elle retient toujours un peu de potasse et probablement une certaine quantité d'acide.

221. Le suroléate de potasse est soluble dans l'alcool bouillant et dans l'alcool froid. La solution rougit fortement la teinture de tournesol. En ajoutant de l'eau au mélange des liquides, la couleur repasse au bleu, parce que l'alcali du tournesol qui s'était d'abord uni au suroléate se recombine au principe colorant; mais comme le suroléate ne se dépose que très lentement, il en faut conclure que l'alcali du tournesol exerce encore quelque action sur le suroléate; à la vérité, l'alcool qui est dans la liqueur peut contribuer à en retarder la précipitation.

ARTICLE 3.

DE L'OLÉATE DE SOUDE.

Acide oléique	100	Composition.
Soude	11,87	

222. En essayant de déterminer la composition de ce sel par la quantité d'acide qui peut être dissoute dans une eau de soude dont l'alcali réel est connu, on trouve que pour 100 d'acide réel il faut 10,46 de soude; d'où il suit que la soude, comme la potasse, peut dissoudre un peu plus d'acide que la quantité nécessaire à sa neutralisation.

223. On met dans une capsule 1 partie d'acide oléique avec 0,66 de partie de soude à l'alcool dissous dans 5 parties d'eau; on fait chauffer et l'on agite les matières. L'oléate est en masse gélatineuse molle, qui ne se dissout pas dans l'eau qui contient l'alcali en excès à la combinaison. Par le refroidissement, l'oléate se sépare en une seule masse, qui a beaucoup plus de dureté et de ténacité que l'oléate de potasse. L'oléate de soude séparé du liquide alcalin doit être réduit en poudre, pressé entre des papiers joseph jusqu'à ce qu'il ne les mouille plus, puis traité par 10 à 15 fois son poids d'alcool à 0,821 bouillant, de la même manière qu'on traite l'oléate de potasse. Préparation de l'oléate de soude.

224. L'acide oléique s'unit à froid, avec dégagement de chaleur, à la soude humectée. En opérant à chaud avec 2 parties d'acide, 1 partie de soude et 8 parties d'eau, l'oléate de soude produit se sépare en grumeaux gélatineux, demi-transparents; mais en refroidissant, ces grumeaux deviennent opaques. En ajoutant 4 parties Observations.

d'eau aux matières, en les faisant chauffer, l'oléate de soude forme une gelée transparente qui devient opaque en refroidissant et qui se sépare de l'eau qui tient l'alcali en excès. Après avoir séché cet oléate, si on le traite par l'alcool bouillant et qu'on laisse évaporer spontanément la dissolution dans un verre, on obtient l'oléate à l'état d'une masse solide demi-transparente, cassante, parfaitement sèche à l'œil et qui se détache en écaille des parois du verre.

Propriétés. 225. Il est incolore, inodore ou presque inodore; il a une saveur amère et alcaline.

226. Il attire l'humidité de l'air; mais il n'est pas susceptible de se liquéfier dans un espace saturé de vapeur, ainsi que cela arrive à l'oléate de potasse.

227. 1 partie d'oléate se dissout très bien à 12 degrés dans 10 parties d'eau. Il est vraisemblable qu'une solution très étendue se réduit à la longue en soude et en suroléate, qui se précipite.

228. 1 partie d'oléate de soude mise avec 5 parties d'alcool d'une densité de 0,821 ne s'y est pas dissoute, même chaud; mais en doublant la proportion d'alcool, la dissolution a eu lieu; elle n'a commencé à se troubler qu'à 31°,5 : de sorte qu'on peut dire qu'à la température de 32 degrés, 100 parties d'alcool peuvent dissoudre 10 parties d'oléate. Nous avons vu d'un autre côté qu'à 13 degrés la même quantité d'alcool ne peut dissoudre que 4,84 parties d'oléate.

229. L'éther n'a que très peu d'action sur l'oléate de soude, car 100 parties ne peuvent dissoudre complètement, à la température

où il bout, 2 parties d'oléate. La solution dépose en se refroidissant une portion de la matière; en faisant évaporer la liqueur refroidie et séparée de son dépôt, on trouve que 100 d'éther ont dissous 1,14 partie d'un oléate qui contient un excès très notable d'acide oléique; aussi cette matière n'est-elle plus complètement soluble dans l'eau, et la solution alcoolique rougit-elle assez fortement la teinture de tournesol.

230. Les réactifs qui décomposent l'oléate de potasse, en s'emparant de sa base, ont la même action sur l'oléate de soude.

231. Il existe un suroléate de soude, mais je ne l'ai point examiné.

ARTICLE 4.

DE L'OLÉATE DE BARYTE.

232. On peut préparer cette combinaison en faisant bouillir de l'eau de baryte avec l'acide oléique de la même manière qu'on fait le stéarate de cette base (114), ou bien encore en mettant avec un peu d'eau de l'acide oléique et du sous-carbonate de baryte, faisant bouillir, traitant le résidu par l'alcool bouillant, et filtrant la liqueur encore chaude; par le refroidissement, elle dépose de l'oléate de baryte pur. Préparation.

233. Il est incolore, inodore, insipide, insoluble dans l'eau, un peu soluble dans l'alcool bouillant. Propriétés.

234. L'acide oléique légèrement chaud dissout beaucoup d'oléate de baryte; quand cette combinaison est faite dans une certaine proportion, elle peut être dissoute en totalité par une proportion d'alcool chaud qui m'a paru également déterminée. Hors de ces proportions,

l'alcool tend à dissoudre une combinaison d'oléate avec un grand excès d'acide, et à laisser pour résidu de l'oléate qui ne retient que très peu d'acide.

235. Le suroléate de baryte dissous dans l'alcool rougit la teinture de tournesol. Quand il est sec, il n'a pas d'action sur un papier de tournesol également sec; mais si ces corps ont le contact de l'humidité, sur-le-champ le papier de tournesol est rougi. Au reste, l'acide oléique sec a la même propriété.

Composition. 236. 1 gramme de cet oléate donne $0^{g}35$ de sulfate de baryte, qui représentent $0^{g}2297$ de base; donc le sel est formé de :

Acide oléique.....	77,03	100
Baryte..........	22,97	29,8, qui contiennent 3 d'oxygène.

La composition calculée donne :

Acide.............	100
Baryte............	29,05, qui contiennent 3,036 d'oxygène.

ARTICLE 5.

DE L'OLÉATE DE STRONTIANE.

237. Ce savon possède des propriétés analogues à celles du précédent. On peut le préparer de la même manière.

Composition. 238. $0^{g}400$ [1] brûlés ont laissé une cendre qui a produit $0^{g}113$ de sulfate de strontiane, qui représentent $0^{g}0637$ de base; donc :

Acide oléique..	3363	84,075	100
Strontiane....	637	15,925	18,94, contenant 2,93 d'oxygène.

[1] L'oléate analysé, traité par l'alcool bouillant, ne lui cédait pas d'acide oléique.

La composition calculée donne :

Acide	100
Strontiane	19.64

ARTICLE 6.

DE L'OLÉATE DE CHAUX.

239. On l'obtient en mêlant des dissolutions aqueuses chaudes d'hydrochlorate de chaux et d'oléate de potasse. L'oléate de chaux se précipite. Préparation.

240. Il est blanc, pulvérulent à l'état sec; il se fond à une douce chaleur.

241. 1 gramme de ce savon brûlé a donné une quantité de chaux qui était représentée par 0,212 de sulfate de chaux, c'est-à-dire 0g 08804 de chaux; donc : Composition.

Acide	91.2	100
Chaux	8.8	9.65, qui contiennent 2.71 d'oxygène.

La composition calculée donne :

Acide	100
Chaux	10.8

ARTICLE 7.

DE L'OLÉATE DE MAGNÉSIE.

242. On le prépare en mêlant une solution aqueuse d'oléate de potasse chaude avec une solution de sulfate de magnésie. L'oléate se précipite. Préparation

243. Il est blanc, en grumeaux un peu translucides; il se ramollit entre les doigts.

Composition. 244. 1 gramme inciné a laissé 0g07 de magnésie; donc :

Acide....	93	100
Magnésie..	7	7,53, qui contiennent 2,915 d'oxygène.

La composition calculée donne :

Acide	100
Magnésie	7,84

ARTICLE 8.

DE L'OLÉATE DE ZINC.

Préparation. 245. On le prépare en mêlant des solutions chaudes d'oléate de potasse et de sulfate de zinc.

246. Il est blanc, fusible au-dessous de 100 degrés.

Composition. 247. 0g929 de savon sec réduit en charbon avec précaution ont été incinérés. La cendre a été reprise par l'acide nitrique. On a obtenu 0g120 d'oxyde; donc :

Acide oléique...	100	
Oxyde de zinc...	14,83, qui contiennent 2,947 d'oxygène.	

La composition calculée donne :

Acide	100
Oxyde	15,27

ARTICLE 9.

DE L'OLÉATE DE CUIVRE.

248. On le prépare en mêlant des solutions chaudes d'oléate de potasse et de sulfate de cuivre. Préparation.

249. Il est vert; exposé au soleil, il se liquéfie; à 100 degrés, il est liquide.

250. $0^{gr}94$ d'oléate de cuivre aussi bien séchés que possible, chauffés graduellement jusqu'au rouge, dégagent de l'eau; une pellicule de protoxyde, ou plutôt de cuivre, apparaît dans la masse; celle-ci prend alors une couleur vert bouteille; enfin elle devient d'un jaune brun et se réduit en charbon. Le résidu traité par l'acide nitrique laisse $0^{gr}115$ de peroxyde.

Acide oléique.....	100	
Peroxyde de cuivre.	13.94,	qui contiennent 2,812 d'oxygène.

La composition calculée donne :

Acide..................................	100
Peroxyde..............................	15.05

ARTICLE 10.

DE L'OLÉATE DE COBALT.

251. On l'a préparé en mêlant de l'oléate de potasse chaud avec du sulfate de cobalt. Le savon a été longtemps à se séparer du liquide où il s'était formé. Enfin, lorsque les particules ont été réunies, il était vert bleuâtre, ensuite il a passé au vert. Comme l'acide oléique

avec lequel l'oléate de cobalt a été préparé était jaunâtre, je suis porté à penser que la véritable couleur de ce savon est le bleu.

ARTICLE 11.

DE L'OLÉATE DE NICKEL.

252. On le prépare avec des solutions chaudes d'oléate de potasse et de sulfate de nickel. Il est longtemps à se séparer de la liqueur où il s'est produit. Il est d'un vert jaune très agréable.

ARTICLE 12.

DE L'OLÉATE DE CHROME.

253. On le prépare avec l'oléate de potasse et l'hydrochlorate de chrome. Il est violet. Pendant quelques jours, il conserve de la mollesse, mais enfin il devient tout à fait dur par son exposition à l'air sec.

ARTICLE 13.

DU SOUS-OLÉATE DE PLOMB.

Préparation. 254. On le prépare en faisant bouillir du sous-acétate de plomb en excès avec de l'acide oléique.

Propriétés. 255. Ce sel, presque liquide à 100 degrés, est transparent quand il est fondu. A la température de 20 degrés, il est mou.

Composition. 256. Une première expérience m'a donné, pour la proportion de l'acide à la base : : 100 : 103,5; mais des expériences faites ensuite dans la vue de comparer entre eux les acides oléiques de diverses graisses ont toutes donné :

Acide..........	100	
Massicot........	82,4.	qui contiennent 5,909 d'oxygène.

EXAMEN COMPARATIF DU STÉARATE DE POTASSE DE MOUTON, DU MARGARATE DE POTASSE D'HOMME ET DE L'OLÉATE DE POTASSE D'HOMME.

STÉARATE DE POTASSE DE MOUTON (*acide fusible à 70 degrés*).

(A) [illegible] grammes d'acide stéarique hydraté de mouton, [illegible] grammes de potasse et [illegible] grammes d'eau ont été chauffés. L'acide s'est uni à l'alcali. Les matières refroidies présentaient un liquide alcalin et une matière grumeleuse.

(B) On a ajouté aux matières [illegible] grammes d'eau; on a fait chauffer : le stéarate s'est ramolli sans absorber sensiblement le liquide alcalin, et après le refroidissement il était en grumeaux. On a ajouté 5 grammes d'eau; on a fait chauffer; le stéarate a paru absorber le liquide sans cependant former de gelée transparente; enfin on a ajouté [illegible] grammes d'eau : le stéarate a formé une gelée transparente qui, par le refroidissement, s'est séparée d'un liquide alcalin limpide, lequel ne retenait pas d'acide.

(C) Le stéarate, séparé par la pression, entre des papiers joseph du liquide alcalin, a été dissous par [illegible] grammes d'alcool à 0,817 bouillant. On a filtré, on a fait évaporer l'alcool, puis sécher le résidu à [illegible] degrés.

(D) *Action de l'alcool à 0,821.* — [illegible] gramme de stéarate séché à [illegible] degrés, laissé pendant [illegible] heures à la température de [illegible] degrés avec [illegible] grammes d'alcool d'une densité de 0,8[illegible], n'a pas été dissous pour la plus grande partie au moins. On a fait chauffer dans un bain-marie : à [illegible] degrés, la dissolution était complète. On a retiré du feu; à [illegible] degrés, des flocons de stéarate, formés probablement d'aiguilles très fines, se sont produits; à [illegible] degrés, ils étaient assez abondants pour que le liquide ne fût plus transparent; à 38 degrés, ils l'étaient tellement, que tout l'alcool paraissait avoir été absorbé par eux; cependant le stéarate n'était pas sous forme gélatineuse.

(E) [illegible] grammes de solution saturée à [illegible] degrés ont laissé un résidu de [illegible] de stéarate; donc

Alcool	[illegible]	[illegible]
Stéarate	[illegible]	[illegible]

(F) *Action de l'eau.* — [illegible] de stéarate séché à [illegible] degrés ont été mis à [illegible] degrés avec [illegible] d'eau; il s'est formé un mucilage opaque. On a fait chauffer; à [illegible] degrés, le margarate a produit une dissolution épaisse qui n'était pas parfaitement transparente; à [illegible] degrés, la liqueur était demi-transparente, peu mobile; à [illegible] degrés, elle était opaque, épaisse; elle présentait beaucoup de stries satinées; à 55 degrés, c'était un mucilage blanc satiné épais; enfin, à [illegible] degrés, l'opacité, le satiné et la consistance étaient plus considérables.

(G) On a ajouté [illegible] d'eau : 24 heures après, le liquide était épais, laiteux. Après [illegible] heures, il avait déposé beaucoup de matière nacrée qui a été séparée par le filtre du *liquide savonneux aqueux*.

Matière nacrée. — Sa solution alcoolique rougissait très sensiblement le tournesol; cette matière bouillie dans l'eau formait une liqueur laiteuse sans paillettes nacrées, qui, par le refroidissement, devenait plus opaque.

Liquide aqueux savonneux. — Il contenait, pour 35 grammes, [illegible] de potasse parfaite, une trace d'acide presque insensible. La quantité de stéarate mise en expérience contenait [illegible] de potasse; conséquemment, l'eau lui en avait enlevé un peu plus du quart.

(H) [illegible] ont été mis dans un espace saturé de vapeur d'eau à [illegible] degrés; au bout de six jours, il n'y avait pas de changements sensibles. L'augmentation de poids était de [illegible]; elle resta constante après une nouvelle exposition de 24 heures.

(I) *Action de l'éther sulfurique à 0,728.* — [illegible] ont été bouillis dans [illegible] grammes d'éther : le stéarate n'a pas paru sensiblement dissous. Cependant, par le refroidissement, quelques flocons se sont déposés.

[illegible] de solution refroidie à [illegible] degrés ont donné [illegible] d'acide stéarique qui contenait une trace d'alcali; donc

Éther	[illegible]	[illegible]
Acide stéarique	[illegible]	[illegible]

MARGARATE DE POTASSE D'HOMME (*acide fusible à 60 degrés*).

(A) [illegible] grammes d'acide margarique hydraté d'homme, [illegible] grammes de potasse et [illegible] grammes d'eau ont été chauffés. L'acide s'est uni à l'alcali. Les matières refroidies présentaient un liquide alcalin et une matière grumeleuse qui paraissait moins dure que la précédente.

(B) On a ajouté aux matières [illegible] grammes d'eau; on a fait chauffer : le margarate s'est ramolli; il a absorbé tout le liquide alcalin et a formé une gelée parfaitement transparente. En refroidissant, le margarate s'est séparé d'un liquide alcalin limpide, qui ne contenait pas sensiblement d'acide.

(C) *Idem.* Avec cette différence que le margarate d'homme est plus soluble dans l'alcool que le précédent.

(D) *Action de l'alcool à 0,821.* — [illegible] gramme de margarate n'a pas paru plus soluble à froid dans [illegible] grammes d'alcool à 0,821 que le précédent. On a fait chauffer : la dissolution s'est opérée; on a retiré du feu. A [illegible] degrés, la liqueur s'est troublée, mais le dépôt, au lieu d'être entièrement floconneux comme le précédent, ne l'était qu'en partie; l'autre partie était sous forme gélatineuse, et à [illegible] degrés, celle-ci était assez solide pour qu'on pût renverser le vase sans que le liquide coulât; à 38 degrés, la gelée était absolument opaque.

(E) [illegible] grammes de solution saturée à [illegible] degrés ont laissé un résidu de [illegible] de margarate; donc

Alcool	[illegible]	[illegible]
Margarate	[illegible]	[illegible]

(F) *Action de l'eau.* — [illegible] de margarate séché à [illegible] degrés ont été mis à [illegible] degrés avec [illegible] d'eau; il s'est formé un mucilage demi-transparent. On a fait chauffer; à 70 degrés, la liqueur est devenue parfaitement transparente; à 60 degrés, quelques stries nacrées ont paru; la liqueur était très mobile; à [illegible] degrés, les stries avaient augmenté, mais la liqueur était encore très fluide et demi-transparente; ce n'a été qu'à [illegible] degrés que sa consistance a augmenté sensiblement et qu'elle est devenue opaque; cependant elle n'avait pas l'apparence d'un mucilage; elle ne l'avait pas même à 15 degrés.

(G) On a ajouté [illegible] d'eau : 24 heures après, le liquide était épais, laiteux, mais moins opaque que le précédent; après [illegible] heures, il conservait le même aspect. On a filtré le tout; le liquide passait plus lentement à travers le papier.

Matière nacrée. — Elle était moins nacrée que la précédente; sa solution alcoolique rougissait très sensiblement le tournesol. Cette matière se comportait de la même manière que la précédente avec l'eau.

Liquide aqueux filtré. — Il contenait, pour 35 grammes, [illegible] de potasse; par conséquent, l'eau avait enlevé au margarate [illegible] de sa potasse.

(H) [illegible] ont été mis dans un espace saturé de vapeur d'eau à [illegible] degrés : au bout de sept jours, il y avait quelques gouttes liquides. L'augmentation de poids était de [illegible]; elle ne fit pas de progrès après une nouvelle exposition de 24 heures.

(I) *Action de l'éther sulfurique à 0,728.* — *Idem.* Si ce n'est qu'il ne s'est pas déposé de flocons par le refroidissement.

[illegible] de solution refroidie à [illegible] degrés ont laissé [illegible] d'acide margarique, retenant une trace d'alcali; donc

Éther	[illegible]	[illegible]
Acide	[illegible]	[illegible]

OLÉATE DE POTASSE D'HOMME.

(A) [illegible] grammes d'acide oléique hydraté d'homme, [illegible] grammes de potasse et [illegible] grammes d'eau ont été mis en contact : l'union a eu lieu à froid; en faisant chauffer, l'oléate est devenu très mou et a refusé de se dissoudre dans le liquide alcalin, et d'absorber celui-ci pour former une gelée; par le refroidissement, l'oléate a perdu un peu de sa mollesse.

(B) Le liquide alcalin, séparé de l'oléate, ne contenait pas d'acide.

(C) L'oléate, pressé entre des papiers joseph, au lieu d'être solide comme le margarate, était très mou. Il a été dissous par [illegible] grammes d'alcool à 0,817, à une température peu élevée : la liqueur ne s'est pas troublée par le refroidissement, ainsi que cela a lieu pour les précédents. Ce n'est qu'après avoir été exposée sur un poêle, où elle a perdu tout son alcool et une portion d'eau, qu'elle s'est prise en une gelée transparente. Lorsque celle-ci a commencé à devenir opaque à la surface, on l'a mise dans une capsule, on l'a fait sécher doucement sur un bain de sable chaud qu'on avait retiré du feu, puis on l'a introduite dans un tube de verre.

(D) *Action de l'alcool à 0,821.* — [illegible] gramme d'oléate a été mis avec [illegible] gramme d'alcool : toute la matière n'a pas été dissoute à froid; en faisant chauffer, elle l'a été : la dissolution a commencé à se troubler à [illegible]; elle était en masse molle à [illegible] degrés, et en masse solide à [illegible] degrés. On a ajouté [illegible] grammes d'alcool, on a fait chauffer : la dissolution a été complète; elle a été refroidie à [illegible] degrés sans se troubler; mais la température s'étant abaissée à [illegible] degrés, et les liqueurs y ayant été exposées pendant plusieurs heures, il s'est produit des cristaux d'oléate.

(E) [illegible] parties d'alcool à 0,821 à [illegible] degrés ont dissous [illegible] d'oléate de potasse.

(F) et (G) *Action de l'eau.* — [illegible] ont été mis avec [illegible] d'eau; celle-ci a été absorbée à froid et il s'est formé une gelée transparente. On a ajouté [illegible] d'eau en pressant la gelée avec une baguette de verre, tout a été dissous, et le liquide était épais et filant.

(H) [illegible] ont été mis dans une capsule et placés dans une atmosphère saturée de vapeur d'eau : au bout d'une heure, il y avait déjà des parties liquides; après 24 heures, l'oléate était entièrement réduit en une matière parfaitement transparente qui était probablement gélatineuse. La matière, pesée six jours après son exposition, avait augmenté de [illegible] d'eau; après sept jours, de [illegible] : l'augmentation ne fit pas de progrès après une nouvelle exposition de 24 heures.

(I) *Action de l'éther sulfurique à 0,728.* — [illegible] d'oléate de potasse n'ont pas été dissous complètement à [illegible] degrés, par [illegible] d'éther, ni à la température de l'ébullition; ayant ajouté [illegible] d'éther, on a fait bouillir : la solution a été complète et elle ne s'est pas troublée par le refroidissement; d'où il suit que [illegible] parties d'éther, à la température de [illegible] degrés, peuvent dissoudre au moins [illegible] d'oléate de potasse.

EXAMEN COMPARATIF DU STÉARATE DE SOUDE DE MOUTON, DU MARGARATE DE SOUDE D'HOMME ET DE L'OLÉATE DE SOUDE D'HOMME.

STÉARATE DE SOUDE DE MOUTON (*acide fusible à 70 degrés*).

(A) 2 grammes d'acide stéarique de mouton, 1g,32 de soude, 10 grammes d'eau ont été chauffés; l'acide s'est uni promptement à l'alcali. Le stéarate était en grumeaux très petits; après le refroidissement, tout le liquide alcalin était absorbé.

(B) On a ajouté 10 grammes d'eau et l'on a fait chauffer jusqu'à l'ébullition : les grumeaux se sont ramollis, ont perdu leur opacité sans se dissoudre. Par le refroidissement, les grumeaux réunis en masse se sont séparés d'un liquide alcalin transparent.

(B') On a ajouté 10 grammes d'eau et l'on a fait chauffer ; les grumeaux se sont ramollis, ont perdu leur opacité, mais ils ne se sont pas dissous. Il a fallu ajouter 40 grammes d'eau pour obtenir une masse en partie gélatineuse, et enfin 10 nouveaux grammes pour que la masse fût entièrement gélatineuse. On a donc employé 60 grammes d'eau.

(C) Par le refroidissement, on a obtenu une masse nacrée retenant presque tout le liquide alcalin entre ses particules. On a facilement séparé ce liquide en pressant le stéarate entre des papiers; le liquide alcalin ne retenait pas d'acide. Tout le stéarate a été dissous par 10 grammes d'alcool d'une densité de 0,837 bouillant. On a filtré; par le refroidissement de l'alcool, le stéarate s'est déposé en gelée. On a laissé évaporer l'alcool de cette gelée et l'on a fait sécher le résidu à 100 degrés.

(D) *Action de l'alcool à 0,821.* — 1 gramme de stéarate séché à 100 degrés a été chauffé à 79 degrés avec 10 grammes d'alcool ; la solution n'a pas été complète; on a ajouté 10 grammes : il n'est resté qu'un résidu excessivement petit. La solution retirée du feu a commencé à se prendre en gelée à 71 degrés; à 69 degrés, elle était complétement prise en gelée transparente qui, à 67 degrés, a commencé à perdre de sa transparence; le thermomètre qui s'y trouvait plongé est descendu à 66 degrés, puis il est remonté à 68°,5; après 24 heures, la gelée s'était contractée sur elle-même et elle paraissait convertie en une multitude de petits cristaux brillants qui étaient disposés en zones ondées, ayant absolument l'aspect du talus blanc; par l'agitation, ils se sont déposés au fond du liquide; ces cristaux étaient extrêmement brillants.

(E) 10 grammes de solution alcoolique saturée à 16 degrés ont laissé un résidu de 0g,02 de stéarate sec; donc

Alcool	99,8	100
Stéarate	0,2	0,2004

(F) *Action de l'eau.* — 0g,35 de stéarate de soude et 3g,5 d'eau n'avaient pas réagi d'une manière sensible après 6 heures. On a fait chauffer à 90 degrés, on a obtenu un liquide épais presque transparent; à 83 degrés, le liquide était demi-transparent; à 64 degrés, mucilage demi-transparent; à 60 degrés, masse blanche, opaque, tout à fait solide, le liquide ayant été absorbé. A mesure que la masse s'est refroidie davantage, le stéarate s'est contracté, et le liquide a exsudé de la masse. Par la pression, cette masse se divisait facilement.

(G) On a ajouté 31g,5 d'eau à la masse précédente; on a fait chauffer : tout a été dissous. Après 24 heures, le stéarate était réduit en une masse blanche d'où suintait un *liquide aqueux* transparent.

Le *stéarate séché* était brillant et évidemment formé de petites aiguilles; sa solution alcoolique ne rougissait pas sensiblement le tournesol; cependant le stéarate avait perdu de sa soude, puisqu'il n'était plus soluble en totalité dans l'eau bouillante et qu'une portion restait sous forme de petites paillettes brillantes.

Le *liquide aqueux* qui avait suinté du stéarate contenait, pour 35 grammes, 0g,009 de soude pure avec une trace d'acide presque insensible. La quantité de stéarate mise en expérience contenait 0g,0475 de soude; conséquemment, l'eau lui en avait enlevé un peu moins du quart.

(H) 0g,2 mis dans une capsule ont été placés dans un espace saturé de vapeur d'eau à 12 degrés : au bout de six jours, pas de changement sensible. L'augmentation de poids était de 0g,012; elle n'a pas fait de progrès pendant une nouvelle exposition de 24 heures.

(I) *Action de l'éther sulfurique à 0,728.* — 0g,2 ont été bouillis dans 20 grammes d'éther. Le stéarate n'a pas paru sensiblement diminuer; cependant, par le refroidissement, quelques flocons se sont déposés : 13g,15 de solution refroidie à 12 degrés ont laissé 0g,02 d'un résidu formé d'acide stéarique qui retenait une trace d'alcali; donc

Éther	13,13	100
Acide stéarique	0,02	0,15

MARGARATE DE SOUDE D'HOMME (*acide fusible à 60 degrés*).

(A) *Idem.* Avec cette différence que l'eau paraissait avoir un peu plus d'action dissolvante.

(B) *Idem.* Avec cette différence que le margarate refroidi était en masse plus homogène que le précédent.

(B') On a ajouté 10 grammes d'eau et l'on a fait chauffer : non seulement les grumeaux ont disparu, mais l'eau a été absorbée et l'on a obtenu une masse visqueuse homogène qui est devenue transparente par l'addition de 10 grammes d'eau. On a donc employé 30 grammes d'eau.

(C) *Idem.* Avec cette différence : 1° que tout le liquide alcalin était retenu entre les particules du margarate; 2° que la solution alcoolique s'est prise en gelée à une température plus basse; 3° que cette gelée froide était moins opaque.

(D) *Action de l'alcool à 0,821.* — 1 gramme de margarate séché à 100 degrés n'a pas été complétement dissous à 79 degrés par 10 grammes d'alcool; par l'addition de 10 grammes d'alcool, la dissolution a été complète. La liqueur ayant bouilli à 80 degrés, aussitôt elle a perdu de sa transparence; à 72 degrés, il y avait quelques flocons, la liqueur était demi-transparente; à 60 degrés, elle a commencé à se prendre en gelée; à 58 degrés, elle était complétement prise. Après 24 heures, cette gelée retenait tout l'alcool entre ses parties; elle était opaline et ne présentait aucuns cristaux. Ayant ajouté 10 grammes d'alcool à 0,821 et ayant fait chauffer, on n'a pas obtenu de cristaux par le refroidissement, mais une gelée bleuâtre demi-transparente.

(E) 10 grammes de solution alcoolique saturée à 10 degrés ont laissé un résidu de 0g,038 de margarate sec; donc

Alcool	99,62	100
Margarate	0,38	0,381

(F) *Action de l'eau.* — 0g,35 de margarate et 3g,5 d'eau n'avaient pas réagi sensiblement au bout de 6 heures. On a fait chauffer : à 80 degrés, liquide parfaitement transparent; à 70 degrés, presque transparent, bien mobile; à 67 degrés, stries satinées; à 54 degrés, gelée blanche; à 53 degrés, toute la matière était solide, opaque; elle se divisait par la pression, mais moins aisément que la précédente, parce qu'elle était plus ductile.

(G) On a ajouté 31g,5 : les phénomènes ont été les mêmes que les précédents, excepté que le *margarate* refroidi était moins opaque et moins homogène à l'œil : il était formé de petites aiguilles et s'est comporté comme le précédent avec les réactifs.

Le *liquide aqueux* contenait la même quantité de soude que le précédent.

(H) 0g,2 ont été mis dans un espace saturé de vapeur d'eau à 12 degrés : au bout de six jours, pas de changement sensible. Augmentation de 0g,008; elle n'a pas fait de progrès pendant une nouvelle exposition de 24 heures.

(I) *Action de l'éther sulfurique à 0,728.* — *Idem.* Si ce n'est qu'il ne s'est pas déposé de flocons par le refroidissement : 17g,17 de solution refroidie à 12 degrés ont laissé 0g,03 d'acide margarique qui retenait une trace d'alcali; donc

Éther	17,14	100
Acide margarique	0,03	0,17

OLÉATE DE SOUDE D'HOMME.

(A) 2 grammes d'acide oléique d'homme, 1g,32 de soude, 10 grammes d'eau ont été mis en contact; l'union a eu lieu à froid. En faisant chauffer, l'oléate s'est réduit en une substance gélatineuse, molle, qui a refusé de se dissoudre et d'absorber la totalité du liquide alcalin pour former une gelée. Par le refroidissement, l'oléate s'est séparé en une seule masse qui avait beaucoup plus de dureté et de ténacité que l'oléate de potasse.

(B) Le liquide alcalin séparé de l'oléate ne contenait pas d'acide.

(C) L'oléate pressé entre des papiers était sous forme de petits grumeaux non susceptibles de se pulvériser sans cependant être aussi durs que le margarate. Il a été dissous par 10 grammes d'alcool, à 0,837 à chaud; sa solution filtrée ne s'est pas prise en gelée par le refroidissement; ce n'est qu'après avoir perdu sur un poêle son alcool qu'elle s'est prise en gelée : on a exposé celle-ci à 100 degrés jusqu'à ce qu'il ne se dégageât plus d'eau. Les parties de l'oléate qui avaient reçu plus immédiatement l'action de la chaleur étaient fondues et transparentes. On a mis cet oléate dans une capsule, on l'a chauffé jusqu'à ce qu'il ne dégageât plus d'eau; il était alors demi-transparent et entièrement fondu.

(D) *Action de l'alcool à 0,821.* — 1 gramme a été mis avec 5 grammes d'alcool : une portion notable a été dissoute à froid. On a fait chauffer : tout n'a pas été dissous. On a ajouté 5 grammes d'alcool : tout a été dissous. La dissolution a commencé à se troubler sensiblement à 31°,5, et à 26 degrés, il y avait un dépôt floconneux, comme membraneux.

(E) 10 grammes de dissolution alcoolique saturée à 13 degrés ont laissé de résidu sec 0g,3611; donc

Alcool	96,39	100
Oléate	3,61	3,84

(F et G) *Action de l'eau.* — 0g,35 d'oléate de soude et 3g,5 d'eau ont été dissous à 10 degrés.

(H) 0g,2 ont été mis dans une capsule et placés dans une atmosphère saturée de vapeur d'eau : au bout d'une heure, l'oléate ne paraissait pas changé; après 24 heures, il paraissait avoir absorbé de l'eau, mais il n'était point liquide. La matière, après six jours, était pâteuse et opaque; elle avait acquis 0g,195 d'eau. L'absorption n'a point augmenté pendant une nouvelle exposition de 24 heures.

(I) *Action de l'éther sulfurique à 0,728.* — 0g,2 d'oléate de soude ont été mis avec 10 grammes d'éther : la solution a commencé à se faire à 12 degrés. On a fait bouillir : il est resté un résidu assez considérable. La liqueur, refroidie à 10 degrés, a laissé déposer de l'oléate qui avait la forme d'une membrane. 6g,17 de cette solution évaporée ont laissé 0g,07 d'un résidu qui était soluble dans l'eau pour la plus grande partie et complétement soluble dans l'alcool; la solution rougissait très fortement la teinture de tournesol; c'était de l'oléate de soude, plus de l'acide oléique.

Éther	6,10	100
Surplus	0,07	1,14

Enfin des expériences faites récemment ont donné :

Acide..........	100
Massicot........	85, qui contiennent 6,0953 d'oxygène.

Le calcul donne, en supposant que le sous-oléate contienne deux fois autant de base que l'oléate :

Acide................................	100
Massicot................................	84.67

ARTICLE 14.

DE L'OLÉATE D'AMMONIAQUE.

257. L'acide oléique mis avec l'ammoniaque liquide s'y unit sur-le-champ, avec dégagement de chaleur. Suivant la concentration de l'ammoniaque, il en résulte une substance plus ou moins gélatineuse, qui se dissout en totalité dans une quantité suffisante d'eau à la température de 15 degrés.

258. Cette solution se trouble par l'ébullition en perdant de l'ammoniaque.

259. Je pense que l'oléate d'ammoniaque pourrait être employé en médecine.

CHAPITRE IV.

DE L'ACIDE PHOCÉNIQUE ET DES PHOCÉNATES.

PREMIÈRE SECTION.

DE L'ACIDE PHOCÉNIQUE.

§ 1. COMPOSITION.

260. L'acide phocénique analysé à l'état de phocénate de plomb sec a donné :

	EN POIDS.	EN VOLUME.
Oxygène	26,75	1,00
Carbone	65,00	3,17
Hydrogène	8,25	4,94

261. 100 parties d'acide sec neutralisent une quantité de base qui contient 8,65 d'oxygène; conséquemment, dans les phocénates neutres, l'oxygène de l'acide est sensiblement à celui de la base comme 3 : 1. D'après cela et en admettant que l'acide est formé en volume de :

Oxygène	1,00
Carbone	3,34
Hydrogène	4,67

sa composition sera :

	ATOMES.	EN POIDS.	
Oxygène	3	300,00	26,030
Carbone	10	765,30	66,390
Hydrogène	14	87,36	7,580
TOTAL		1152,66	

262. Lorsqu'on met 0g500 d'acide phocénique hydraté d'une densité de 0,932 avec 5 à 6 grammes de massicot sec, à la température de 18 degrés, l'union des corps a lieu presque instantanément avec production de chaleur. Si l'on fait chauffer, il se dégage de l'eau qui serait plutôt alcaline qu'acide. La perte est de 0g045; conséquemment, l'hydrate est formé de : Composition de l'hydrate.

Acide phocénique.	0,455	91	100
Eau	0,045	9	9.89, contenant 8.792 d'oxygène,

quantité qui est sensiblement le tiers de l'oxygène de l'acide sec[1].

§ 2. PROPRIÉTÉS PHYSIQUES.

263. Il est liquide à la température ordinaire, très mobile, semblable à une huile volatile; il ne se congèle pas à 9 degrés au-dessous de zéro; il entre en ébullition à une température plus élevée que 100 degrés.

Il peut être distillé sans décomposition.

264. A 28 degrés, sa densité est de 0,932, car un flacon contenant 6g383 d'eau en contient 5g948 d'acide.

265. Il est incolore; son odeur est très forte; elle a de l'analogie

[1] Si l'on admet que l'eau dégagée est produite aux dépens de l'hydrogène de l'acide phocénique et aux dépens de l'oxygène du massicot, la partie de l'acide qui reste fixée au plomb sera formée de :

	EN POIDS.	EN VOLUME.
Oxygène	32.670	1.00
Carbone	59.747	2.38
Hydrogène	7.583	3.72
TOTAL	100.000	

à la fois avec l'odeur de l'acide acétique et avec celle du beurre fort; cependant, une fois qu'on l'a sentie, il est impossible de ne pas la distinguer de ces dernières.

266. Il mouille le verre, le papier, les étoffes, à la manière des huiles volatiles; mais il laisse à ces corps une odeur extrêmement désagréable, qui est celle de l'huile de dauphin un peu vieille.

267. Il a une saveur acide très piquante, puis un goût éthéré de pomme de reinette. Il laisse sur les parties de la langue où on l'a appliqué une tache blanche. Rien dans sa saveur ne rappelle le goût du fromage, comme on le remarque pour l'acide butyrique.

La vapeur de l'acide phocénique a un goût sucré d'éther hydrochlorique.

§ 3. PROPRIÉTÉS CHIMIQUES QU'ON OBSERVE SANS QUE L'ACIDE SOIT ALTÉRÉ.

Action de l'eau. 268. Il est peu soluble dans l'eau. On peut dire que 100 parties d'eau peuvent en dissoudre 5,5 parties au plus à la température de 30 degrés; car 5 grammes d'eau qui ont déjà dissous $0^{g}25$ d'acide ne font pas disparaître $0^{g}03$ de nouvel acide qu'on y ajoute.

269. L'acide phosphorique sépare en partie sous la forme de gouttes oléagineuses l'acide phocénique de l'eau qui le tient en solution.

Action de l'alcool. 270. Il se dissout en toutes proportions dans l'alcool d'une densité de 0,794.

271. L'acide sulfurique concentré le dissout à 15 degrés sans

altération. Au moment du contact, il y a élévation de température; l'eau qu'on ajoute à la solution en sépare une portion d'acide phocénique: si elle est en excès, l'acide est redissous.

272. L'acide nitrique marquant 65 degrés à l'aréomètre le dissout difficilement à froid et ne paraît pas l'altérer.

273. L'acide phocénique ne produit pas d'effervescence quand on le met en contact avec du fer métallique; mais peu à peu celui-ci se dissout, probablement en absorbant l'oxygène de l'atmosphère. La solution est colorée en rouge. Si tout le fer dissous n'est pas à l'état de peroxyde, on observe qu'en ajoutant de l'eau à la liqueur il se dépose du peroxyde ou du sous-phocénate de peroxyde, et qu'il reste dans la liqueur du phocénate de protoxyde.

§ 4. PROPRIÉTÉS CHIMIQUES QU'ON OBSERVE DANS DES CIRCONSTANCES OÙ L'ACIDE EST ALTÉRÉ.

274. L'acide phocénique hydraté chauffé dans une cornue qui contient de l'air se décompose en partie. Il se produit une substance aromatique dont l'odeur est semblable à celle qui se manifeste lorsqu'on chauffe les phocénates; elle reste dissoute dans la portion d'acide qui ne s'altère pas; on peut l'y démontrer en chauffant le produit de la distillation avec le massicot; l'acide se combine à cette base, et le principe aromatique ainsi que l'eau sont mis en liberté.

275. L'acide phocénique s'enflamme à la manière des huiles volatiles.

276. La solution d'acide phocénique dans l'acide sulfurique,

chauffée à 100 degrés, ne se colore que très légèrement; à une température plus élevée, elle entre en ébullition; de l'acide phocénique se dégage avec un peu d'acide sulfureux; la liqueur ne noircit que lentement, ce qui prouve que l'acide sulfurique chaud n'a pas une action aussi forte sur l'acide phocénique que sur beaucoup d'autres substances organiques. Enfin il se développe une odeur éthérée et il reste une masse de charbon assez abondante.

277. La solution aqueuse d'acide phocénique, en se décomposant spontanément dans un flacon qui n'en est pas entièrement rempli, exhale l'odeur du cuir apprêté à l'huile de poisson.

§ 5. PRÉPARATION.

278. (Voir livre III, chapitre I.)

§ 6. NOMENCLATURE.

279. *Phocénique* est dérivé de *phocæna* « marsouin ».

§ 7. SIÈGE ET HISTOIRE.

280. Je découvris l'acide phocénique dans l'huile des dauphins et des marsouins, en 1817. Je le décrivis, dans un mémoire lu à l'Institut le 26 février 1818, sous le nom d'*acide delphinique*. A la fin de la même année, je le trouvai dans les baies du *Viburnum opulus*, où j'avais été conduit à le chercher d'après l'odeur que ces fruits exhalent lorsqu'on les écrase entre les doigts. Les baies de l'arbre cultivé dans les jardins contiennent moins d'acide que les baies de l'arbre qui croît spontanément dans les bois. J'ai cru observer que ce n'est qu'après la complète maturation que l'acide phocénique se forme.

La raison qui m'a déterminé à changer le nom d'*acide delphinique* en celui de *phocénique*, c'est le nom de *phocénine* que j'ai donné à la substance de l'huile des dauphins et des marsouins, qui m'a fourni le premier acide que j'ai examiné. Si l'on n'eût pas appelé *delphine* l'alcali végétal du *delphinium*, j'aurais préféré ce nom à celui de *phocénine*, parce que le nom d'*acide delphinique* aurait été conservé.

DEUXIÈME SECTION.

DES PHOCÉNATES.

ARTICLE PREMIER.

DU PHOCÉNATE DE BARYTE.

Préparation. 281. On neutralise l'eau de baryte par l'acide phocénique et on laisse évaporer la liqueur spontanément.

Composition. 282. 100 parties de phocénate de baryte en beaux cristaux transparents, exposées au vide sec à la température de 20 à 25 degrés, sont devenues opaques et friables. Au bout de cent dix heures, elles avaient perdu 2,41 parties.

283. 0g 200 de phocénate de baryte séchés dans le vide ont donné 0g 138 de sulfate, qui représentent 0g 09057 de base; donc :

Acide.........	100
Baryte........	82.77, qui contiennent 8,649 d'oxygène.

284. Lorsqu'on chauffe du phocénate de baryte humide dans une solution d'hydrochlorate de chaux, 1 partie d'acide se dégage avec de l'eau; si le sel a été préalablement séché dans le vide, il se développe une odeur aromatique qui n'est nullement acide et qui paraît provenir d'une altération de l'acide. Si l'on pèse 0g 200 du phocénate qui a été chauffé sec dans un bain d'hydrochlorate de chaux, et qu'on l'expose sur un bain de sable assez chaud pour que le sel

commence évidemment à se décomposer, on pourra n'obtenir aucune perte sensible; si alors on chauffe graduellement le sel à la lampe à esprit-de-vin, on verra qu'il éprouvera une demi-fusion, et qu'aussitôt il se colorera : dans cet état, il peut n'avoir perdu que 0g 001. Enfin, si l'on continue à le chauffer, il se manifestera une odeur aromatique d'huile de labiées sans odeur d'acide phocénique, et l'on obtiendra un résidu qui donnera 0g 139 de sulfate de baryte, c'est-à-dire 0,09174 de baryte; donc le phocénate était composé de :

Acide..........	100
Baryte..........	84,7, qui contiennent 8,89 d'oxygène.

Je pense que le premier résultat (283) doit être préféré à celui-ci.

285. Le phocénate de baryte est en gros cristaux transparents, incolores, d'un éclat gras. J'ai eu des polyèdres de la grosseur du pouce, qui m'ont paru octaèdres. Ces cristaux se pulvérisent aisément par trituration. Forme et cohésion.

286. Il est inodore quand il est conservé dans un petit flacon fermé; mais si le sel est humide et si l'atmosphère du vaisseau contient de l'acide carbonique, celui-ci déplace une portion d'acide qui rend l'atmosphère odorante. L'odeur de l'acide phocénique se manifeste quand on écrase le sel entre les doigts, ou quand on imprègne le papier, les étoffes, d'une solution de phocénate de baryte. Odeur et saveur.

287. Il croque sous les dents; il a une saveur chaude, piquante, alcaline, douceâtre, puis le goût de l'acide phocénique.

288. Le phocénate de baryte est légèrement alcalin au papier de tournesol rouge. Action sur le tournesol.

Action de l'eau.

289. 10 grammes de phocénate de baryte en gros cristaux mis dans 20 grammes d'eau à 15 degrés sont dissous. Si l'on fait concentrer doucement à pellicule sur un bain de sable, et qu'on place la capsule sur un poêle, sous une cloche, la température étant telle que la liqueur, qui à 15 degrés serait visqueuse, soit suffisamment mobile pour permettre aux particules de cristalliser, on obtient de beaux polyèdres et il se volatilise de l'eau.

290. 1 partie d'eau peut dissoudre, à 20 degrés, 1 partie de phocénate de baryte.

291. Le phocénate de baryte n'est pas sensiblement déliquescent à l'air.

292. La solution de phocénate de baryte étendue d'eau et ayant le contact de l'air se décompose spontanément. Elle dépose du sous-carbonate de baryte et des flocons; elle exhale l'odeur du fromage de Roquefort.

Distillation du phocénate de baryte sans le contact de l'air.

293. 0g 3 de phocénate distillé, dans un tube plein de mercure, se fondent et noircissent. On obtient :

A. *Un résidu* de sous-carbonate de baryte et de charbon; dans une de mes expériences, celui-ci pesait 0g 004;

B. *Un liquide* jaune, orangé, très mobile, très odorant, qui n'est point acide et qui ne se dissout pas, au moins sur-le-champ, dans l'eau de potasse;

C. *Un produit gazeux* formé de 1 centimètre cube d'acide carbonique et de $27^{cc}5$ d'hydrogène percarburé.

ARTICLE 2.

DU PHOCÉNATE DE STRONTIANE.

294. On le prépare en neutralisant l'eau de strontiane par l'acide phocénique. Préparation.

295. La solution évaporée dans une atmosphère séchée par la chaux vive donne des cristaux prismatiques allongés, efflorescents.

296. La solution évaporée à l'air libre laisse un résidu dont la surface est comme vernie.

297. 100 parties de phocénate obtenues d'une solution qui a été évaporée à l'air libre perdent dans le vide sec 8,46 d'eau. Composition.

298. 0g 100 de ce phocénate chauffés dans un creuset de platine se fondent presque au moment où ils donnent des signes de décomposition. Il se dégage une odeur aromatique de labiées. Enfin il reste une quantité de base représentée par 0g 063 de sulfate de strontiane.

Acide.....	63.46	100
Strontiane..	36.54	57.58, qui contiennent 8.89 d'oxygène.

299. Il a l'odeur de l'acide phocénique et un goût analogue à celui du phocénate de baryte. Propriétés.

300. Il est très soluble dans l'eau. Lorsqu'on fait évaporer à siccité l'eau qui le tient en solution, et qu'on réduit le résidu en poudre

fine, celle-ci, retirée du feu, présente un mouvement dont le résultat est la réunion des particules en petits grains.

ARTICLE 3.

DU PHOCÉNATE DE CHAUX.

Préparation.

301. On neutralise l'acide phocénique dissous dans l'eau par le sous-carbonate de chaux; on chauffe légèrement. La solution qu'on obtient, évaporée dans un air séché par la chaux, donne des cristaux prismatiques.

302. La solution évaporée à l'air libre cristallise en une masse formée de longues aiguilles blanches qui ont l'éclat de la chaux carbonatée fibreuse.

Composition.

303. 100 parties de phocénate de chaux, obtenues d'une solution évaporée à l'air libre, ont perdu dans le vide sec 13,96, mais de l'acide s'était volatilisé avec l'eau.

304. 0g100 de phocénate sec ont donné une quantité de base représentée par 0g059 de sulfate de chaux; donc :

Acide...	75,515	100
Chaux..	24,485	32,42, qui contiennent 9,129 d'oxygène.

Propriétés.

305. Il a des propriétés analogues à celles du précédent. Il est soluble dans l'eau.

ARTICLE 4.

DU PHOCÉNATE DE POTASSE.

Préparation.

306. On l'obtient en mettant de l'acide phocénique en excès avec

une solution de potasse ou de sous-carbonate de potasse. Par l'évaporation, l'excès d'acide se sépare, et si la solution est trop étendue, il y a une quantité notable d'acide qui contribue à la neutralisation de l'alcali qui se dégage.

307. 0g200 de phocénate de potasse[1] décomposés par l'acide hydrochlorique ont donné 0g110 de chlorure de potassium, qui représentent 0g069586 de potasse; donc : Composition.

Acide..	130,414	65,202	100
Potasse.	69,586	34,798	53,37, contenant 9,046 d'oxygène.

308. En calculant la composition du phocénate de potasse d'après l'analyse du phocénate de baryte, on a :

Acide............................	65,53	100
Potasse..........................	34,47	52,6

309. Il a une saveur piquante et légèrement alcaline avec un arrière-goût douceâtre d'acide phocénique. Il rétablit la couleur bleue du papier de tournesol. C'est un des sels les plus déliquescents que je connaisse : 0g25 exposés dans une atmosphère saturée d'eau à 20 degrés étaient complètement liquéfiés trois heures après y avoir été mis : Propriétés.

	EN GRAMME.
Après 3 heures, l'absorption était de...........	0,09
24..............................	0,30
48..............................	0,43

(1) Il avait été évaporé et redissous par l'alcool absolu : par ce moyen on en avait séparé du sous-carbonate de potasse.

310. Le phocénate de potasse est très soluble dans l'alcool, puisque, à la température de 20 degrés, 100 parties d'alcool d'une densité de 0,792 en ont dissous 25,8 parties, et la solution n'était pas saturée.

ARTICLE 5.

DU PHOCÉNATE DE SOUDE.

Préparation et propriétés.

311. On l'obtient en neutralisant du sous-carbonate de soude dissous dans l'eau par un excès d'acide phocénique. On fait évaporer à siccité. Le résidu dissous dans l'eau ne peut cristalliser spontanément quand l'air n'est pas très sec, parce que le phocénate de soude est très déliquescent. Une solution concentrée en sirop n'a pas cristallisé après avoir été exposée pendant huit jours dans une atmosphère où la température était de 20 à 26 degrés; mais la température s'étant élevée à 32 degrés, le phocénate a cristallisé en choux-fleurs; ces cristaux, après douze heures, s'étaient liquéfiés en absorbant la vapeur d'eau atmosphérique.

ARTICLE 6.

DU PHOCÉNATE DE PLOMB.

312. L'acide phocénique versé sur du massicot délayé dans un peu d'eau le dissout très bien. Si l'on fait évaporer au bain de sable cette solution, dans laquelle on entretient un excès d'acide phocénique, on obtient un résidu fusible qui est un phocénate neutre; car $0^{g}650$ de ce sel décomposés par l'acide nitrique ont donné $0^{g}358$ de massicot :

Acide phocénique.	292	100
Massicot	358	122,6, qui contiennent 8,76 d'oxygène.

313. J'ai obtenu ce sel sous forme de belles lames transparentes,

ductiles, en faisant évaporer une solution de phocénate de plomb dans le vide sec. 0g 200 ont donné 0g 111 de massicot :

Acide....	89	44,5	100
Massicot..	111	55,5	124,7, qui contiennent 8,94 d'oxygène.

ARTICLE 7.

DU SOUS-PHOCÉNATE DE PLOMB.

314. Nous avons vu plus haut que l'acide phocénique est susceptible de perdre son eau d'hydratation en s'unissant à chaud au massicot sec. Si l'on applique l'eau froide à ces matières après qu'elles ont réagi et si le massicot a été en excès, on obtient une dissolution qui, évaporée dans le vide sec, cristallise en petites aiguilles brillantes groupées en demi-sphères; ces aiguilles sont un sous-phocénate de plomb, dans lequel la quantité de base est triple de celle du sel neutre; car 0g 500 de ce sel décomposés par l'acide nitrique ont donné 0,390 de massicot; donc :

Acide phocénique.	110	100
Massicot.......	390	354,5, qui contiennent 25,34 d'oxygène.

315. Ce sel a une faible saveur d'acide phocénique et n'est pas très soluble dans l'eau; il attire l'acide carbonique de l'air; il n'est pas fusible.

ARTICLE 8.

DU PHOCÉNATE D'AMMONIAQUE.

316. Si l'on plonge une petite cloche contenant de l'acide phocénique hydraté dans un flacon de gaz ammoniac sec, il se produit d'abord des cristaux sans qu'il y ait de fumée blanche, ce qui prouve

que la tension de l'acide à la température ordinaire est bien faible. L'absorption continue lentement, et les cristaux se réduisent en un liquide épais parfaitement incolore et de la plus belle transparence. D'après cela, il est vraisemblable qu'il existe deux phocénates d'ammoniaque, l'un concret et l'autre liquide.

CHAPITRE V.

DE L'ACIDE BUTYRIQUE ET DES BUTYRATES.

PREMIÈRE SECTION.

DE L'ACIDE BUTYRIQUE.

§ I. COMPOSITION.

317. L'acide butyrique, analysé à l'état de butyrate de plomb sec, a donné :

	EN POIDS.	EN VOLUME.
Oxygène	30.17	1.00
Carbone	62.82	2,72
Hydrogène	7,01	3,73

318. 100 parties d'acide sec neutralisent une quantité de base qui contient 10,3 d'oxygène; conséquemment, dans les butyrates neutres, l'oxygène de l'acide est sensiblement à celui de la base comme 3 : 1. D'après cela, et en admettant que l'acide butyrique est formé en volume de :

Oxygène	1.00
Carbone	2.67
Hydrogène	3,67

sa composition sera :

	ATOMES.	EN POIDS.	
Oxygène	3	300,00	30,585
Carbone	8	612,24	62,417
Hydrogène	11	68.64	6,998
TOTAL		980.88	

Composition de l'hydrate.

319. Lorsqu'on met 0g500 d'acide butyrique hydraté d'une densité de 0,9675 avec 5 à 6 grammes de massicot sec, à la température de 18 degrés, l'union des corps a lieu presque instantanément avec dégagement de chaleur. Si l'on fait chauffer, il se dégage de l'eau, qui serait plutôt alcaline qu'acide; la perte est de 0g052; conséquemment, l'hydrate est formé de :

Acide butyrique sec.	0,448	100
Eau............	0,052	11,6, qui contiennent 6,31 d'oxygène,

quantité qui est sensiblement le tiers de l'oxygène de l'acide sec[1].

§ 2. PROPRIÉTÉS PHYSIQUES.

320. Il est liquide à la température ordinaire, très mobile, semblable à une huile volatile; il ne se congèle pas à 9 degrés au-dessous de zéro; il exige une température plus élevée que 100 degrés pour entrer en ébullition; il peut être distillé sans décomposition.

321. A 10 degrés, sa densité est de 0,9675.

322. Il est incolore; son odeur a de l'analogie avec celles de l'acide acétique et du beurre fort, et par conséquent avec l'odeur de l'acide phocénique; cependant elle est moins forte que celle de ce dernier, et quand on la connaît il est très facile de l'en distinguer. Mis sur

[1] Si l'on admet que l'eau dégagée est produite aux dépens de l'hydrogène de l'acide butyrique et aux dépens de l'oxygène du massicot, la partie de l'acide qui reste fixée au plomb sera formée de :

	EN POIDS.	EN VOLUME.
Oxygène..................................	36,700	1,00
Carbone..................................	56,950	2,04
Hydrogène................................	6,350	2,77

une lame de verre, il s'évapore en totalité; jeté sur du papier collé, qui n'imbibe pas l'eau sur-le-champ, il y fait une tache grasse qui répand une odeur de beurre, ou de fromage de Gruyère, suivant quelques personnes. La tache disparaît par la raison que l'acide s'évapore.

323. L'acide butyrique a une saveur acide très forte, très piquante, et un arrière-goût douceâtre qui n'est pas aussi prononcé que celui de la vapeur d'acide phocénique. Comme celui-ci, il blanchit les parties de la langue où on l'a appliqué.

§ 3. PROPRIÉTÉS CHIMIQUES QU'ON OBSERVE SANS QUE L'ACIDE SOIT ALTÉRÉ.

324. L'eau le dissout en toutes proportions; et ce qu'il y a de remarquable, c'est qu'une dissolution formée de 2 parties d'acide et 1 partie d'eau a une densité de 1,00287 (car un flacon contenant $1^{g}398$ d'eau contient $1^{g}402$ de dissolution acide à la température de 7 degrés). Action de l'eau.

325. L'alcool d'une densité de 0,794 le dissout en toutes proportions : la dissolution a une odeur éthérée de pomme de reinette, qui devient de plus en plus marquée avec le temps. Action de l'alcool.

326. L'acide sulfurique concentré le dissout à 15 degrés sans altération; il y a élévation de température. Action de l'acide sulfurique.

327. L'acide nitrique marquant 35 degrés à l'aréomètre le dissout à froid, à ce qu'il m'a paru, sans altération. La dissolution exhale une légère odeur éthérée. Action de l'acide nitrique.

Action du fer.

328. L'acide butyrique se comporte avec le fer comme l'acide phocénique, si ce n'est que la dissolution ne précipite que très peu par l'eau et que le précipité m'a paru se redissoudre dans un excès de ce liquide.

Action du potassium.

329. Le potassium qu'on fait passer sur le mercure dans une cloche qui contient de l'acide butyrique produit une effervescence assez vive, parce qu'il décompose l'eau de l'hydrate.

Action de la graisse de porc.

330. L'acide butyrique s'unit facilement à la graisse de porc fondue. Cette combinaison a tant de ressemblance avec le beurre quand elle est figée, par son odeur et sa saveur, que plusieurs personnes à qui j'en ai fait goûter y ont été trompées. Mais ce qui distingue ce *beurre artificiel* du *beurre ordinaire,* c'est qu'il perd tout son acide par sa simple exposition à l'air. La graisse qui contient de l'acide butyrique en excès a une saveur sucrée très sensible.

§ 4. PROPRIÉTÉS CHIMIQUES QU'ON OBSERVE DANS DES CIRCONSTANCES OÙ L'ACIDE EST ALTÉRÉ.

331. L'acide butyrique distillé avec le contact de l'air se comporte comme l'acide phocénique.

332. Il brûle à la manière des huiles volatiles.

333. La solution d'acide butyrique dans l'acide sulfurique, chauffée à 100 degrés, ne se colore que très peu; à une température plus élevée, elle entre en ébullition, de l'acide butyrique se dégage avec un peu d'acide sulfureux. La liqueur noircit plus lentement que la solution sulfurique d'acide phocénique (276) et elle donne beaucoup moins de charbon.

§ 5. NOMENCLATURE.

334. Le nom spécifique de cet acide est dérivé de *butyrum* « beurre ».

§ 6. SIÈGE ET HISTOIRE.

335. J'annonçai l'existence de l'acide butyrique dans le savon de beurre et dans le *lait de beurre* à l'Institut, le 19 septembre 1814; mais ce n'est que dans l'année 1818 que je parvins à l'isoler des acides caproïque et caprique. (Voir livre III, chap. I.)

IMPRIMERIE NATIONALE.

DEUXIÈME SECTION.

DES BUTYRATES.

ARTICLE PREMIER.

DU BUTYRATE DE BARYTE.

Préparation. 336. On neutralise de l'eau de baryte par l'acide butyrique; la solution évaporée spontanément cristallise en longs prismes aplatis.

Composition. 337. 100 parties de butyrate qui avaient été préalablement exposées à l'air sec ont perdu dans le vide sec, à la température de 20 à 25 degrés, par une exposition de :

24 heures	1,50 partie.
118	2,25

338. Le butyrate exposé dans un bain bouillant d'hydrochlorate de chaux n'a rien laissé dégager. Chauffé avec précaution dans un creuset jusqu'à ce qu'il ait été fondu en verre transparent, il n'a rien perdu. 0g400 de ce butyrate ont donné 0g301 de sulfate de baryte, qui représentent 0g1975 de base; donc :

Acide.	0,2025	50,625	100
Baryte.	0,1975	49,375	97,58, qui contiennent 10,197 d'oxygène.

Forme. 339. Il cristallise en prismes aplatis de 0m001 à 0m002 de largeur et de 0m032 de longueur; ils sont transparents, flexibles comme plusieurs sels ammoniacaux; ils ont un éclat gras. Ils conservent leur transparence dans le vide sec.

340. Le butyrate de baryte a une odeur forte de beurre frais. Sa saveur est alcaline, chaude, barytique avec le goût du beurre. *Odeur et saveur.*

341. A la température de 10 degrés, une solution aqueuse saturée de butyrate de baryte est formée de : *Action de l'eau.*

Eau	100
Sel	36,07

342. Une parcelle de butyrate de baryte jetée sur l'eau, s'y meut avec rapidité comme le fait un petit morceau de camphre : elle finit par être dissoute.

343. La solution de ce sel est légèrement alcaline au papier rouge de tournesol. L'acide carbonique, en en précipitant des atomes de sous-carbonate de baryte, met une portion d'acide butyrique en liberté.

344. 10 grammes de butyrate de baryte sec ont été mis pendant trois jours en contact avec 70 grammes d'alcool à 5 degrés. *Action de l'alcool d'une densité de 0,792.*

345. 10g025 de solution évaporée ont laissé 0g025 de résidu sec.

346. 55 grammes de solution alcoolique de butyrate ont été distillés. Le produit n'avait pas d'action sur le tournesol; cependant, l'ayant concentré sur la baryte, il fournit 0g01 de butyrate sec, entièrement soluble dans l'eau froide. Conséquemment, l'alcool avait séparé de l'acide butyrique du butyrate de baryte.

347. Le butyrate indissous dans l'alcool a été dissous dans l'eau, excepté une trace de sous-carbonate de baryte.

348. J'ai conservé du butyrate de baryte pendant neuf ans à l'état solide, sans rien observer qui annonçât quelque altération sensible, abstraction faite de la petite quantité de carbonate qui avait été produite par l'acide carbonique de l'air.

349. La dissolution aqueuse de butyrate de baryte ne m'a pas paru éprouver de changement sensible, au moins pendant le temps où le phocénate de baryte se décompose.

Distillation du butyrate de baryte.

350. $0^g 3$ de butyrate de baryte ont été distillés dans un petit tube de verre préalablement rempli de mercure, et communiquant à une cloche graduée, pleine de ce métal; le sel s'est fondu, il a dégagé des gaz et une vapeur blanche qui s'est condensée en un liquide jaune. La distillation a été commencée à la lampe à esprit-de-vin et achevée au charbon; le tube a été porté au rouge cerise. Ce n'est qu'à cette dernière époque de l'opération que le résidu a noirci sensiblement, parce qu'un peu de charbon a été mis à nu; en cela le butyrate de baryte diffère du phocénate de même base, qui noircit très promptement par l'action de la chaleur.

A. Résidu. C'était un mélange de sous-carbonate de baryte et de charbon : celui-ci n'était qu'en très petite quantité, car il pesait $0^g 001$.

B. Liquide. Il était jaune-orangé, très mobile; son odeur, extrêmement forte, était celle des plantes aromatiques de la famille des labiées : plusieurs personnes ont cru reconnaître l'odeur de l'absinthe ou celle du coing. Le papier de tournesol sec qu'on y a fait passer n'a pas été rougi. Le potassium m'a paru en dégager lentement de l'hydrogène, mais en très petite quantité. Le volume de ce liquide était sensiblement égal à celui du produit liquide du phocénate de baryte.

Il était formé de $14^{cc}3$ d'hydrogène percarburé et de $0^{cc}5$ d'acide carbonique. *G. Produit gazeux.*

ARTICLE 2.

DU BUTYRATE DE STRONTIANE.

351. Elle est la même que celle du butyrate de baryte. *Préparation.*

352. 0^g1 de butyrate de strontiane sec a été chauffé dans un creuset de platine : il a roussi presque au même instant où il s'est fondu. Le résidu a donné 0^g072 de sulfate de strontiane, qui représentent 0^g0408 de strontiane. *Composition.*

Acide......	59,42	100	
Strontiane..	40,58	68,3,	qui contiennent 10,55 d'oxygène.

353. Son odeur est analogue à celle du butyrate de baryte. *Odeur.*

354. Il cristallise en longs prismes aplatis, semblables à ceux du butyrate de baryte. *Forme.*

355. A 4 degrés, une solution saturée de ce sel est formée de : *Action de l'eau.*

Eau..	100
Sel...	33,34

ARTICLE 3.

DU BUTYRATE DE CHAUX.

356. Elle est la même que celle du butyrate de baryte. *Préparation.*

Composition.

357. 0g 100 de butyrate de chaux bien sec, chauffés dans un creuset de platine, se sont fondus, ont exhalé une odeur d'huile essentielle de labiées et ont laissé une quantité de base représentée par 0g 065 de sulfate de chaux; donc :

Acide butyrique.	73,005	100
Chaux	26,995	36,97, qui contiennent 10,39 d'oxygène.

Odeur.

358. Son odeur est analogue à celle du butyrate de baryte.

Forme.

359. Il cristallise en aiguilles ou en prismes très minces parfaitement transparents.

Action de l'eau.

360. A 15 degrés, une solution saturée de ce sel est formée de :

Eau..................................	100
Sel..................................	17,58

Cette solution cristallise si abondamment par la chaleur, qu'elle se prend en masse. Les cristaux sont redissous complètement lorsque les matières sont revenues à la température de 15 degrés. Pour bien observer ces effets, il faut introduire la solution dans un tube de verre étroit que l'on scelle à la lampe. En chauffant d'abord la partie inférieure du tube avec la flamme d'une allumette, puis la partie supérieure, on voit les cristaux se former de bas en haut, sans qu'on puisse attribuer la cristallisation à l'évaporation du liquide. Après que les cristaux sont formés, on peut renverser le tube sans qu'il tombe de liquide; enfin, en plongeant le tube dans l'eau froide, les cristaux sont redissous.

361. 2 parties de butyrate de chaux et 3 parties de butyrate de

baryte dissoutes dans l'eau donnent, par l'évaporation spontanée, des cristaux octaèdres formés par les deux butyrates.

ARTICLE 4.

DU BUTYRATE DE POTASSE.

362. On le prépare en neutralisant de l'eau de potasse ou du sous-carbonate de potasse par l'acide butyrique dissous dans l'eau. Préparation.

363. $0^{g}100$ décomposés par l'acide hydrochlorique ont donné $0^{g}060$ de chlorure de potassium, qui représentent $0^{g}03796$ de potasse; donc : Composition.

Acide butyrique.	62,04	100
Potasse.......	37,96	61,2, qui contiennent 10.37 d'oxygène.

364. Il a l'odeur des butyrates, une saveur douceâtre et le goût du beurre. Odeur et saveur.

365. Il ne cristallise que confusément en choux-fleurs et à une température de 25 à 30 degrés. Forme.

366. Il est très déliquescent. A 15 degrés, 100 parties d'eau ont dissous 125 de butyrate de potasse, et la solution n'était pas saturée. Action de l'eau.

367. Si l'on dissout 500 parties de butyrate de potasse (qui contiennent 307 parties d'acide) dans 400 parties d'eau, et si l'on y ajoute 115 d'acide butyrique hydraté (qui contiennent 102 d'acide), on obtient une solution qui à froid n'a aucune action sensible sur le papier bleu de tournesol sec, quoiqu'elle contienne en sus du point Action du butyrate de potasse sur l'acide butyrique.

de neutralisation $\frac{1}{3}$ de la quantité d'acide nécessaire pour neutraliser son alcali.

368. Si l'on approche du feu le papier de tournesol, celui-ci devient parfaitement bleu dans la partie qui est imprégnée de butyrate. Si alors on ajoute de l'eau sur cette même partie, elle devient rouge; en faisant chauffer le papier pour volatiliser l'eau, la couleur bleue reparaît; et en l'humectant de nouveau, il redevient rouge. On peut répéter ces changements alternatifs un assez grand nombre de fois; cependant il arrive un instant où ils ne se reproduisent plus, parce que tout l'acide en excès a été volatilisé.

369. La liqueur dont je parle ne dissout pas à froid le sous-carbonate de potasse calciné; mais à chaud elle le dissout avec effervescence. Quand on y ajoute de l'eau, elle acquiert la propriété de rougir le papier de tournesol et de dissoudre avec effervescence le sous-carbonate de potasse.

370. Les expériences que je viens de rapporter font voir :

1° Que la couleur rouge du tournesol fixée au papier a pour l'alcali, qui la rend bleue, une affinité plus puissante que l'acide butyrique qui est en excès dans la solution concentrée du butyrate de potasse;

2° Que l'eau ajoutée à cette solution fait prédominer au contraire l'affinité de l'acide butyrique sur celle de la couleur du tournesol;

3° Que l'eau ajoutée étant ensuite soustraite par une évaporation lente, l'acide butyrique qui s'était uni à l'alcali du tournesol est remis en liberté, parce que le principe colorant se recombine à cette base.

ARTICLE 5.

DU BUTYRATE DE SOUDE.

371. On le prépare comme le précédent. Préparation.

372. 0g 100 de butyrate de soude qui avait été séché jusqu'à ce qu'il ne perdît plus rien par une chaleur insuffisante pour le décomposer, a donné 0g 54 de chlorure de sodium, représentant 0g 02878 de soude; donc : Composition.

Acide	71,22	100
Soude	28,78	40, qui contiennent 10,23 d'oxygène.

373. Elles sont analogues à celles du butyrate de potasse; mais il est moins déliquescent. Propriétés.

ARTICLE 6.

DU BUTYRATE DE PLOMB.

374. Lorsqu'on fait évaporer une solution de butyrate de plomb dans laquelle on entretient un excès d'acide, on obtient un résidu fusible qui est un butyrate neutre.

375. La solution de butyrate neutre, évaporée dans le vide sec, cristallise en très fines aiguilles soyeuses. 0g 200 de ces aiguilles décomposés par l'acide nitrique ont donné 0g 121 de massicot; donc :

Acide	39,5	100
Massicot . . .	60,5	153,16, qui contiennent 10,95 d'oxygène.

375 *bis*. Le butyrate neutre de plomb, distillé dans un tube de verre plein de mercure, donne de l'eau, très peu d'huile odorante,

en comparaison de la quantité d'huile qu'on obtient du butyrate de baryte, du gaz carbonique, de l'hydrogène percarburé. Le premier de ces gaz est au second, en volume, : : 9 : 1. Le résidu de la distillation est un mélange de massicot et de plomb.

ARTICLE 7.

DU SOUS-BUTYRATE DE PLOMB.

376. J'ai décrit (319) les phénomènes que présente l'acide butyrique hydraté lorsqu'il est en contact avec un excès de massicot. Si on applique l'eau froide au résultat de l'action de ces corps, on obtient une dissolution qui, évaporée dans le vide sec, laisse un butyrate qui contient trois fois plus de base que le butyrate neutre; car 0g500 de ce butyrate, décomposés par l'acide nitrique, ont donné 0g405 de massicot.

Acide.....	95	19	100
Massicot...	405	81	426,3, qui contiennent 30,57 d'oxygène.

377. Le sous-butyrate de plomb ne se fond pas au feu; sa saveur est faible; il ne m'a pas paru très soluble dans l'eau. Cette solution absorbe rapidement l'acide carbonique de l'air.

378. Il est remarquable que l'acide butyrique et l'acide phocénique ont cette analogie avec l'acide acétique, que leur sous-sel de plomb contient trois fois autant de base que leur sel neutre.

ARTICLE 8.

DU BUTYRATE DE CUIVRE.

379. 100 parties de butyrate de cuivre cristallisé [1], exposées

[1] Je préviens que les cristaux de butyrate de cuivre que je décris ici ont été préparés

pendant un mois au vide sec, perdent à peine 1 partie. Le sel conserve sa forme et sa couleur, seulement sa transparence est altérée.

380. 0g100 de butyrate qui avait été exposé au vide sec, décomposés par l'acide nitrique, ont donné 0g030 d'oxyde de cuivre brun. Il suit de là que le sel contient de l'eau de cristallisation, car, d'après la composition du butyrate de baryte, 100 d'acide butyrique sec doivent saturer 53,04 d'oxyde, au lieu de 42,85 parties que donne l'analyse. Si l'on calcule la composition du butyrate de cuivre que j'ai analysé, il devait être formé de

Eau...........	13,21, qui contiennent 11,74 d'oxygène.
Acide..........	56,79
Oxyde.........	30,00, qui contiennent 6,05 d'oxygène.

381. Haüy a décrit de la manière suivante la forme des cristaux de butyrate de cuivre : Forme.

« La forme la plus composée de ces cristaux est celle d'un prisme à huit pans terminé de chaque côté par une base oblique, avec trois facettes dont chacune remplace une des arêtes situées au contour de cette base. La figure 5 représente la moitié supérieure d'un de ces cristaux. Les lettres *c*, *d*, *f*, *g* indiquent les quatre pans du prisme situés en avant; *a*, la base oblique; *b*, l'une des facettes additionnelles qui est tournée du même côté; *h* et *n*, deux autres facettes situées du côté opposé; les pans *d*, *g* paraissent perpendiculaires l'un sur l'autre. »

382. Lorsqu'on expose à 100 degrés une solution de butyrate de

il y a huit ans, époque où je n'avais point encore de procédé sûr pour obtenir l'acide butyrique à l'état de pureté : je n'affirme donc pas qu'on doive les considérer comme un sel aussi pur que tous les autres butyrates qui font le sujet de cette section.

cuivre dans l'eau, elle se trouble et dépose une matière bleue qui se convertit en oxyde brun qu'on peut dissoudre complètement dans l'acide acétique. Si l'on distille la solution de butyrate séparée de son dépôt, on obtient de l'acide butyrique dans le récipient; et en faisant évaporer à plusieurs reprises le résidu de la distillation, on finit par volatiliser tout l'acide et précipiter toute la base. Ce résultat est d'autant plus remarquable qu'on peut exposer les cristaux de butyrate de cuivre à la température de 100 degrés pendant plusieurs heures sans qu'ils éprouvent le moindre changement sensible.

ARTICLE 9.

DU BUTYRATE DE ZINC.

383. L'acide butyrique étendu d'eau dissout à froid le sous-carbonate de zinc avec effervescence. La liqueur rougit le papier de tournesol, lors même qu'elle est restée un mois en contact avec un excès de carbonate.

384. La solution filtrée, évaporée dans le vide sec, donne des cristaux brillants, lamelleux, qui ont l'odeur et la saveur des butyrates.

385. 0g100 de cristaux exposés pendant un mois au vide sec, décomposés par l'acide nitrique et la calcination, ont donné 0g035 d'oxyde; conséquemment le butyrate de zinc est formé de :

Acide....	65	100	
Oxyde...	35	53,84,	qui contiennent 10,69 d'oxygène.

386. La solution de butyrate de zinc se trouble avant de bouillir. Par la concentration, il se volatilise de l'acide butyrique et il se dépose

une matière blanche qui est ou un sous-butyrate ou de l'oxyde. Enfin on obtient un résidu qui se fond à une légère chaleur, mais qui est évidemment mêlé d'une matière infusible, soit du sous-butyrate, soit de l'oxyde de zinc pur. Si l'on ajoute de l'eau au résidu et qu'on le fasse chauffer doucement, il se dégage encore de l'acide butyrique et l'on finit par obtenir une matière infusible, qui retient d'autant moins d'acide qu'elle a été traitée un plus grand nombre de fois par l'eau et la chaleur. Dans une de mes expériences, le résidu était formé de :

Acide.	100
Oxyde.	1525

ARTICLE 10.

DU BUTYRATE D'AMMONIAQUE.

387. L'acide butyrique hydraté se comporte avec le gaz ammoniac de la même manière que l'acide phocénique. Il se produit des cristaux qui finissent par se réduire en un liquide épais, transparent et incolore. Il existe donc probablement un butyrate concret et un butyrate liquide.

388. J'ai observé qu'à la longue le butyrate liquide se prend en aiguilles, au moins quand on l'abandonne dans une atmosphère de gaz ammoniac.

CHAPITRE VI.

DE L'ACIDE CAPROÏQUE ET DES CAPROATES.

PREMIÈRE SECTION.

DE L'ACIDE CAPROÏQUE.

§ 1. COMPOSITION.

389. L'acide caproïque, brûlé à l'état de caproate de plomb sec, a donné :

	EN POIDS.	EN VOLUME.
Oxygène	22,67	1,00
Carbone	68,33	3,94
Hydrogène	9,00	6,33

389 *bis*. 100 parties d'acide caproïque sec neutralisent une quantité de base qui contient 7,5 d'oxygène; conséquemment, dans les caproates neutres, l'oxygène de l'acide est sensiblement à celui de la base : : 3 : 1. D'après cela, et en admettant que l'acide caproïque est formé en volume de

Oxygène	1
Carbone	4
Hydrogène	6,334

sa composition sera

	ATOMES.	EN POIDS.	
Oxygène	3	300,00	22,439
Carbone	12	918,36	68,692
Hydrogène	19	118,56	8,869
TOTAUX		1336,92	100,000

389 *ter*. Lorsqu'on met 0g 551 d'acide caproïque hydraté d'une densité de 0,922 avec 5 à 6 grammes de massicot, les corps s'unissent en dégageant de la chaleur. En faisant chauffer les matières, il se dégage 0g 043 d'eau qui serait plutôt alcaline qu'acide; conséquemment, l'hydrate est formé de : Composition de l'acide hydraté.

Acide..	508	100
Eau...	43	8,660, qui contiennent 7,698 d'oxygène.

quantité qui est un peu plus forte que le tiers de la quantité d'oxygène contenue dans l'acide [1].

§ 2. PROPRIÉTÉS PHYSIQUES.

390. Il est liquide à la température ordinaire, très mobile, semblable à une huile volatile; il ne se congèle pas à 9 degrés au-dessous de zéro; il peut être distillé sans décomposition.

391. A 26 degrés, sa densité est de 0,922, car un flacon contenant 0g 647 d'eau contient 0g 597 d'acide caproïque.

392. Il est incolore; son odeur est celle de l'acide acétique très faible, ou plutôt celle de la sueur; il n'a rien qui rappelle l'odeur de l'acide butyrique.

393. Il a une saveur acide piquante et un arrière-goût douceâtre

[1] Si l'on admet que l'eau dégagée est produite aux dépens de l'hydrogène de l'acide caproïque et aux dépens de l'oxygène du massicot, la partie de l'acide qui reste fixée au plomb sera formée de :

	EN POIDS.	EN VOLUME.
Oxygène	28,20	1,00
Carbone	63,44	2,94
Hydrogène	8,36	1,77

qui est plus prononcé que celui de l'acide butyrique. Il blanchit les parties de la langue sur lesquelles on l'a appliqué.

§ 3. PROPRIÉTÉS CHIMIQUES QU'ON OBSERVE SANS QUE L'ACIDE SOIT ALTÉRÉ.

Action de l'eau.

394. L'eau n'en dissout qu'une très petite quantité, car, à la température de 7 degrés, $0^{g}14$ d'acide ayant été agités avec $13^{g}40$ d'eau n'ont pas été complètement dissous; conséquemment, 100 parties d'eau n'ont pas dissous complètement 1,04 partie d'acide.

Action de l'alcool.

395. L'alcool d'une densité de 0,794 le dissout en toutes proportions.

396. Il s'unit à l'acide sulfurique concentré avec dégagement de chaleur. L'eau qu'on ajoute à la solution en sépare une portion d'acide caproïque.

397. L'acide nitrique marquant 35 degrés à l'aréomètre le dissout difficilement à froid et ne paraît pas l'altérer.

398. Il se comporte avec le fer à la manière de l'acide phocénique.

§ 4. PROPRIÉTÉS CHIMIQUES QU'ON OBSERVE DANS DES CIRCONSTANCES OÙ L'ACIDE EST ALTÉRÉ.

399. L'acide caproïque distillé avec le contact de l'air se comporte comme l'acide phocénique.

400. Il brûle avec flamme comme les huiles volatiles.

401. La solution sulfurique d'acide caproïque chauffée à 100 degrés ne se colore que très peu; à une température plus élevée, elle se colore plus tôt que la solution sulfurique d'acide butyrique; elle entre en ébullition, et l'acide caproïque se dégage avec un peu d'acide sulfureux. Le résidu de charbon est plus abondant que celui de la solution sulfurique d'acide butyrique.

§ 5. PRÉPARATION.

402. (Voir livre III, chapitre I.)

§ 6. NOMENCLATURE.

403. *Caproïque* est dérivé de *capra* « chèvre ».

§ 7. SIÈGE.

404. Il se trouve dans le savon des beurres de vache et de chèvre.

§ 8. HISTOIRE.

405. Je le découvris en 1818.

DEUXIÈME SECTION.

DES CAPROATES.

ARTICLE PREMIER.

DU CAPROATE DE BARYTE.

Composition. 406. Du caproate de baryte en lames, d'un blanc d'émail, ayant été exposé au vide sec pendant huit jours, n'a rien perdu.

407. 0g 100 de caproate sec ont été mis dans un creuset de platine et chauffés à la lampe à alcool : le sel s'est parfaitement fondu, sans donner aucun signe d'altération; ce n'est que peu à peu qu'il a noirci et dégagé une odeur aromatique très prononcée. Le sous-carbonate de baryte restant a produit 0g 064 de sulfate, qui représentent 0g 0419 de base; donc :

Acide caproïque.	58,00	100	
Baryte.......	42,00	72,41,	qui contiennent 7,57 d'oxygène.

Forme. 408. Lorsque la température à laquelle on expose la solution de caproate de baryte est à 18 degrés ou au-dessous, le sel cristallise en lames dont quelques-unes sont hexagonales. Ces lames sont très brillantes tant qu'elles sont humides; mais exposées à l'air, elles s'effleurissent et présentent alors l'aspect gras du talc. Elles sont souvent groupées en crêtes de coq; j'en ai obtenu de 0m 01 à 0m 03 de longueur.

409. Lorsque la température à laquelle on expose la solution de

caproate de baryte est de 30 degrés et même au-dessous, le sel cristallise en aiguilles de $0^{m}01$ à $0^{m}025$ de longueur, qui se groupent de diverses manières.

410. Son odeur est celle de l'acide caproïque, quand le caproate est humide et exposé à l'air. Il a une saveur alcaline, barytique, et le goût de l'acide caproïque. Odeur et saveur.

411. 100 parties d'eau à 10°,5 dissolvent 8,02 parties de caproate de baryte. Action de l'eau.

ARTICLE 2.

DU CAPROATE DE STRONTIANE.

412. $0^{g}100$ de cristaux en lames effleuries, qui ne perdaient rien à la température de 100 degrés, chauffés dans un creuset de platine, se sont fondus en exhalant une forte odeur de labiées; ils ont laissé une quantité de base représentée par $0^{g}058$ de sulfate de strontiane, qui contiennent $0^{g}0348$ de base; donc : Composition.

Acide caproïque.	67.31	100	
Strontiane.....	32.69	48.56,	qui contiennent 7.50 d'oxygène.

413. Le caproate de strontiane cristallise en lames de $0^{m}03$ à $0^{m}04$ de longueur, qui sont transparentes tant qu'elles restent dans la dissolution où elles se sont formées; mais par leur exposition à l'air, elles deviennent d'un blanc d'émail. Forme.

414. Elles sont les mêmes que celles du butyrate de baryte. Odeur et saveur.

415. A 10 degrés, 100 parties d'eau ont dissous 9,05 parties de caproate de strontiane. Action de l'eau.

ARTICLE 3.

DU CAPROATE DE CHAUX.

Composition. 416. 0^g 100 de caproate de chaux se sont fondus, ont exhalé une forte odeur de labiées et ont laissé une cendre qui a donné 0^g 050 de sulfate de chaux, ou 0^g 02077 de base.

Acide........	79,23	100	
Chaux........	20,77	26,22,	qui contiennent 7,36 d'oxygène.

Forme. 417. Le caproate de chaux est en lames très brillantes parmi lesquelles on en distingue de carrées.

Action de l'eau. 418. A 14 degrés, 100 parties d'eau ont dissous 2,04 parties de caproate de chaux.

ARTICLE 4.

DU CAPROATE DE POTASSE.

Propriétés. 419. On neutralise le sous-carbonate de potasse par l'acide caproïque à chaud, puis on abandonne la liqueur à l'air.

Composition. 420. 0^g 100 de caproate de potasse, qui ne dégageait pas d'eau quand on l'exposait dans un tube de verre à une température voisine de celle où il s'altère, décomposés par l'acide hydrochlorique, ont donné 0^g 047 de chlorure de potassium, qui représentent 0^g 0297 de potasse.

Acide......	70,26	100	
Potasse.....	29,73	42,30,	qui contiennent 7,17 d'oxygène.

Propriétés. 421. La solution évaporée se prend en une masse gélatineuse de

la plus belle transparence. Cette masse, exposée à l'action de la chaleur, devient d'un blanc d'émail.

ARTICLE 5.

DU CAPROATE DE SOUDE.

422. On le prépare comme le précédent. Préparation.

423. 0g100 de caproate de soude, qui ne dégageait pas d'eau quand on le chauffait dans un tube de verre, avant de se décomposer, ont donné 0g041 de chlorure de sodium, qui représentent 0g0213 de soude; donc : Composition.

Acide......	78,15	100
Soude......	21,85	27,96, qui contiennent 7,15 d'oxygène.

424. A l'air, sa solution concentrée se prend en une masse blanche qui paraît être effleurie. Préparation

ARTICLE 6.

DU CAPROATE D'AMMONIAQUE.

425. L'acide caproïque hydraté se comporte avec le gaz ammoniac comme l'acide butyrique. Il y a donc probablement un caproate concret et un caproate liquide.

CHAPITRE VII.

DE L'ACIDE CAPRIQUE ET DES CAPRATES.

PREMIÈRE SECTION.

DE L'ACIDE CAPRIQUE.

§ 1. COMPOSITION.

426. L'acide caprique analysé à l'état de caprate de plomb sec a donné :

	EN POIDS.	EN VOLUME.
Oxygène	16.25	1.00
Carbone	74.00	5.95
Hydrogène	9.75	9,63

427. Si l'on admet que 100 parties d'acide sec neutralisent une quantité de base qui contient le tiers de son oxygène, et de plus que l'acide sec est formé en volume de :

Oxygène	1.00
Carbone	6,00
Hydrogène	9,63

l'acide sera formé de :

	ATOMES.	EN POIDS.	
Oxygène	3	300.00	16.142
Carbone	18	1377.54	74,121
Hydrogène	29	180.96	9.737
TOTAUX		1858.50	100,000

Dans cette hypothèse, 100 d'acide neutraliseraient dans les bases 5,38 d'oxygène. Or, au lieu de cette quantité, j'ai trouvé 5,89 pour le caprate de baryte, quantité qui multipliée par 3 = 17,67, ce qui diffère très sensiblement de la proportion des éléments de l'acide déterminée par l'expérience. J'aurais bien désiré pouvoir répéter mon analyse, mais cela m'a été impossible, n'ayant eu que 2 grammes d'acide caprique hydraté à ma disposition pour toutes les expériences auxquelles je l'ai soumis.

428. 0g550 d'acide caprique hydraté mis avec 5 grammes de massicot s'y sont rapidement unis en dégageant de la chaleur. En faisant chauffer les matières, il s'est volatilisé 0g038 d'une eau qui n'était ni odorante ni acide; donc : Composition de l'acide caprique hydraté d'une densité de 0,910.

Acide caprique. .	0,512	100
Eau.	0,038	7,4, qui contient 6,596 d'oxygène.

Telle est la composition de l'acide dont je vais examiner les propriétés. Il n'est pas douteux que, si je l'eusse soumis au même traitement que les acides phocénique, butyrique et caproïque hydratés, j'aurais obtenu un hydrate dont l'oxygène de l'eau eût été le tiers de l'oxygène de l'acide.

§ 2. PROPRIÉTÉS PHYSIQUES.

429. De l'acide caprique hydraté renfermé dans un petit flacon qu'il remplissait entièrement à la température de 23 degrés était liquide à 11°,5; mais le flacon ayant été ouvert et l'acide ayant été agité, sur-le-champ celui-ci s'est congelé en petites aiguilles absolument incolores, qui à 16°,5 ont conservé leur état solide; à 18 degrés, elles étaient complètement liquéfiées.

430. A la température de 18 degrés, l'acide caprique hydraté avait une densité de 0,9103, car un flacon qui contenait 0g 647 d'eau contenait 0g 589 d'acide caprique.

431. L'acide caprique a l'odeur de l'acide caproïque avec une légère odeur de bouc; sa saveur est acide, brûlante, avec un léger goût de bouc. C'est cette dernière propriété qui distingue sa saveur de celle de l'acide caproïque.

§ 3. PROPRIÉTÉS CHIMIQUES.

432. Il est très peu soluble dans l'eau à la température de 20 degrés. 10 grammes de ce liquide ont dissous 0g 01 d'acide hydraté. Ayant ajouté 0g 005, la solution n'était pas complète au bout d'un mois : d'où il suit que 100 parties d'eau ne peuvent dissoudre complètement 0,15 partie d'acide caprique.

433. Il est soluble dans l'alcool en toutes proportions.

§ 4. PRÉPARATION.

434. (Voir livre III, chapitre I.)

§ 5. NOMENCLATURE.

435. *Caprique* est dérivé de *capra* « chèvre ».

§ 6. SIÈGE.

436. Il se trouve dans le savon du beurre de vache.

§ 7. HISTOIRE.

437. Je le découvris en 1818.

DEUXIÈME SECTION.

DES CAPRATES

ARTICLE PREMIER.

CAPRATE DE BARYTE.

438. On neutralise l'eau de baryte par l'acide caprique hydraté. Préparation.

439. 100 parties de caprate de baryte en cristaux, exposées pendant quatre-vingt-seize heures au vide sec, ont perdu 2,2 : les cristaux avaient conservé leur éclat. Le sel ayant été pulvérisé, puis exposé pendant quatre-vingt-seize heures au vide sec, n'a plus diminué de poids. Composition.

440. 0g 100 de caprate de baryte sec chauffés dans un petit creuset de platine se sont ramollis et ont en même temps exhalé une odeur grasse et empyreumatique mêlée d'une odeur de bouc; bientôt après le sel s'est fondu, s'est coloré et a exhalé une odeur aromatique de labiées. Le sous-carbonate restant a donné 0g 055 de sulfate, qui représentent 0,03608 de baryte; donc :

Acide caprique.	63,92	100
Baryte.......	36,08	56,45, qui contiennent 5,89 d'oxygène.

441. Le caprate de baryte qui a cristallisé rapidement par le refroidissement d'une solution qu'on a concentrée est en fines écailles brillantes, très légères, d'un aspect gras. Forme.

442. Celui qui a cristallisé lentement par évaporation spontanée est en globules de la grosseur d'un grain de chènevis. En examinant ces cristaux à la loupe, on aperçoit des facettes dont quelques-unes paraissent triangulaires et d'autres carrées ou rhomboïdales; sous certaines inclinaisons, ils lancent des reflets très brillants, ce qui contraste avec l'aspect du cristal, qui est un peu terne.

Odeur et saveur.

443. Son odeur n'a rien de butyrique, c'est celle de l'acide caproïque avec quelque chose de l'odeur du bouc; elle se manifeste surtout quand le sel est pressé entre les doigts et qu'il est légèrement humecté.

444. Il a une saveur faible, alcaline, amère, barytique, et le *goût* particulier à son acide.

Densité.

445. Elle est plus grande que celle de l'eau. Quand on répand le caprate de baryte sur l'eau, s'il y en a une portion qui reste à la surface du liquide, cela est dû à une couche d'air qui adhère au sel.

Action de l'eau.

446. Une solution aqueuse de caprate de baryte saturée à 20 degrés est formée de :

Eau	100
Sel	0.5

447. Cette solution est alcaline; l'acide carbonique en sépare un atome de sous-carbonate de baryte.

Décomposition spontanée du caprate de baryte dissous dans l'eau.

448. Une solution de caprate étendue et conservée dans un flacon bouché, qui n'en est rempli qu'au sixième environ de sa capacité, se décompose peu à peu: il se dépose du sous-carbonate de baryte, qui

est coloré en jaune par une matière organique, et des flocons blancs légers; il se développe en même temps une odeur qui est absolument celle que le goût reconnaît au fromage de Roquefort. Cette odeur se dissipe lorsqu'on fait bouillir la solution du caprate altéré. Le phocénate de baryte dans les mêmes circonstances présente le même résultat.

449. $0^{g}300$ de caprate de baryte sec, distillés dans un tube plein de mercure, donnent : Action du feu.

(A) *Un résidu* de sous-carbonate de baryte mêlé de $0^{g}002$ de charbon;

(B) *Un liquide d'un jaune roux*, ayant une odeur forte de labiées, mêlées d'une odeur empyreumatique; il se congèle en partie; il n'a pas d'action sur le papier de tournesol; avec le temps l'odeur de labiées se dissipe;

(C) *Un produit gazeux* formé de $0^{cc}4$ d'acide carbonique et de 20 centimètres cubes d'hydrogène percarburé.

ARTICLE 2.

DU CAPRATE DE STRONTIANE.

450. On neutralise l'eau de strontiane par l'acide caprique et l'on abandonne la solution à l'air libre. Préparation.

451. $0^{g}100$ de caprate de strontiane chauffés dans un creuset se sont fondus, ont noirci, ont exhalé une odeur légèrement aromatique mêlée d'une odeur d'huile empyreumatique. Le résidu a donné Composition.

0g 049 de sulfate de strontiane, qui représentent 0g 02762 de base; donc :

Acide......	72,38	100	
Strontiane..	27,62	38,	qui contiennent 5,77 d'oxygène.

Action de l'eau. 452. A la température de 18 degrés, 100 parties d'eau ont dissous 0,5 partie de caprate de strontiane.

CHAPITRE VIII.

DE L'ACIDE HIRCIQUE.

453. La quantité d'acide hircique que j'ai pu examiner était si petite, que mes expériences ont été très bornées. Les propriétés que j'ai reconnues à cet acide sont les suivantes :

454. A l'état d'hydrate il est incolore, encore liquide à zéro, plus léger que l'eau ; il a l'odeur de l'acide acétique et celle du bouc ; il est volatil.

Il est peu soluble dans l'eau.

Il est très soluble dans l'alcool.

Il rougit fortement la teinture de tournesol.

L'hirciate de potasse est déliquescent.

L'hirciate de baryte n'est pas très soluble dans l'eau.

L'hirciate d'ammoniaque a une odeur de bouc plus prononcée que celle de l'acide.

J'ai fait un seul essai pour déterminer la capacité de saturation de l'acide hircique, et j'ai opéré sur une si petite quantité de matière que je ne publierais pas le résultat de mon expérience, s'il était facile de se procurer quelques grammes de cet acide.

0g 015 d'hirciate de baryte sec ont été dissous sans effervescence par l'acide nitrique. Le nitrate de baryte a donné 0g 010 de sulfate, qui représentent 0g 006563 de base ; donc :

Acide hircique..	100
Baryte........	77,79, qui contiennent 8,129 d'oxygène.

CHAPITRE IX.

DE LA CHOLESTÉRINE.

§ 1. COMPOSITION.

455

	En poids.		En volume.
Oxygène	3,025	100	1.00
Carbone	85,095	2813	36,77
Hydrogène	11,880	392,7	63,03

§ 2. PROPRIÉTÉS PHYSIQUES.

456. Elle est solide jusqu'à la température de 137 degrés, où elle m'a paru se fondre. Quand elle est liquide, si on la laisse refroidir lentement, elle cristallise en lames rayonnées. On l'obtient aussi sous la forme d'écailles très brillantes lorsqu'elle se sépare lentement d'une dissolution alcoolique.

457. A une température voisine de 360 degrés, elle se vaporise dans le vide sans décomposition.

458. Elle est insipide, inodore ou presque inodore.

§ 3. PROPRIÉTÉS CHIMIQUES QU'ON OBSERVE SANS QUE LA CHOLESTÉRINE SOIT ALTÉRÉE.

459. Elle est insoluble dans l'eau.

460. 100 parties d'alcool d'une densité de 0,816 bouillant ont dissous 18 parties de cholestérine.

100 parties d'alcool d'une densité de 0,840 bouillant en ont dissous 11,24.

Les solutions alcooliques en se refroidissant déposent la plus grande partie de la cholestérine, sous la forme d'écailles brillantes.

461. La cholestérine n'a aucune action sur le tournesol et sur l'hématine. Aux réactifs colorés elle n'est donc ni acide ni alcaline.

462. Elle ne dégage pas d'eau quand on la chauffe doucement avec du massicot.

463. La cholestérine traitée par l'eau de potasse bouillante pendant au moins cent heures n'éprouve aucune altération : c'est ce que l'expérience suivante prouve. On met dans un matras de 2 litres de capacité 1 gramme de cholestérine avec 30 grammes d'eau tenant 1 gramme de potasse en dissolution; on fait bouillir pendant vingt-quatre heures, en ayant soin de remplacer l'eau qui se vaporise. La liqueur mousse beaucoup par l'agitation; quelques flocons jaunes s'en séparent par le repos, mais presque toute la cholestérine conserve son apparence cristalline. On ajoute 4 grammes de potasse; on continue de faire bouillir pendant quinze jours au moins six à sept heures chaque jour. Après ce temps, il y a un *dépôt en partie gélatineux;* on étend d'eau et on filtre. La liqueur filtrée, concentrée, se prend en gelée par la concentration et le refroidissement; cette gelée est un siliciate de potasse. La silice provient du verre du ballon. L'eau mère de cette gelée, concentrée à plusieurs reprises et refroidie chaque fois jusqu'à ce qu'elle cesse de se troubler, ne dépose que quelques

centigrammes de silice colorée en jaune quand on la neutralise par l'acide hydrochlorique. La liqueur, filtrée et évaporée à siccité, laisse une matière qui ne cède à l'alcool que des traces d'une substance jaune soluble dans l'eau, et d'une matière huileuse orangée qui provient de quelques atomes de cholestérine altérés par l'action de l'air et de la chaleur. Ce qui n'est pas dissous est du chlorure de potassium pur. Quant au *dépôt en partie gélatineux*, on trouve, après l'avoir lavé et desséché, qu'il est formé de silice colorée en rose par de l'oxyde de fer, et de cholestérine qu'on peut en séparer au moyen de l'alcool bouillant. Cette cholestérine se dépose par le refroidissement sous la forme d'écailles brillantes, nacrées, fusibles à 137 degrés, qui, redissoutes de nouveau dans l'alcool, n'ont aucune action sur le tournesol et l'hématine, et qui ne laissent pas de résidu après la combustion. Ce résultat est conforme à celui de M. Powel, et contraire à ceux de Fourcroy et de M. Bostock, qui ont considéré la cholestérine comme une substance saponifiable.

§ 4. PROPRIÉTÉS CHIMIQUES QU'ON OBSERVE DANS DES CIRCONSTANCES OÙ LA CHOLESTÉRINE EST ALTÉRÉE.

Action de la chaleur et de l'air.

464. 2 grammes de cholestérine chauffés dans une cornue de verre se fondent, exhalent une légère vapeur, puis entrent en ébullition. La cholestérine se colore en jaune, puis en brun; elle ne laisse qu'une trace de charbon. Presque tout le produit de la distillation est liquide et d'apparence huileuse; il ne rougit pas le papier de tournesol et il ne contient pas d'ammoniaque. La portion qui a distillé d'abord est incolore; celle qui a distillé à la fin de l'opération est colorée en jaune roux. Ce produit se compose d'une portion de cholestérine non altérée et d'une huile empyreumatique qui tient la cholestérine à l'état liquide.

465. La cholestérine, chauffée suffisamment avec le contact de l'air, s'enflamme à la manière de la cire.

466. $0^{g}2$ de cholestérine en paillettes ne sont pas plus tôt mis en contact dans un tube de verre de $0^{m}01$ de diamètre intérieur, avec 2 grammes d'acide sulfurique à la température de 27 degrés, qu'ils deviennent d'un orangé rouge; les paillettes se soudent bientôt les unes aux autres, et après deux heures elles sont réunies à la surface de l'acide en une matière d'un brun rouge, d'aspect bitumineux. A cette époque, il y a un dégagement d'acide sulfureux sensible à l'odorat, et l'acide sulfurique est coloré en jaune brun. La coloration subite de la cholestérine par l'acide sulfurique la distingue des acides stéarique, margarique et oléique, ainsi que de la cétine. Après un contact de huit jours, le liquide est d'un rouge noir et la matière, d'aspect bitumineux, est réduite en une masse visqueuse noire. La cholestérine est de toutes les espèces de corps gras celle qui produit le plus d'acide sulfureux à froid. En chauffant les matières à 100 degrés pendant une heure, il s'en dégage de l'acide sulfureux sans effervescence, qui est mêlé certainement d'acide hydrosulfurique. Au-dessus de 100 degrés, il y a effervescence et carbonisation de la cholestérine.

Action de l'acide sulfurique à 66 degrés avec le contact de l'air.

467. 2 grammes de cholestérine, chauffés avec 200 grammes d'acide nitrique marquant 32 degrés à l'aréomètre, produisent assez promptement de la vapeur nitreuse; la cholestérine se ramollit, jaunit, puis se convertit en une substance liquide jaune. En opérant comme il est dit (46), on obtient un résidu jaune, astringent et amer, pesant $1^{g}637$, que l'on réduit en *extrait aqueux* A et en *extrait alcoolique* B.

Action de l'acide nitrique.

468. Évaporé au bain-marie, il laisse une matière sirupeuse jaune,

A. Extrait aqueux.

d'une saveur acide, amère et astringente, qui précipite fortement la gélatine et l'acétate de plomb.

469. Le *précipité* qu'elle forme avec ce dernier est jaune foncé. Séché et distillé dans un tube plein de mercure parfaitement purgé d'air, il donne un peu d'eau et d'huile odorante, et pour 0g5, 43,1 centimètres cubes d'un produit gazeux formé de :

Acide carbonique	36,50
Gaz azote	0,90
Gaz hydrogène carburé	1,87
Gaz hydrogène	3,83

470. Ce précipité, distillé dans un tube avec le contact de l'air, donne un produit aromatique ammoniacal.

471. Lorsqu'on le décompose par l'acide hydrosulfurique, après l'avoir délayé dans l'eau, on obtient une liqueur qui, étant évaporée, laisse une substance jaune, acide, légèrement astringente au goût, dont la solution ne précipite que très légèrement la gélatine.

472. Le liquide d'où le précipité de plomb s'est séparé, évaporé, donne un *second précipité jaune*, dont la couleur est plus franche que celle du premier.

473. La liqueur d'où le second précipité s'est séparé, passée à l'acide hydrosulfurique, puis filtrée et évaporée, ne donne qu'une trace d'une substance jaune, astringente, qui m'a paru analogue à celle que le sel de plomb avait précipitée.

474. Évaporé à siccité, il laisse 0g 15 d'une matière jaune transparente ayant l'aspect d'un vernis. Cette matière est soluble dans l'alcool; en y versant de l'eau et faisant chauffer, il se sépare une *substance résinoïde orangée*, soluble dans l'eau de potasse, et l'on obtient une solution aqueuse d'une *substance qui est moins astringente que la matière de l'extrait* A (468). *B.* Extrait alcoolique.

475. Il est probable que si l'action de l'acide nitrique était suffisamment prolongée, toute la substance résinoïde se convertirait en substance soluble.

§ 5. PRÉPARATION.

476. Il suffit de dissoudre dans l'alcool bouillant des calculs biliaires humains de cholestérine préalablement lavée avec de l'eau, de filtrer la solution alcoolique chaude, pour obtenir ensuite, lorsque la liqueur refroidit, la cholestérine cristallisée : il ne s'agit plus que de filtrer, de passer de l'alcool froid sur la matière restée sur le filtre, puis de la faire sécher. Si les cristaux étaient colorés, il faudrait les dissoudre de nouveau dans l'alcool bouillant.

§ 6. NOMENCLATURE.

477. De *χολή* et *σ7ερεά* « bile solide ».

§ 7. HISTOIRE.

478. Poulletier de la Salle a obtenu le premier la cholestérine en traitant des calculs biliaires humains par l'alcool bouillant. Fourcroy a rapproché cette substance d'une matière grasse qu'il obtint en 1785 d'un foie humain qui s'était décomposé spontanément à l'air libre, et d'une autre matière grasse qu'il obtint en 1786 de cadavres

qui avaient été enfouis dans la terre. Il a considéré ces trois substances ainsi que la cétine comme une même espèce de corps qu'il a appelée *adipocire*. Dans un mémoire que je présentai à l'Institut, le 19 septembre 1814, je fis voir que la cholestérine est essentiellement différente de la cétine et de la matière grasse des cadavres, et je caractérisai ces trois substances par la manière très diverse dont chacune se comporte avec la potasse. (Voir livre IV, chapitre IV.)

CHAPITRE X.

DE L'ÉTHAL.

§ 1. COMPOSITION.

479.

	EN POIDS.		EN VOLUME.
Oxygène	6,2888	100	1
Carbone	79,7660	1268,40	16,60
Hydrogène	13,9452	221,74	35,54

CE QUI ÉQUIVAUT À

Hydrogène percarburé	92,925	100	16,6	16,6 carbone. 33,2 hydrogène.
Eau	7,075	7,61	2,00	1 oxygène. 2 hydrogène.

480. La composition de l'éthal est sans doute remarquable, non seulement parce qu'elle peut être représentée par de l'hydrogène percarburé plus de l'eau, mais encore parce que la proportion de ces deux composés qui la représentent paraît être elle-même en rapport simple avec les proportions d'hydrogène percarburé et d'eau qui représentent la composition de l'alcool et de l'éther. En effet, 100 parties d'hydrogène percarburé en poids étant unies à 63,23 d'eau dans l'alcool, à 31,61 dans l'éther et à 7,61 dans l'éthal, on voit que ces proportions sont entre elles à très peu près comme les nombres 8, 4, 1.

§ 2. PROPRIÉTÉS PHYSIQUES.

481. Il est incolore, il a la demi-transparence de la cire, il est solide à la température ordinaire. Lorsqu'on le fond avec de l'eau et qu'on plonge un thermomètre dans le mélange, le thermomètre marque 50 degrés, et remonte à 51°,5 quand la congélation s'opère; mais quand on fond l'éthal sans eau, le thermomètre indique 48 degrés au moment de la congélation. Refroidi lentement, l'éthal cristallise en petites lames brillantes, et l'on aperçoit quelquefois à sa surface des aiguilles radiées. Il se volatilise à une température qui est sensiblement inférieure à celle nécessaire pour volatiliser les corps gras non acides; on en a la preuve lorsqu'on saponifie de la cétine par la potasse dans une capsule de porcelaine au-dessus de laquelle on a placé un entonnoir de verre : en portant la température jusqu'à faire bouillir le liquide, les parois de l'entonnoir se recouvrent d'une matière blanche qui est de l'éthal. Enfin, en chauffant l'éthal sur un bain de sable dans une petite capsule, on peut le volatiliser en totalité.

482. L'éthal est inodore ou presque inodore et insipide.

§ 3. PROPRIÉTÉS CHIMIQUES QU'ON OBSERVE SANS QUE L'ÉTHAL SOIT ALTÉRÉ.

483. L'alcool d'une densité de 0,812 le dissout en toutes proportions à la température de 54 degrés; lorsque l'éthal se dépose lentement de sa dissolution, il cristallise en petites lames qui sont brillantes, mais moins que la cétine. Sa solution n'a aucune action sur le tournesol bleu, sur le tournesol rouge et sur l'hématine, lors même qu'on y ajoute une quantité d'eau telle que la précipitation de l'éthal n'a pas lieu.

484. Il ne dégage pas d'eau quand on le chauffe avec le massicot.

485. L'éthal plongé dans l'eau froide ne s'y dissout pas; le seul effet qu'il éprouve est de devenir légèrement blanc à sa surface, ce qui est dû probablement à un peu d'eau interposée; si on le retire du liquide et si on l'expose un moment au soleil, il reprend son premier aspect, et alors il ne laisse dégager aucune trace de vapeur d'eau lorsqu'on le fond dans un tube de verre fermé à un bout.

486. L'éthal chauffé dans de l'eau pure et dans de l'eau alcalisée n'éprouve aucune espèce de changement; et quand on a lavé plusieurs fois celui qui a été digéré dans l'eau alcaline, on le trouve absolument exempt de potasse, d'où il suit que l'éthal n'est pas susceptible de se combiner avec cette base.

487. Si l'action de l'eau de potasse est nulle sur l'éthal pur, il n'en est pas de même lorsque l'*éthal est uni avec une très faible quantité d'une combinaison d'acide margarique et d'acide oléique fusible à 20 degrés environ* : c'est ce que j'ai eu l'occasion d'observer dans les circonstances suivantes. J'ai pris de l'éthal qui retenait un peu d'acide margarique et d'acide oléique, je l'ai fait digérer dans de l'eau avec son poids de potasse et j'ai fini par obtenir une *matière savonneuse flexible, légèrement citrine*, qui se fondait entre 64 et 60 degrés, après avoir été séparée de l'eau alcaline où elle avait digéré. Je vais en faire connaître les propriétés; je la désignerai sous le nom de *matière savonneuse flexible*.

488. 0g500 de *matière savonneuse flexible*, qui avait été préalablement agitée dans l'eau, puis pressée fortement entre des papiers, et enfin fondue, ont été traités par l'acide hydrochlorique. On a Matière savonneuse flexible.

obtenu $0^g 047$ de chlorure de potassium, qui représentent $0^g 0297$ de potasse et $0^g 400$ d'éthal uni à une petite quantité d'acides margarique et oléique; cet éthal se fondait à 50 degrés; donc :

Éthal	400	100
Potasse	30	7.5

489. $0^g 500$ de *matière savonneuse flexible*, mis avec 20 grammes d'eau, ont perdu leur demi-transparence et leur légère couleur citrine; en absorbant ce liquide, ils sont devenus blanc de lait. Après une macération de trois heures, on a fait bouillir; il s'est produit une émulsion parfaite qui, ayant été concentrée à la moitié de son volume, s'est recouverte de gouttelettes jaunâtres, d'apparence huileuse, lesquelles par le refroidissement se sont figées, ont absorbé de l'eau et ont formé un liquide épais, blanc, mucilagineux. On a étendu cette matière d'une grande quantité d'eau et on l'a jetée sur un filtre où on a lavé la matière insoluble, jusqu'à ce que le lavage n'ait plus eu d'action sur l'hématine.

Lavages.

490. Les lavages contenaient un peu de savon d'acides margarique et oléique; mais cette quantité était si petite, qu'on ne put obtenir ces acides réunis en globules après avoir ajouté de l'acide hydrochlorique aux lavages concentrés.

Matière lavée.

491. La matière lavée ressemblait à de la gelée d'hydrate d'alumine; chauffée doucement dans une petite capsule de platine, elle s'est changée en un liquide laiteux et mobile, qui s'est recouvert bientôt de gouttes huileuses jaunes. La matière retirée du feu s'est prise en un mucilage opaque par le refroidissement. Enfin, ayant

chassé toute l'eau du mucilage, on a obtenu une matière qui, étant fondue, ressemblait à une huile jaune; elle était formée de :

Matière grasse très légèrement acide au tournesol..	100
Potasse	0,63

492. Il suit de ce qui précède : 1° que l'eau a enlevé à la *matière savonneuse flexible* une grande partie de sa potasse et un peu d'acides margarique et oléique; 2° que la *matière lavée* avait encore la faculté de faire un mucilage avec l'eau, quoiqu'elle ne contînt que très peu de potasse.

493. Si l'on traite la *matière lavée* par l'acide hydrochlorique pour la dépouiller de la totalité de son alcali, on obtient une substance qui ne fait pas de mucilage avec l'eau; elle blanchit simplement; mais si l'on y ajoute quelques gouttes d'eau de potasse, sur-le-champ le mucilage est produit. Si l'alcali est en excès, le mucilage n'est point homogène, il est grumeleux, parce que l'eau alcaline trop forte ne peut pas s'y interposer aussi bien que celle qui est faible. Cet effet est analogue à celui que présente une solution alcaline qui ne dissout pas le savon quand elle a un certain degré de concentration.

494. Il est inutile d'ajouter que quand on a neutralisé par l'eau de baryte les acides margarique et oléique qui sont unis à l'éthal, on peut, en appliquant l'alcool d'une densité de 0,791 au résidu desséché, obtenir l'éthal parfaitement pur.

495. 60 parties d'une combinaison d'acide margarique et d'acide oléique fusible à 45 degrés, unies à 40 parties d'éthal, forment un composé qui se fond de 43 à 44 degrés.

§ 4. PROPRIÉTÉS CHIMIQUES QU'ON OBSERVE DANS DES CIRCONSTANCES OÙ L'ÉTHAL EST ALTÉRÉ.

496. L'éthal suffisamment chauffé avec le contact de l'air brûle comme la cire.

Action de l'acide sulfurique à 66 degrés sur l'éthal, avec le contact de l'air.

497. $0^{g}2$ d'éthal ont été mis dans un tube de verre de $0^{m}01$ de diamètre intérieur avec 2 grammes d'acide sulfurique, à la température de 18 degrés. Après cinq minutes de contact, l'éthal est toujours blanc. Après deux heures, il est très légèrement roux et il n'y a pas ou il n'y a qu'extrêmement peu de gaz sulfureux développé; l'acide n'est pas coloré. Après vingt-quatre heures, l'éthal a éprouvé un commencement de ramollissement; l'acide est légèrement citrin. Après huit jours, l'éthal n'est pas dissous; il forme une couche solide à la surface de l'acide, d'un blanc tirant sur le roux; les parties de cette couche qui sont en contact avec l'air ont une couleur pourpre : il n'y a pas d'acide sulfureux sensible au papier de tournesol; l'acide sulfurique est citrin et légèrement opaque dans la couche qui touche l'éthal.

498. A 100 degrés, l'éthal se fond et se colore fortement en rouge brun; du gaz sulfureux se dégage; la plus grande partie de l'éthal n'est pas dissoute : l'acide sulfurique n'est que très légèrement coloré. En cela l'éthal se comporte bien différemment de l'acide stéarique, de l'acide oléique, de la stéarine et de l'oléine.

499. A une température supérieure à 100 degrés, l'éthal noircit sans se mêler à l'acide sulfurique; il se dégage du gaz sulfureux, mêlé, je crois, d'acide hydrosulfurique.

500. 2 grammes d'éthal et 200 grammes d'acide nitrique marquant 32 degrés à l'aréomètre n'ont pas d'action à froid. Si l'on chauffe les matières, on observe, après une heure, qu'il s'est produit beaucoup d'acide nitreux. En opérant comme il est dit (46), on obtient un résidu pesant 1g735, presque incolore, acide, en partie cristallisé, que l'on réduit en *extrait aqueux* A et en *extrait alcoolique* B. Action de l'acide nitrique.

501. Il donne des *cristaux acides* et une eau mère qui n'est que très légèrement colorée en jaune : elle n'est point astringente et ne précipite pas l'eau de chaux. *A.* Extrait aqueux.

502. Ils sont semblables aux *cristaux acides* préparés avec l'acide stéarique (48). Cristaux acides.

503. Évaporé à siccité, il laisse un résidu de 0g085; si on le reprend par l'alcool et si on mêle la solution à l'eau, on obtient une *huile* qui n'est qu'en très petite quantité, et un *liquide aqueux*. *B.* Extrait alcoolique.

504. Elle a une saveur légèrement amère : elle me paraît d'ailleurs analogue à l'huile de l'acide stéarique (51); elle se comporte comme cette dernière avec le papier de tournesol. Huile.

505. Il contient les mêmes substances que l'extrait A. Liquide aqueux.

506. Quand on compare l'alcool, l'éther et l'éthal entre eux, on voit les caractères des corps gras diminuer dans ces composés, à partir de celui qui contient le moins d'eau. Ainsi l'éthal est tout à fait insoluble dans ce liquide; il est volatil comme une espèce de cire: Considérations sur l'éthal.

il est très inflammable. L'éther sulfurique, par sa légère solubilité dans l'eau, s'éloigne déjà des corps gras. Enfin l'alcool, moins inflammable que l'éther, peut s'unir à l'eau en toutes proportions; et il est remarquable que, par cette union, il perd de son affinité pour les substances grasses, qu'il dissout en grande quantité quand il est déflegmé, en même temps qu'il devient susceptible de dissoudre des matières très solubles dans l'eau, comme le sucre, sur lesquelles il n'a pas ou que très peu d'action lorsqu'il est concentré.

§ 5. PRÉPARATION.

507. (Voir livre III, chapitre II.)

§ 6. NOMENCLATURE.

508. J'ai formé le nom d'*éthal* avec les deux premières syllabes des mots *éther* et *alcool*, d'après l'analogie de composition qui existe entre les trois substances.

§ 7. HISTOIRE.

509. Je parlai le premier de l'éthal, dans un mémoire lu à l'Institut le 26 février 1818.

CHAPITRE XI.

DE LA CÉTINE.

§ 1. COMPOSITION.

510.

	EN POIDS.		EN VOLUME.
Oxygène	5,478	100	1
Carbone	81,660	1490.7	19,48
Hydrogène	12,862	234,8	37,70

§ 2. PROPRIÉTÉS PHYSIQUES.

511. Elle se fond à 49 degrés; par le refroidissement, elle se prend en une masse incolore, lamelleuse, brillante. A une température voisine de 360 degrés, elle se volatilise sans décomposition; elle a une très légère odeur; elle est insipide.

§ 3. PROPRIÉTÉS CHIMIQUES QU'ON OBSERVE SANS QUE LA CÉTINE SOIT ALTÉRÉE.

512. Elle est insoluble dans l'eau.

513. 100 parties d'alcool d'une densité de 0,821 bouillant dissolvent 2,5 parties de cétine. La solution dépose, en refroidissant, une grande partie de cétine sous la forme de cristaux lamelleux, brillants et nacrés.

514. La cétine n'a aucune action sur les teintures de tournesol et d'hématine.

§ 4. PROPRIÉTÉS CHIMIQUES QU'ON OBSERVE DANS DES CIRCONSTANCES OÙ LA CÉTINE EST ALTÉRÉE.

Action de la potasse sur la cétine.

515. La potasse, en réagissant sur la cétine à la température de 50 à 90 degrés, la convertit en éthal et en acides margarique et oléique. (Voir pour le détail de l'opération le paragraphe 2 du chapitre II du livre III.)

Action de la potasse, du margarate de potasse, dissous dans l'eau, sur la cétine.

516. On prend 11 grammes d'acide margarique fusible à 54 degrés, 7 grammes de cétine fusible à 48 degrés; on les met dans un ballon de verre d'une capacité de 13 décilitres; on ajoute 16 grammes d'eau et 18 grammes de potasse à l'alcool; on fait chauffer : les matières forment un magma gélatineux; on verse sur le magma 100 grammes d'eau et l'on fait bouillir pendant une demi-heure; on laisse macérer les matières pendant deux jours, puis on fait digérer pendant deux heures. Le liquide ne devient pas transparent; on ajoute 300 grammes d'eau et l'on fait bouillir pendant quelques minutes; enfin l'on plonge un thermomètre dans le ballon et l'on observe pendant le refroidissement les phénomènes que je vais décrire. A 100 degrés, le liquide est laiteux, sans pourtant présenter de flocons; à 66 degrés, il commence à s'éclaircir sensiblement et alors on aperçoit dans l'intérieur des flocons demi-transparents. A 60 degrés, il est si limpide, que si l'on place sous le ballon un livre dont les caractères sont en *petit texte*, on les lit sans peine. Le liquide conserve sa transparence jusqu'à 56 degrés; mais à partir de ce terme, il commence à la perdre peu à peu. A 54 degrés, la lecture est moins facile qu'à 56 degrés; à 52 degrés, elle est difficile; à 50 degrés, elle est absolument impossible; on distingue à peine le noir des caractères du blanc du papier. Ensuite des flocons blancs se

produisent dans les parties qui se refroidissent le plus, et à 46 degrés, la liqueur blanche est si visqueuse, qu'elle semble ne former qu'une gelée nacrée. A 45 degrés, elle est tout à fait opaque; enfin, à mesure qu'elle se refroidit davantage, elle perd de sa viscosité; et ce qu'il y a de remarquable, c'est que si on l'abandonne à elle-même pendant plusieurs jours, il se produit une masse solide, nageant dans un liquide parfaitement transparent, ainsi que cela arrive au sang.

517. Dans l'expérience que je viens de rapporter, toute la cétine n'avait pas éprouvé le changement dont elle est susceptible quand elle est soumise à l'action de la potasse; car le poids de la graisse acide était au poids de la graisse non acide : : 474 : 526, au lieu du rapport de 60 : 40, qui est celui que j'ai eu pour les produits de la cétine traitée directement par la potasse[1].

518. Je ferai plusieurs remarques au sujet des résultats précédents :

1° Il n'est pas nécessaire que toute la cétine mise en contact avec de la potasse et du margarate de potasse soit saponifiée pour qu'on observe les phénomènes dont j'ai parlé (516), et j'ajouterai qu'ils se sont manifestés dans une expérience où la cétine avait donné 37,87 de graisse acide et 62,13 de graisse non acide[2]; mais dans cette

[1] En traitant de nouveau la graisse non acide par la potasse, j'en ai acidifié une portion, et en réunissant la graisse acide produite dans cette expérience avec celle qui l'avait été dans la précédente, le rapport a été celui de 59,9 : 40,1 : la graisse non acide était de l'éthal pur.

[2] La cétine dont on s'est servi était fusible à 44 degrés, et l'acide margarique provenait de la graisse de bœuf; il était fusible à 57 degrés et contenait de l'acide stéarique.

expérience, le liquide n'a été transparent que depuis 59 degrés jusqu'à 57 degrés environ, tandis que dans la première, il l'avait été depuis 60 degrés jusqu'à 56 degrés.

2° La présence du margarate de potasse favorise beaucoup l'action de la potasse sur la cétine; car dans l'expérience décrite (516), le poids de la cétine acidifiée était de 3g095, tandis que dans une expérience faite comparativement avec celle-là, et absolument dans les mêmes circonstances, où l'on a exposé 7 grammes de cétine fusible à 48 degrés à l'action de 11 grammes de potasse dissous dans l'eau, sans margarate de potasse, le poids de la cétine acidifiée a été seulement de 0g576. S'il est permis de généraliser ce résultat, on voit que la présence d'un savon exerce une grande influence pour favoriser la saponification d'une matière grasse qui est en contact avec un alcali. Il est probable que cette influence vient de l'action qu'a le savon de suspendre ou de faire éprouver un commencement de dissolution à la matière grasse non saponifiée. Cette observation est applicable à l'art du savonnier.

3° Le phénomène de limpidité que présente la liqueur (516) dans un espace de température qui n'est guère que de 6 degrés est remarquable en ce qu'il peut faire espérer que les causes de plusieurs phénomènes que l'on observe dans les liquides des animaux vivants, et que l'on regarde généralement comme indépendants des forces physiques et chimiques, rentreront un jour dans le domaine de ces forces.

Action de la chaleur et de l'air.

519. 5 grammes de cétine ont été chauffés dans une cornue; la matière s'est fondue, a exhalé une vapeur qui s'est condensée en liquide jaunâtre dans le ballon adapté à la cornue; ce liquide s'est figé après la distillation en cristaux lamelleux qui pesaient environ

4g 5 et qui étaient fusibles à 23° 5. Il a passé ensuite une matière brune qui ne différait de la précédente que par sa couleur; elle pesait 0g 2. Il s'est produit en outre une eau acide et une huile empyreumatique; le charbon pesait 0g 05.

520. La cétine suffisamment chauffée avec le contact de l'air brûle comme la cire.

Action de l'acide sulfurique à 66 degrés avec le contact de l'air.

521. 0g 2 de cétine en petits morceaux mis dans un tube de verre de 0m 01 de diamètre intérieur, avec 2 grammes d'acide sulfurique, à la température de 27 degrés, sont dissous peu à peu. Après deux heures, la solution est complète; la liqueur est très légèrement citrine et visqueuse; elle exhale une odeur très légère d'acide sulfureux. Vingt-quatre heures après le contact, le liquide est partagé en deux couches : la couche supérieure fait environ les $\frac{2}{7}$ du volume total; elle est jaune orangé; la couche inférieure est jaune. Au bout de huit jours, la première couche est d'un rouge brun foncé, excepté la surface en contact avec l'air, qui est bleuâtre. On remarque encore que cette surface est celle d'une pellicule solide et que ce qui est au-dessous est liquide. L'atmosphère du tube contient une quantité d'acide sulfureux très sensible à l'odorat et au papier de tournesol. En tenant les matières exposées à une température de 100 degrés, peu à peu la première couche se change en charbon, et il y a une quantité notable de gaz acide sulfureux qui se dégage sans effervescence, avec un peu d'acide hydrosulfurique, à ce qu'il m'a paru. Au-dessus de 100 degrés, il y a une vive effervescence et la cétine est réduite en charbon.

Action de l'acide nitrique.

522. 2 grammes de cétine chauffés avec 200 grammes d'acide nitrique marquant 32 degrés à l'aréomètre exigent, pour être complè-

tement dissous, un temps beaucoup plus long que l'acide stéarique; en opérant comme il est dit (46), on obtient un résidu pesant 1g 82; il est incolore, visqueux, en partie cristallisé : on le réduit en *extrait aqueux* A et en *extrait alcoolique* B.

A. Extrait aqueux. 523. Il donne des *cristaux acides* et une eau mère légèrement colorée, qui n'est point astringente et qui ne précipite pas l'eau de chaux.

Cristaux acides. 524. Ils ne diffèrent pas des cristaux acides préparés avec l'acide stéarique (48).

B. Extrait alcoolique. 525. Évaporé à siccité, il pèse 0g 300. Il est comme cristallisé; dès qu'on y met de l'eau, il prend l'aspect d'une huile. Dans cet état, si on le dissout dans l'alcool et qu'on y ajoute de l'eau, on obtient une huile et un liquide aqueux.

Huile. 526. Elle est analogue à celle qu'on obtient avec l'acide stéarique; elle ne rougit pas le papier de tournesol sec et rougit ce papier humide; elle est soluble dans l'eau de potasse et forme des combinaisons insolubles avec la baryte et la chaux.

Liquide aqueux. 527. Il contient les mêmes substances que l'extrait A.

§ 5. PRÉPARATION.

528. (Voir livre III, chapitre II, paragraphe 1.)

§ 6. HISTOIRE ET NOMENCLATURE.

529. La cétine est connue depuis un très grand nombre d'années

dans le commerce sous le nom de *Sperma ceti*, *blanc de baleine*. Fourcroy l'a confondue avec la cholestérine et la substance grasse que donnent les cadavres enfouis dans la terre. Je distinguai ces substances l'une de l'autre en 1814, et je proposai en conséquence le nom de *cétine*, dérivé de κῆτος «baleine», pour désigner le *Sperma ceti*.

CHAPITRE XII.

STÉARINE DE LA GRAISSE DE MOUTON.

530. § 1. COMPOSITION.

	EN POIDS.		EN VOLUME.
Oxygène	9,454	100	1
Carbone	78,776	833,3	10,89
Hydrogène	11,770	124,5	19,98[1]

§ 2. PROPRIÉTÉS PHYSIQUES.

531. Elle est blanche, peu éclatante en comparaison de l'acide stéarique, de la cétine, de la cholestérine; elle se fige à 44 degrés. Refroidie lentement, elle cristallise en aiguilles extrêmement fines.

532. Dans le vide elle se volatilise sans décomposition. Elle est inodore quand elle n'a pas été exposée au contact de l'air.

§ 3. PROPRIÉTÉS CHIMIQUES QU'ON OBSERVE SANS QUE LA STÉARINE SOIT ALTÉRÉE.

533. 100 parties d'alcool d'une densité de 0,795 bouillant dissolvent 16 parties de stéarine. La solution dépose de petites aiguilles légères qui se réunissent en flocons.

534. Elle n'a aucune action sur les réactifs colorés.

[1] Elle avait été extraite par l'alcool. Je présume qu'elle retenait une très petite quantité de ce liquide.

§ 4. PROPRIÉTÉS CHIMIQUES QU'ON OBSERVE DANS DES CIRCONSTANCES OÙ LA STÉARINE EST ALTÉRÉE.

535. La potasse la réduit en glycérine et en acide stéarique, margarique et oléique, dont l'ensemble est fusible à 53 degrés. Ces acides se prennent par le refroidissement en petites aiguilles fines radiées.

536. Distillée avec le contact de l'air, une partie se volatilise sans altération et l'autre se réduit en acide carbonique, en hydrogène carburé, en un principe aromatique qui n'est pas acide, en huiles rousse et brune, en acides acétique et sébacique, en eau et en charbon.

537. La stéarine, chauffée avec le contact de l'air, brûle à la manière du suif.

538. On met 0g2 de stéarine de mouton dans un tube de verre de 0m01 de diamètre intérieur avec 2 grammes d'acide sulfurique. Au moment du contact, la stéarine jaunit; après deux heures, elle n'est pas dissoute; elle est plus fortement colorée; l'acide voisin de la stéarine est coloré en jaune; il y a une odeur sensible d'acide sulfureux. Après vingt-quatre heures, la stéarine paraît s'être ramollie; elle est plus colorée, ainsi que l'acide; il y a de l'acide sulfureux dans le tube. Après huit jours, la stéarine est réduite en une matière solide d'une seule masse qui recouvre l'acide sulfurique; la partie de la stéarine qui est en contact avec cet acide l'a colorée en jaune brun jusqu'à une certaine profondeur.

Action de l'acide sulfurique à 100 degrés avec le contact de l'air

Le papier de tournesol est à peine rougi par l'acide sulfureux qui se trouve dans le tube à l'état gazeux.

539. Lorsque le tube est exposé à 100 degrés, la stéarine se fond

et se dissout par l'agitation : il se dégage du gaz acide sulfureux sans effervescence; la solution devient d'un rouge orangé; elle est parfaitement limpide, mais visqueuse.

540. A une température supérieure à 100 degrés, il y a une vive effervescence, dégagement de gaz sulfureux, et la stéarine est réduite en charbon.

Action de l'acide nitrique.

541. 2 grammes de stéarine n'éprouvent à froid aucun changement de la part de 200 grammes d'acide nitrique marquant 32 degrés à l'aréomètre. En faisant chauffer, on observe au bout d'une heure qu'il ne s'est dégagé que très peu d'acide nitreux. En opérant comme il est dit (46), on obtient un résidu pesant $1^{g}83$, presque incolore, en partie cristallisé, qu'on réduit en *extrait aqueux* A et en *extrait alcoolique* B.

A. Extrait aqueux.

542. Il donne des *cristaux acides* et une eau mère jaune qui n'est point astringente et qui ne précipite pas l'eau de chaux.

Cristaux acides.

543. Ils sont semblables à ceux qu'on obtient de l'acide stéarique traité par l'acide nitrique, avec cette différence qu'ils forment avec la potasse un sel dont les cristaux en rosaces sont moins prononcés.

B. Extrait alcoolique.

544. Évaporé à siccité, il pèse $0^{g}27$. Si l'on redissout l'extrait dans l'alcool froid et si l'on ajoute de l'eau à la solution, on obtient : 1° une *huile* qui se rassemble en gouttes; 2° un *liquide aqueux.*

1° Huile.

545. Elle est jaune, sa saveur est amère et âcre; elle ne rougit pas le papier de tournesol sec, elle rougit celui qui est humide; elle

est très soluble dans l'eau de potasse; elle forme un composé insoluble avec l'eau de baryte, qui m'a paru susceptible de se dissoudre dans un excès d'eau de baryte.

546. Il contient les mêmes substances que l'extrait *B*. 2° Liquide aqueux.

§ 5. SIÈGE.

547. Elle existe dans les graisses de mouton, de bœuf et de porc.

§ 6. PRÉPARATION.

548. (Voir livre III, chapitre III.)

§ 7. NOMENCLATURE.

549. J'ai donné à cette substance le nom de *stéarine*, dérivé de σῖέαρ « suif », parce qu'elle est le principe immédiat le plus abondant de la graisse de mouton.

§ 8. HISTOIRE.

550. Je la découvris en 1813, mais la description n'en fut lue à l'Institut que le 4 avril 1814. (Voir *Oléine*, § 8.)

CHAPITRE XIII.

DE LA STÉARINE DE LA GRAISSE D'HOMME.

§ 1. COMPOSITION.

551. Elle a les plus grands rapports avec la stéarine de mouton; mais elle s'en distingue principalement en ce qu'elle donne par la saponification de l'acide margarique sans acide stéarique.

§ 2. PROPRIÉTÉS PHYSIQUES.

552. Elle est blanche, peu éclatante; un thermomètre qu'on y plonge descend à 41 degrés et remonte à 49 degrés; par le refroidissement, elle cristallise en très petites aiguilles, dont la masse est terminée par une surface plane.

§ 3. PROPRIÉTÉS CHIMIQUES QU'ON OBSERVE SANS QUE LA STÉARINE SOIT ALTÉRÉE.

553. 100 parties d'alcool d'une densité de 0,795 bouillant dissolvent 21,5 parties de stéarine. Par le refroidissement, beaucoup de stéarine se dépose sous forme de petites aiguilles.

§ 4. PROPRIÉTÉS CHIMIQUES QU'ON OBSERVE DANS DES CIRCONSTANCES OÙ LA STÉARINE EST ALTÉRÉE.

554. Elle se comporte comme la stéarine de mouton, lorsqu'on la distille ou qu'on la chauffe avec le contact de l'air.

555. La potasse la convertit en glycérine et en acides margarique et oléique, dont l'ensemble est fusible à 51 degrés et qui présente de petites aiguilles réunies en entonnoir.

§ 5. SIÈGE.

556. Elle existe dans la graisse d'homme.

CHAPITRE XIV.

DE L'OLÉINE[1].

§ 1. COMPOSITION.

Oléine de graisse humaine préparée à froid :

	EN POIDS.		EN VOLUME.	
Oxygène......	9,987	100	1	
Carbone......	78,566	786,7	10,28	10
Hydrogène....	11,447	114,6	18,39	17,89

§ 2. PROPRIÉTÉS PHYSIQUES.

557. Elle est incolore, elle a l'aspect d'une huile. A 4 degrés au-dessous de zéro, elle est encore liquide, et ce n'est qu'à plusieurs degrés au-dessous de cette température qu'elle commence à se congeler en une masse formée d'aiguilles. Dans le vide, elle se volatilise sans décomposition. Sa densité est de 0,913 à la température de 15 degrés.

[1] Oléine de graisse de porc extraite par l'alcool :

	EN POIDS.		EN VOLUME.	
Oxygène....................	9,548	100	1	
Carbone....................	79,030	827,7	10,81	10
Hydrogène..................	11,422	119,6	19,17	17,73

Oléine de graisse de mouton extraite par l'alcool :

	EN POIDS.		EN VOLUME.	
Oxygène....................	9,556	100	1	
Carbone....................	79,354	830,41	10,85	10
Hydrogène..................	11,090	116,05	18,60	17,14

558. Elle est inodore ou presque inodore; elle a une saveur douceâtre qui n'est pas désagréable quand elle est fraîche.

§ 3. PROPRIÉTÉS CHIMIQUES QU'ON OBSERVE SANS QUE L'OLÉINE SOIT ALTÉRÉE.

559. 100 parties d'alcool d'une densité de 0,816 bouillant dissolvent 3,2 parties d'oléine. La solution par le refroidissement laisse déposer une portion d'oléine.

560. L'oléine n'a absolument aucune action sur les réactifs colorés; elle ne neutralise pas les bases alcalines.

§ 4. PROPRIÉTÉS CHIMIQUES QU'ON OBSERVE DANS DES CIRCONSTANCES OÙ L'OLÉINE EST ALTÉRÉE.

561. Quand on la chauffe avec le contact de l'air, soit dans une cornue, soit au milieu de l'atmosphère, elle se comporte à peu près comme les stéarines.

562. La potasse convertit l'oléine en glycérine et en acides margarique et oléique. La glycérine est plus abondante que celle qu'on retire des stéarines; c'est le contraire pour les acides gras, et la combinaison de ces acides, au lieu d'être fusible à 51 ou 53 degrés, comme les combinaisons qu'on obtient des stéarines, est fusible à 34°,5; cela est dû à ce que l'acide oléique se trouve dans la première combinaison dans une proportion plus forte que dans les secondes.

563. On met $0^{g}2$ d'oléine d'homme dans un tube de $0^{m}01$ de diamètre intérieur avec 2 grammes d'acide sulfurique à la température de 18 degrés. Au moment du contact, l'oléine se colore en rouge

Action de l'acide sulfurique à 66 degrés sur l'oléine avec le contact de l'air.

orangé. Après deux heures, l'oléine forme une couche rousse à la surface de l'acide, et une partie est dissoute, car l'acide est coloré. Par l'agitation, les deux couches se mêlent et paraissent se dissoudre: les matières ont une odeur sensible d'acide sulfureux. Après vingt-quatre heures, le liquide est rouge orangé et paraît homogène : il s'est développé plus d'acide sulfureux que dans le traitement de la stéarine par l'acide sulfurique (538). Après huit jours, la couleur est plus foncée, et s'il y a quelques gouttelettes dans l'atmosphère du tube, elles sont colorées en pourpre : il s'est développé une quantité d'acide sulfureux très sensible au papier de tournesol.

564. Quand on expose le tube à 100 degrés, la solution se fonce un peu en couleur; elle ressemble d'ailleurs à la solution sulfurique de la stéarine de mouton, si ce n'est qu'elle est un peu plus foncée, qu'elle exhale plus de gaz sulfureux sans effervescence et qu'elle est moins visqueuse.

565. A une température supérieure à 100 degrés, il y a une vive effervescence, dégagement d'acides sulfureux et hydrosulfurique, et l'oléine est réduite en charbon.

Action de l'acide nitrique.

566. 2 grammes d'oléine humaine n'éprouvent à froid aucune altération sensible de la part de 200 grammes d'acide nitrique marquant 32 degrés à l'aréomètre : après une macération de quinze heures, si l'on fait chauffer, on observe au bout d'une heure qu'il s'est développé beaucoup d'acide nitreux. En opérant comme il est dit (46), on obtient un résidu pesant $1^{g}7$ légèrement jaune, qu'on réduit en *extrait aqueux* A et en *extrait alcoolique* B.

567. Il donne des *cristaux acides* et une eau mère jaune, qui n'est pas astringente et qui ne précipite pas l'eau de chaux. A. Extrait aqueux.

568. Ils sont semblables à ceux qu'on obtient avec l'acide stéarique (48). Cristaux acides.

569. Évaporé à siccité, il laisse 0g017 de résidu. Si on le redissout dans l'alcool froid et qu'on ajoute de l'eau, on obtient une *huile* et un *liquide aqueux*. B. Extrait alcoolique.

570. Elle me paraît analogue à l'huile qu'on obtient avec l'acide stéarique; elle est amère, jaune, rougit le papier de tournesol; elle est soluble dans l'alcool et l'eau de potasse. 1. Huile.

571. Il contient les mêmes substances que l'extrait aqueux A. 2. Liquide aqueux.

§ 5. SIÈGE.

572. Elle existe dans les graisses d'homme, de porc, de jaguar, d'oie, etc.

§ 6. PRÉPARATION.

573. (Voir livre III, chapitre III.)

§ 7. NOMENCLATURE.

574. *Oléine* vient d'*oleum* « huile ». Je lui ai donné ce nom à cause de son état liquide à la température ordinaire, et, comme je l'ai dit (7), c'est cet état qui caractérisait l'huile avant mon travail. Je l'avais d'abord nommée *élaïne*.

§ 8. HISTOIRE.

575. Je la découvris en 1813, mais la description n'en fut lue à

l'Institut que le 4 avril 1814. Le 19 septembre de la même année, j'annonçai que l'oléine et la stéarine existent dans les graisses d'homme, de femme, de mouton, de bœuf et dans le beurre de vache, et que dans ce dernier il y a en outre un principe odorant extrêmement remarquable. J'annonçai la même année à la Société philomathique que j'avais séparé deux substances de l'huile d'olive, de fusibilité différente, au moyen du froid et de l'imbibition du papier.

CHAPITRE XV.

DE LA PHOCÉNINE.

§ 1. PROPRIÉTÉS PHYSIQUES.

576. A 17 degrés, elle est très fluide. Elle a une densité de 0,954.

Elle exhale une très légère odeur qu'on ne peut définir; cependant un odorat exercé y reconnaît quelque chose d'éthéré et de l'acide phocénique.

§ 2. PROPRIÉTÉS CHIMIQUES.

577. Elle est neutre aux réactifs colorés.

578. L'alcool la dissout en grande quantité quand il est bouillant. La solution très étendue d'alcool, distillée, laisse une phocénine qui rougit le tournesol; mais la quantité d'acide mis à nu est très petite, ainsi qu'on peut s'en convaincre en traitant la phocénine par la magnésie.

579. 100 parties de phocénine traitées par la potasse ont donné :

Acide phocénique sec	32.82
Glycérine	15.00
Acide oléique hydraté	59.00

§ 3. PRÉPARATION.

580. (Voir livre IV, chapitre III.)

§ 4. NOMENCLATURE.

581. *Phocénine* est dérivé de *phocœna* « marsouin ».

§ 5. HISTOIRE.

582. J'en parlai dans un mémoire lu à l'Institut le 26 février 1818.

CHAPITRE XVI.

DE LA BUTYRINE.

§ 1. PROPRIÉTÉS PHYSIQUES.

583. A 19 degrés, elle est très fluide et sa densité est de 0,908. Elle est presque toujours colorée en jaune, mais la couleur ne lui est pas essentielle : il y a des beurres qui donnent de la butyrine presque incolore. Elle a une odeur de beurre chaud. Elle ne paraît guère se congeler qu'à zéro.

§ 2. PROPRIÉTÉS CHIMIQUES.

584. Elle n'a absolument aucune action sur les réactifs colorés.

585. L'eau ne la dissout pas.

586. L'alcool d'une densité de 0,822 bouillant la dissout en toutes proportions; la solution de 20 parties de butyrine dans 100 parties d'alcool bouillant m'a paru se troubler par le refroidissement, tandis que celle de 120 parties de butyrine dans 100 parties d'alcool est restée transparente; vraisemblablement cette dernière liqueur est une dissolution d'alcool dans la butyrine.

587. Lorsqu'on distille une dissolution alcoolique peu chargée de butyrine, cette substance devient acide : et si on la fait digérer avec un

lait de sous-carbonate de magnésie, après l'avoir séparée de l'alcool qui n'a pas distillé, on ne trouve dans l'eau que des traces de butyrate de magnésie, ce qui prouve que la quantité d'acide mise à nu est très faible; après ce traitement, la butyrine n'a plus d'action sur le tournesol, et quand on l'incinère, elle ne laisse pas sensiblement de résidu.

588. La butyrine se saponifie facilement. Quand on en traite 100 parties par l'eau de potasse et qu'on décompose le savon produit par l'acide phosphorique, on obtient *A* un liquide aqueux, *B* une graisse acide.

A. Liquide aqueux.

589. En distillant le liquide aqueux, il donne :

1° Un produit acide qui, étant neutralisé par la baryte, fournit 26 parties de sels anhydres;

2° Un résidu fixe qui cède à l'alcool 12,5 parties de glycérine.

B. Graisse acidifiée.

590. La graisse acide pèse 80,5 parties. Elle est formée d'acides margarique et oléique; quand elle est fondue et qu'elle se refroidit, elle commence à se figer à 32 degrés; mais la congélation est si loin d'être complète, qu'à 16 degrés il y a une quantité notable de matière qui reste fluide.

§ 3. PRÉPARATION.

591. (Voir livre IV, chapitre II, section 3.)

§ 4. NOMENCLATURE.

592. *Butyrine* dérive de *butyrum* « beurre ». Ce qui m'a engagé à

donner ce nom à la substance qui fait le sujet de ce chapitre, c'est qu'elle contient les éléments du principe odorant du beurre.

§ 5. HISTOIRE.

593. Je la décrivis dans un mémoire lu à l'Institut le 14 juin 1819.

CHAPITRE XVII.

DE L'HIRCINE.

594. Je n'ai point obtenu l'hircine en assez grande quantité pour l'examiner d'une manière aussi détaillée que la *phocénine* et la *butyrine;* cependant je ne doute pas qu'elle ne constitue une espèce analogue à ces dernières. L'hircine est caractérisée par la propriété de donner de l'acide hircique quand on la saponifie.

595. Elle se trouve dans les graisses de bouc et de mouton; c'est elle qui forme avec l'oléine la partie liquide du suif. Elle est beaucoup plus soluble dans l'alcool que l'oléine.

LIVRE III.

PRÉPARATION DES ESPÈCES DE CORPS GRAS.

CHAPITRE PREMIER.

PRÉPARATION DES ACIDES GRAS ET ANALYSE DES PRODUITS DE LA SAPONIFICATION DES CORPS GRAS DU CINQUIÈME ET DU SIXIÈME GENRE.

596. On retire les acides gras des corps gras appartenant au cinquième et au sixième genre que l'on a saponifiés; mais il n'est pas nécessaire pour cela d'opérer la saponification de la stéarine, de l'oléine, de la phocénine, de la butyrine, de l'hircine, à l'état de pureté : il suffit de saponifier les suifs, les graisses, les beurres, les huiles, en un mot les substances qui sont formées de ces principes immédiats.

PREMIÈRE SECTION.

PRÉPARATION DES CORPS GRAS QUE L'ON VEUT SAPONIFIER.

§ 1. PRÉPARATION DES GRAISSES D'HOMME, DE PORC, DE BOEUF, DE MOUTON, ETC.

597. On sépare ces graisses de la plus grande partie des membranes qui les enveloppent; on les met ensuite avec de l'eau dans un mortier de porcelaine, où on les presse au moyen d'un pilon. On renouvelle l'eau jusqu'à ce que les lavages soient incolores. Quand les graisses sont lavées, on les fait égoutter, puis on les fond au bain-marie et on les passe à travers un filtre de papier joseph placé entre deux fourneaux allumés. Parce qu'il est rare de ne pas jeter d'eau sur le filtre avec la graisse fondue, il est nécessaire de filtrer celle-ci une seconde fois. La filtration des graisses a pour objet principal d'en séparer les dernières portions de tissu cellulaire.

§ 2. PRÉPARATION DE L'HUILE DE DAUPHIN OU DE MARSOUIN.

598. On l'extrait à peu près comme les précédentes du tissu qui la contient : après avoir nettoyé ce tissu le mieux possible, on le coupe en petits morceaux que l'on met dans un vase étroit avec de l'eau. En exposant ce vase au bain-marie, à une température de 40 à 60 degrés, l'huile se sépare à la surface de l'eau; on l'y puise avec une petite capsule et on la filtre comme les graisses précédentes : on retire encore une quantité notable d'huile en soumettant à la presse le tissu qui a été chauffé dans l'eau.

§ 3. PRÉPARATION DU BEURRE.

599. Le beurre qui doit servir aux expériences propres à en faire connaître la composition immédiate, ainsi qu'à la préparation des acides butyrique, caproïque et caprique, doit être séparé du lait de beurre. Je renvoie ce traitement au livre IV, chapitre II.

DEUXIÈME SECTION.

SAPONIFICATION PAR LA POTASSE DES GRAISSES, DE L'HUILE DE DAUPHIN OU DE MARSOUIN, DU BEURRE.

600. On prend 4 parties de la matière qu'on veut saponifier et 4 parties d'eau qui tiennent en dissolution 1 partie de potasse caustique; on met le tout dans une capsule de porcelaine, que l'on expose ensuite à une température de 100 degrés; on doit remplacer l'eau qui s'évapore et éviter que le savon ne s'attache au fond de la capsule, surtout si l'on chauffe au bain de sable. On reconnaît que la saponification est opérée lorsque la masse est homogène, demi-transparente et qu'elle forme avec l'eau bouillante une dissolution parfaitement limpide. Lorsque la saponification s'opère, il se développe avec la plupart des corps gras une odeur aromatique qui n'est pas désagréable.

TROISIÈME SECTION.

ANALYSE DES PRODUITS DES SAPONIFICATIONS PRÉCÉDENTES.

601. On ajoute assez d'eau à la masse savonneuse pour obtenir une dissolution qui ne soit pas filante quand elle est exposée à une température de 50 degrés; on la décompose ensuite par l'acide tartarique ou phosphorique, en ayant soin de ne mettre que la quantité d'acide suffisante pour séparer la matière grasse saponifiée de la potasse à laquelle elle est unie. Lorsque la totalité de cette matière est fondue et rassemblée à la surface du liquide aqueux, on la laisse refroidir afin qu'elle se fige, puis on décante le liquide aqueux; on lave la matière grasse saponifiée avec de l'eau jusqu'à ce que celle-ci n'en sépare plus rien. Lorsqu'on opère sur de l'huile de dauphin, sur du beurre et des substances qui donnent des acides volatils analogues aux acides phocénique, butyrique, etc., il faut éviter de trop chauffer la masse savonneuse que l'on décompose par l'acide tartarique ou phosphorique, et il faut surtout que la matière grasse que l'on soumet à l'action de l'eau pour en séparer les acides volatils ne soit exposée à l'air que le moins possible. Si l'on opère sur de petites quantités, il est avantageux de laver la matière grasse dans un flacon fermé.

602. Je vais exposer la manière d'analyser : 1° la *matière grasse saponifiée*, qui peut être formée de trois acides, le *stéarique*, le *margarique* et l'*oléique;* 2° le *liquide aqueux*, qui contient toujours de la glycérine et, dans plusieurs cas, un ou plusieurs acides volatils.

§ I. ANALYSE DE LA MATIÈRE GRASSE SAPONIFIÉE ET PRÉPARATION DES ACIDES GRAS FIXES.

ARTICLE PREMIER.

ANALYSE DE LA MATIÈRE GRASSE DU SAVON DE GRAISSE HUMAINE, FORMÉE D'ACIDES MARGARIQUE ET OLÉIQUE.

Premier procédé.

603. On met dans une capsule de porcelaine ou un ballon la graisse saponifiée avec 6 à 7 fois son poids d'eau; on fait chauffer, puis on y verse peu à peu de l'eau de potasse caustique en agitant chaque fois la liqueur, et cela jusqu'à ce que toute la matière grasse soit parfaitement dissoute. On transvase la dissolution dans un vaisseau où il y a une quantité d'eau qui est égale à 40 ou 45 fois le poids de la matière grasse; on l'abandonne à une température de 12 à 15 degrés; peu à peu il se produit un *dépôt nacré de bimargarate de potasse tenant du suroléate de même base.* Lorsqu'il n'augmente plus visiblement, on décante la liqueur surnageante, on verse de l'eau sur le dépôt afin de le laver, puis on jette le tout sur un filtre; on fait évaporer les lavages. Quand ils sont suffisamment concentrés, on y réunit la liqueur qui a été décantée de dessus le dépôt nacré, on fait concentrer le tout, puis on y verse assez d'acide tartarique pour neutraliser la plus grande partie de l'alcali qui a été mis à nu par la décomposition du margarate de potasse. Après ces opérations, on soumet la liqueur à des traitements successifs semblables à celui que je viens de décrire, jusqu'à ce qu'enfin on obtienne un liquide qui ne donne plus de dépôt nacré.

Préparation de l'acide margarique.

604. On rassemble les dépôts nacrés; après qu'ils ont été égouttés et séchés, on les traite par l'alcool bouillant d'une densité de 0,820; on fait trois lavages en employant chaque fois 8 parties d'alcool; on

filtre chaque lavage bouillant; le premier se prend en masse par le refroidissement : ordinairement le troisième ne dépose presque rien, quoiqu'il reste environ 0,03 de résidu insoluble. Ce résidu est formé de margarates de chaux et de fer, dont les bases proviennent de la matière qui a été saponifiée et des filtres. On jette le premier lavage alcoolique refroidi sur un filtre. Quand le dépôt est bien égoutté, on verse dessus successivement le deuxième et le troisième lavage, on y jette ensuite de l'alcool, et enfin on presse fortement le filtre. Le dépôt retient encore du suroléate de potasse; pour l'en séparer, on le dissout dans l'alcool bouillant; on laisse refroidir la solution et on la filtre. Si le dépôt contient un acide fusible au-dessous de 60 degrés, on le soumet à un traitement semblable aux deux précédents.

605. Les liqueurs alcooliques d'où le bimargarate de potasse s'est précipité retiennent une quantité notable de ce sel en dissolution, ainsi que du suroléate de même base. En les faisant concentrer, puis refroidir, on obtient : 1° un dépôt formé de ces deux sels; 2° une eau mère tenant en dissolution une matière qui ne diffère de ce dépôt que parce que le suroléate de potasse y est dans une proportion plus forte relativement au bimargarate.

606. Quand on a obtenu un bimargarate dont l'acide est fusible à 60 degrés, on le fait chauffer dans une capsule avec de l'eau et de l'acide hydrochlorique. Celui-ci s'empare de la potasse et l'acide margarique vient surnager au-dessus du liquide aqueux; dès que cet acide est figé, on l'enlève et on le lave avec de l'eau jusqu'à ce que celle-ci ne précipite plus le nitrate d'argent. Si l'acide était mêlé de quelques parties étrangères, il faudrait le faire fondre et le filtrer dans du papier joseph privé de sous-carbonate de chaux.

Préparation de l'acide oléique.

607. Quand la dissolution de savon (603) ne donne plus de *dépôt nacré*, on la fait concentrer et l'on y verse un léger excès d'acide tartarique; celui-ci s'unit à la potasse, et l'acide oléique qui en est séparé vient nager sur le liquide aqueux; on enlève l'acide oléique avec une pipette, on l'agite avec de l'eau chaude pour le laver. On le recueille ensuite dans un petit vase, et on l'expose à des degrés de température de plus en plus bas, qui doivent être insuffisants pour en congeler la totalité de la masse. Après chaque exposition de l'acide oléique à un certain degré de froid, il est nécessaire de le filtrer dans un papier lavé à l'acide hydrochlorique, afin de séparer l'acide margarique qui s'est congelé.

Explication de ce procédé.

608. S'il n'existait pas d'affinité entre l'oléate et le margarate de potasse, il arriverait qu'après avoir dissous ces deux sels dans l'eau bouillante, on obtiendrait par le refroidissement une solution pure d'oléate de potasse et un dépôt de margarate ou de bimargarate de potasse, ou enfin un mélange de ces deux derniers sels suivant la proportion d'eau employée. Le résultat serait encore le même si on appliquait l'eau froide au savon : l'oléate serait dissous à l'exclusion de l'acide margarique. Mais comme cette affinité existe, les choses se passent autrement : lorsqu'on laisse refroidir la solution de potasse chaude qu'on vient de neutraliser par les acides oléique et margarique, une portion seulement de l'acide margarique se précipite à l'état de sursel; l'autre portion reste en dissolution dans de l'eau qui contient à la fois de la potasse et de l'oléate de potasse. La liqueur refroidie abandonnée à elle-même, à une température constante, continue à se troubler pendant quelque temps, parce que la force de solidité du sursel détermine la décomposition d'une nouvelle quantité de margarate neutre, jusqu'au moment où cette force est en équilibre avec

la force dissolvante de l'alcali mis à nu et de l'oléate. Si à cette époque on abaisse la température du liquide, ou bien encore si on affaiblit l'énergie de l'alcali et de l'oléate au moyen d'une addition d'eau, ou enfin si on neutralise la plus grande partie de l'alcali mis à nu, la force de solidité détermine un troisième dépôt de bimargarate. Dans ce dernier cas surtout, il s'établit un nouvel équilibre entre l'oléate et le margarate, qu'il n'est plus possible de rompre, sans déterminer à la fois la décomposition de l'oléate et celle du margarate en alcali et en sursels qui se déposent. C'est pour cette raison qu'il est nécessaire, dans la préparation de l'acide oléique, de décomposer l'oléate de potasse, quoiqu'il retienne encore de l'acide margarique, et d'exposer ensuite l'acide oléique qui en provient à des températures de plus en plus basses, afin d'opérer la congélation de l'acide margarique.

609. On traite à froid 100 parties de savon de graisse humaine à base de potasse, aussi sec que possible, par 200 parties d'alcool d'une densité de 0,821; après vingt-quatre heures de macération, on filtre et on passe de l'alcool sur la matière restée sur le filtre, qui est pour la plus grande partie composée de margarate de potasse, l'oléate de cette base s'étant dissous en grande quantité dans l'alcool. Deuxième procédé.

610. On dissout dans 200 parties d'alcool chaud la matière restée sur le filtre; par le refroidissement, on obtient un dépôt de margarate de potasse. On doit le faire égoutter, puis le redissoudre dans l'alcool chaud : on obtient un nouveau dépôt qu'il faut retraiter de la même manière jusqu'à ce qu'il donne un acide fusible à 60 degrés.

611. Quant au margarate qui reste en dissolution avec de l'oléate dans l'alcool refroidi, on l'obtient par la concentration et le refroidissement, et on le traite comme le précédent.

612. L'oléate de potasse qui a été dissous par l'alcool froid doit être traité de la manière suivante : on fait évaporer doucement l'alcool et on applique au résidu de l'alcool froid; le plus concentré est le meilleur; l'oléate est dissous et se trouve aussi séparé d'une quantité notable de margarate qui ne l'est pas. Après deux ou trois traitements, on obtient un oléate entièrement soluble dans l'alcool froid; quand on y est parvenu, on décompose l'oléate dissous dans l'eau par l'acide hydrochlorique ou tartarique, et on traite l'acide oléique comme il est dit (607).

ARTICLE 2.

ANALYSE DE LA MATIÈRE GRASSE FORMÉE D'ACIDES STÉARIQUE, MARGARIQUE ET OLÉIQUE PROVENANT DES SAVONS DES GRAISSES DE MOUTON, DE BOEUF ET DE PORC.

Premier procédé.

613. On dissout la graisse saponifiée de mouton dans l'eau de potasse faible, ainsi qu'on l'a fait pour la graisse saponifiée d'homme (603); on réduit la solution : 1° en *matière nacrée;* 2° en *oléate de potasse.*

Préparation de l'acide stéarique.

614. La *matière nacrée* est formée de bistéarate, de bimargarate et de suroléate de potasse; on la fait sécher et on la traite par l'alcool bouillant de la même manière qu'on a traité la *matière nacrée du savon de graisse humaine* (604). Après plusieurs traitements successifs d'une quantité donnée de matière nacrée, on obtient un dépôt de bistéarate dont l'acide est fusible à 70 degrés; on isole ensuite l'acide de la potasse par l'acide tartarique ou hydrochlorique (606).

Préparation de l'acide margarique.

615. Quant aux lavages alcooliques d'où le bistéarate a été séparé, ils contiennent du bistéarate, du bimargarate et du suroléate de potasse. En les faisant concentrer et refroidir, on obtient : 1° un

dépôt formé de ces trois sels; 2° une dissolution de ces trois sels; mais il y a cette différence entre le dépôt et la matière dissoute, que dans le premier le suroléate est en petite quantité, tandis qu'il est la partie dominante de la dissolution.

616. En traitant le dépôt (615) par l'alcool chaud, faisant refroidir la dissolution, puis soumettant le nouveau dépôt au même cercle d'opérations, on finit par avoir : 1° du bistéarate de potasse; 2° du bimargarate de potasse dont l'acide est fusible de 56 à 60 degrés; j'ai essayé en vain de convertir ce dernier en suroléate et en bistéarate : les traitements que je lui ai fait subir dans cette vue, loin de rendre l'acide moins fusible, ont au contraire abaissé son terme de fusion de quelques degrés.

617. Elle est la même que celle de l'acide oléique du savon de graisse humaine (607). Préparation de l'acide oléique.

618. On traite le savon à base de potasse par l'alcool froid, ainsi qu'il est dit (609). Deuxième procédé.

619. La matière indissoute dans l'alcool froid est formée de stéarate, de margarate de potasse et d'une faible quantité d'oléate de même base. On la soumet au même genre de traitement que celui que j'ai suivi pour analyser la *matière nacrée* du savon de mouton (614).

620. Le traitement de l'oléate de potasse est le même que celui qui est décrit (612).

621. C'est par ce procédé que j'ai analysé la matière grasse des

savons des graisses de mouton, de bœuf, de porc et celle du savon de beurre de vache.

Observations et expériences sur l'extraction de l'acide margarique.

622. (A) Dans la crainte que la chaleur n'eût altéré l'acide stéarique qui pouvait exister dans la graisse humaine saponifiée, pendant les traitements précités, j'ai fait un savon avec cette graisse en opérant au bain-marie; la matière grasse de ce savon, séparée de son alcali au moyen de l'acide tartarique, a été unie à la potasse, et le savon qu'on a obtenu a été traité par l'alcool. Toutes ces opérations ont été faites au bain-marie, et malgré cela on n'a obtenu que de l'acide fusible à 60 degrés.

(B) On a pris de la matière grasse provenant d'un savon préparé au bain-marie; on l'a soumise à la presse entre des papiers, jusqu'à ce qu'elle ne les tachât plus; dans cet état elle était fusible à 53 degrés. On en a uni 75 grammes à la potasse pure. On a traité le savon par l'alcool froid d'une densité de 0,816 à trois reprises; on a obtenu un sel blanc assez brillant, dont l'acide était fusible de 59°,5 à 60 degrés. Ce dépôt, redissous cinq fois de suite dans l'alcool, a donné un dernier dépôt dont l'acide était fusible à 60 degrés.

(C) On a fait un autre savon de graisse humaine avec du sous-carbonate de potasse, et le résultat analytique a été le même.

(D) Enfin, en exposant du stéarate de potasse dissous dans l'eau et dans l'alcool à une température de 60 à 70 degrés, pendant cent cinquante heures, et en même temps au contact de l'oxygène pur, l'acide stéarique n'a point été altéré.

§ 2. EXAMEN DU LIQUIDE AQUEUX; PRÉPARATION DE LA GLYCÉRINE ET DES ACIDES VOLATILS.

623. Comme la plupart des corps gras saponifiables ne donnent

pas d'acides volatils par la saponification, il est nécessaire, avant de procéder à l'analyse du liquide aqueux (602), de reconnaître si celui-ci en contient. Pour cela, il suffit de distiller une portion de ce liquide, de mettre dans le produit de la distillation une quantité de baryte sensible à l'hématine, de faire évaporer et de reprendre le résidu par l'eau, de filtrer et de voir si le liquide filtré contient quelque sel; s'il n'en contient pas, l'examen du liquide aqueux est très simple.

Le liquide aqueux ne contient pas d'acide volatil.

624. On fait évaporer à siccité le liquide aqueux et on traite le résidu par l'alcool déflegmé; l'alcool filtré, puis évaporé, laisse la glycérine sous la forme d'un liquide sirupeux. Par la raison que l'alcool dissout un peu le tartrate et le phosphate de potasse, on trouve toujours des traces de sel dans la glycérine : c'est pourquoi, lorsqu'on veut obtenir cette substance parfaitement exempte de matière saline, il faut mettre dans une capsule parties égales de graisse de porc et de massicot bien pur, avec une certaine quantité d'eau; exposer les matières à la température de 100 degrés; remplacer l'eau qui s'évapore. Dans ce cas, la graisse se saponifie; mais comme les acides gras fixes qui se manifestent forment une combinaison insoluble avec l'oxyde de plomb, la glycérine est seule dissoute avec une trace de cet oxyde. Il est bon de décanter de temps en temps l'eau qui a bouilli sur les matières, afin d'éviter que les portions de glycérine qui se manifestent d'abord ne soient exposées à la chaleur pendant toute la durée de l'opération : on filtre l'eau et on la fait évaporer au bain-marie.

Le liquide aqueux contient des acides volatils.

625. Si la matière grasse qu'on a saponifiée a donné un ou plusieurs acides volatils, il faut d'abord mettre le liquide aqueux, provenant de la décomposition du savon par l'acide tartarique ou

phosphorique (601), dans un flacon fermé à l'émeri, y ajouter assez d'acide pour convertir le tartrate ou le phosphate en sursel, attendre que celui-ci soit déposé s'il n'est pas entièrement dissous, décanter le liquide éclairci et le distiller dans une grande cornue de verre à laquelle on a adapté un ballon tubulé à long col. Le produit acide volatil se distille avec l'eau, et l'on obtient un résidu formé de glycérine et de bitartrate ou de surphosphate de potasse.

626. La masse saline, qui peut s'être déposée dans le flacon où l'on a sursaturé le sel du liquide aqueux par l'acide tartarique ou par l'acide phosphorique (625), étant imprégnée d'acide volatil ou d'acides volatils, il faut la laver un grand nombre de fois pour l'en dépouiller entièrement. On emploie à cet usage les eaux qui ont servi à laver la *matière grasse saponifiée* (601); on soumet ensuite chaque lavage à la distillation.

627. On réunit tous les résidus de distillation; on les fait évaporer à siccité et on les traite par l'alcool déflegmé pour dissoudre la glycérine. Si l'on avait employé trop d'acide tartarique ou phosphorique pour saturer le liquide aqueux, l'excès d'acide serait dissous avec la glycérine.

628. Quant aux produits des distillations qui contiennent l'acide volatil ou les acides volatils, on les réunit; on en fait évaporer une petite quantité pour savoir s'ils ne laissent pas de matière saline fixe, laquelle viendrait de ce que les distillations auraient été faites trop précipitamment : dans ce cas, il faudrait les distiller de nouveau. Enfin, quand on est parvenu à avoir un produit pur, on le sature avec de l'hydrate de baryte cristallisé, puis on fait évaporer à siccité,

si le produit de la distillation ne contient qu'un seul acide, comme cela a lieu pour celui qui provient du liquide aqueux obtenu de la décomposition du savon d'huile de dauphin ou de marsouin; si ce produit contient plusieurs acides, comme cela a lieu pour celui qui provient du liquide aqueux obtenu de la décomposition du savon de beurre de vache, on sépare ces acides en traitant par l'eau les sels desséchés qu'ils forment avec la baryte, ainsi que je le dirai plus bas [1].

ARTICLE PREMIER.

PRÉPARATION DE L'ACIDE PHOCÉNIQUE HYDRATÉ.

Premier procédé.

629. On met 100 parties de phocénate de baryte sec dans un tube de verre étroit, fermé à un bout; on verse dessus 205 parties d'acide phosphorique aqueux d'une densité de 1,12, et on agite avec un fil de platine; on obtient : 1° du *phosphate de baryte* à l'état solide; 2° un *liquide aqueux saturé d'acide phocénique* [2] *et contenant en outre du phosphate acide de baryte;* 3° de l'*acide phocénique hydraté* qui surnage sur le liquide aqueux.

630. On décante l'acide phocénique avec une pipette; il est ordinairement légèrement coloré en jaune; il a une densité de 0,954 à la température de 21 degrés. Si on le distille doucement au bain de sable, il se volatilise un *produit liquide* A incolore, qui se partage en deux couches, et il reste une *matière épaisse de couleur brune* B.

[1] Je me suis assuré que quand on emploie un excès de baryte pour neutraliser le produit de la distillation du liquide aqueux du beurre, le résidu insoluble qu'on obtient est du sous-carbonate de baryte pur, formé par l'acide carbonique de l'air et la baryte en excès.

[2] En saturant le liquide aqueux par l'eau de baryte, on précipite le phosphate de baryte, ainsi que l'acide phosphorique qui n'est pas neutralisé; il reste dans la liqueur du phocénate de baryte qui a toutes les propriétés que j'ai reconnues à ce sel.

A. Produit liquide.

631. La couche la plus légère et la plus abondante est l'acide phocénique hydraté d'une densité de 0,933 à 28 degrés. Pour l'obtenir à l'état de pureté, on le met en macération pendant quatre jours, sur 2 à 3 fois son poids de chlorure de calcium contenu dans une petite cornue de verre munie d'un récipient; puis on le distille au bain-marie jusqu'à ce qu'il ne passe plus rien. L'acide ainsi obtenu a une densité de 0,932 à 20 degrés. Il ne précipite pas le nitrate d'argent.

632. Quant à la couche la plus dense du liquide A, elle n'est qu'en très petite quantité par rapport à la première, et elle m'a paru une simple solution aqueuse d'acide phocénique; elle est plus volatile que l'acide de la première couche.

B. Matière épaisse de couleur brune.

633. Cette matière ne contient pas sensiblement d'acide phosphorique : elle provient d'une portion d'acide phocénique qui a été altérée par l'action de l'air et de la chaleur.

Deuxième procédé.

634. On met, dans un tube fermé à un bout, 100 parties de phocénate de baryte sec avec 33,4 parties d'acide sulfurique à 66 degrés préalablement étendu de 33,4 parties d'eau; on agite le mélange avec un fil de platine; on obtient : 1° du *sulfate de baryte;* 2° un *liquide aqueux;* 3° de l'*acide phocénique hydraté* qui surnage sur le liquide aqueux. On décante celui-ci avec une pipette; en ajoutant au résidu 33,4 parties d'eau, on obtient une nouvelle quantité d'*acide phocénique hydraté*, qu'on décante et qu'on ajoute à l'autre quantité. Après cette opération, on ne sépare plus d'*acide phocénique hydraté* en versant dans le tube 33,4 parties d'eau contenant 13 parties d'acide sulfurique à 66 degrés. Si alors on neutralise le liquide aqueux par de l'eau de baryte, il reste dans la liqueur du

phocénate de cette base, qui a toutes les propriétés que nous avons reconnues à ce sel.

635. *L'acide phocénique hydraté* est ordinairement légèrement coloré en jaune; il a une densité de 0,946 à 28 degrés; si on le distille doucement au bain de sable, il passe un *produit liquide* A incolore, qui se partage en deux couches, et il reste une *matière épaisse de couleur rousse* B.

A. Produit liquide.

636. La couche la plus légère est l'acide phocénique hydraté d'une densité de 0,932 à 28 degrés; la couche inférieure est extrêmement petite relativement à la première; elle est certainement une solution aqueuse d'acide phocénique; elle a une tension plus forte que l'acide hydraté. Si on la laisse en contact avec le dernier, elle disparaît parce qu'elle est dissoute. Si alors on distille au bain-marie la solution sur deux fois son poids de chlorure de calcium et qu'on fractionne le produit en portions, on trouve à chacune d'elles une densité de 0,932 à 28 degrés. Il ne précipite pas le nitrate d'argent.

B. Matière épaisse de couleur rousse.

637. Ce résidu contient une huile bitumineuse brune et un liquide acide qui, étant neutralisé par l'eau de baryte, ne donne pas de précipité; mais si l'on fait évaporer le tout à siccité et qu'on calcine le résidu dans un tube, il reste de la baryte carbonatée mêlée d'un atome de sulfure. Cette expérience prouve que si l'acide sulfurique existe dans l'acide phocénique hydraté (635), ce n'est que dans une proportion excessivement faible.

ARTICLE 2.

PRÉPARATION DES ACIDES DU BEURRE.

638. Les sels barytiques formés par les acides du beurre doivent

être traités par le procédé suivant, quand on les a obtenus à l'état sec (628).

(A) On en met 100 parties dans 277 parties d'eau à la température ordinaire; après vingt-quatre heures de macération, on décante une *première solution;* et en faisant évaporer une petite quantité pesée, le poids du résidu qu'on obtient fait connaître la proportion du sel et de l'eau qui constituent la solution. Cette proportion déterminée, on a facilement le poids du sel que les 277 parties d'eau ont dissous. En retranchant ce poids de celui des 100 parties de sel, on a la quantité de la matière indissoute que je nommerai *premier résidu.*

(B) On met le *premier résidu* avec une proportion d'eau égale à celle qui constitue la *première solution*, et après une macération de vingt-quatre heures, on décante une *seconde solution;* on détermine : 1° la proportion de sel et d'eau qui la constitue; 2° le poids de la matière indissoute que je nommerai *second résidu.*

(C) En procédant sur le *second résidu* comme sur le premier, on obtient une *troisième solution* et un *troisième résidu*, que l'on soumet au même traitement que le premier et le deuxième résidu. On continue ce mode de traitement jusqu'à ce qu'il ne reste plus rien, ou plutôt jusqu'à ce qu'il ne reste plus que le sous-carbonate de baryte qui a été formé pendant les opérations que je viens de décrire, par l'acide carbonique de l'air et celui de l'eau qui ont réagi sur une portion des sels barytiques.

639. En faisant cristalliser spontanément les solutions, on obtient un nombre considérable de cristallisations différentes, qu'on peut cependant réduire à huit principales, y compris les quatre cristallisations qui appartiennent au butyrate, au caprate et au caproate de

baryte, et que j'ai décrites aux articles de ces sels (livre II). Mais avant de parler des premières cristallisations, je crois devoir revenir sur les quatre dernières, afin d'exposer les expériences qui m'ont fait conclure qu'elles appartiennent à des espèces définies, tandis que les autres cristallisations sont des combinaisons indéfinies ou des mélanges de deux ou de plusieurs espèces de sels.

PREMIÈRE CRISTALLISATION.

BUTYRATE DE BARYTE.

640. On ne peut séparer plusieurs sortes de matières du butyrate de baryte par la cristallisation; voici les circonstances dans lesquelles j'ai fait mes expériences.

641. 20g 4 de butyrate de baryte pulvérisé, qui auraient demandé 57g 7 d'eau pour être dissous à la température de 20 à 25 degrés, ont été mis avec 9g 45 d'eau dans un flacon fermé. Après vingt-quatre heures, les matières étaient en pâte; et comme il n'était pas possible de les filtrer dans cet état, on y a ajouté 9g 45 d'eau et, vingt-quatre heures après, on a filtré.

1re solution. Elle était formée de :

Eau	100
Sel	36.05

Le résidu resté sur le filtre, égoutté, a été lavé avec 9g 45 d'eau : le lavage ainsi que la première solution ont été évaporés spontanément.

Le résidu lavé a été mis avec 9g 45 d'eau : après vingt-quatre heures on a filtré.

2ᵉ solution. Elle était formée de :

Eau	100
Sel	36,05

Le résidu resté sur le filtre, égoutté, a été lavé avec 9g 45 d'eau; le lavage ainsi que la seconde solution ont été évaporés spontanément.

Le résidu lavé a été mis avec 9g 45 d'eau; après vingt-quatre heures, on a filtré.

3ᵉ solution. Elle était formée de :

Eau	100
Sel	35,2

Le résidu laissé sur le filtre a été dissous par 9g 45 d'eau qu'on a passés dessus, dans l'intention de le laver.

Parce que je n'ai pu remarquer de différence dans les cristallisations obtenues des quatre solutions évaporées spontanément à une température comprise entre 20 et 25 degrés, ainsi que dans celles des lavages des résidus, j'ai conclu que l'eau ne réduit pas le butyrate de baryte en plusieurs matières.

642. Aux expériences précédentes il faut ajouter les suivantes : on a pris 13 grammes de butyrate de baryte qui avaient été dissous en premier lieu et 5g 8 de butyrate de baryte qui avaient été dissous en second lieu; on les a traités comme il est dit (641). Voici les résultats :

A. Butyrate dissous en premier lieu.

13 grammes mis avec 12 grammes d'eau à 21 degrés ont donné, *1ʳᵉ solution :*

Eau	100
Sel	36,34

1er *résidu* mis avec 6 grammes d'eau à 26 degrés a donné, 2e *solution :*

Eau	100
Sel	36,61

2e *résidu* mis avec 6 grammes d'eau à 26 degrés a donné, 3e *solution :*

Eau	100
Sel	36,2

3e *résidu* mis avec 6 grammes d'eau à 26 degrés a donné, 4e *solution :*

Eau	100
Sel	36

Enfin toutes ces solutions ont cristallisé de la même manière.

B. Butyrate dissous en second lieu.

5^g8 mis avec 5^g32 d'eau à 26 degrés ont donné, 1re *solution :*

Eau	100
Sel	36

1er *résidu* mis avec 5^g32 d'eau à 27 degrés a donné, 2e *solution :*

Eau	100
Sel	36,51

2e *résidu* mis avec 5^g32 d'eau à 22 degrés, tout a été dissous; conséquemment nous ne pouvons pas savoir si la solution était saturée: elle était formée de :

Eau	100
Sel	28

IMPRIMERIE NATIONALE.

Toutes ces solutions ont cristallisé sensiblement de la même manière que la solution du butyrate *A*.

Butyrate de chaux traité par l'eau.

643. Quand on traite le butyrate de chaux par l'eau à la température de 15 degrés, on ne le réduit pas en plusieurs sortes de sels : c'est ce que prouvent les expériences suivantes.

5 grammes de sel ont été mis avec 8 grammes d'eau. *1re solution :*

Eau	100
Sel	17,58

1er résidu mis avec 8 grammes d'eau a donné, *2e solution :*

Eau	100
Sel	17,64

2e résidu mis avec 4 grammes d'eau a donné, *3e solution :*

Eau	100
Sel	17,64

3e résidu; il a été dissous dans une quantité d'eau suffisante : la solution a donné des cristaux absolument semblables à ceux des trois premières.

Butyrate de strontiane traité par l'eau.

644. Le butyrate de strontiane traité par l'eau, de la même manière que les butyrates de baryte et de chaux, a donné les mêmes résultats.

DEUXIÈME CRISTALLISATION.

CAPRATE DE BARYTE.

Caprate de baryte traité par l'eau.

645. 2g718 de ce sel réduit en poudre fine ont été mis avec 75 grammes d'eau distillée dans un flacon fermé; les matières ont été

agitées de temps en temps; la température était de 25 degrés; après quarante-huit heures, l'eau a été décantée et mise à évaporer spontanément sous la désignation de *1re solution;* le résidu a été traité par 75 grammes d'eau : on a obtenu une *2e solution* et un *2e résidu* qui a été traité de nouveau par 75 grammes d'eau, et ainsi de suite. Les solutions étaient formées de :

	1re SOLUTION.	2e SOLUTION.	3e SOLUTION.	4e SOLUTION.	5e SOLUTION.	6e SOLUTION.
Eau..	100	100	100	100	100	100
Sel..	0,54	0,56	0,56	0,50	0,50	0,30

646. Craignant que la *6e solution* n'eût pas eu le temps de se saturer, parce que le résidu salin était en petite quantité et qu'il était formé des parties les plus grossières du sel qu'on avait mis en expérience, et que par cela même les corps qui devaient agir présentaient moins de surface que dans les premières solutions, j'ai fait évaporer la *6e solution* à siccité; j'ai réduit la matière fixe en poudre fine ainsi que le *6e résidu* salin, et j'ai mis le tout en contact avec l'eau. Cette fois j'ai obtenu une solution composée de :

Eau..................................	100
Sel..................................	0,65

Toutes les solutions évaporées spontanément n'ont donné que des cristaux de caprate.

647. Le caprate de strontiane, traité de la même manière que le caprate de baryte, a donné le même résultat. Caprate de strontiane traité par l'eau.

TROISIÈME ET QUATRIÈME CRISTALLISATIONS.

CAPROATE DE BARYTE EN LAMES ET EN AIGUILLES.

648. 11g7 de caproate de baryte pulvérisé ont été mis avec Caproate de baryte traité par l'eau.

24g 36 d'eau dans un flacon fermé : on a abandonné les matières dans un lieu dont la température était de 20 à 23 degrés, et après vingt-quatre heures on a filtré. On a passé sur le filtre 12g 18 d'eau. On a obtenu par ce moyen une *1re solution*, un *1er lavage* et un *1er résidu* : celui-ci a été soumis à l'action de 24g 36 d'eau; on a obtenu une *2e solution*, un *2e lavage* fait, comme le précédent, avec 12g 18 d'eau, et enfin un *2e résidu* qui a été traité comme le premier : ainsi de suite. Les solutions étaient formées de :

	1re SOLUTION.	2e SOLUTION.	3e SOLUTION.	4e SOLUTION après trois jours.
Eau	100	100	100	100
Sel	8,1	7,88	7,24	7,58

649. Ayant observé que le *4e résidu* était formé de lamelles, cela m'a fait penser que si les trois dernières solutions contenaient moins de sel que la première, cela tenait au défaut de division de la matière à dissoudre; en conséquence j'ai réduit le *4e résidu* en poudre aussi fine qu'il m'a été possible, et cela est assez difficile à cause de la flexibilité des cristaux de caproate. 1g 4 de cette poudre mis en contact à 21 degrés avec 10 grammes d'eau pendant huit jours, ont donné une solution formée de :

Eau	100
Sel	8,10

650. Le résidu a été mis avec 7 grammes d'eau, et après quarante-huit heures on a décanté une liqueur formée de :

Eau	100
Sel	7,2

Ce qui n'avait pas été dissous était inappréciable.

651. Toutes les solutions, ainsi que les lavages, évaporés spontanément, ont donné des cristaux absolument identiques par la forme, l'aspect, enfin par toutes les propriétés physiques.

652. Quand on traite le caproate de chaux par l'eau à la température de 14 degrés, on ne le réduit pas en plusieurs sortes de sels: c'est ce que prouvent les expériences suivantes : Caproate de chaux traité par l'eau.

3 grammes mis avec 13 grammes d'eau ont donné, *1re solution :*

Eau	100
Sel	2,04

1er résidu mis avec 25 grammes d'eau a donné, *2e solution :*

Eau	100
Sel	2,04

2e résidu mis avec 25 grammes d'eau a donné, *3e solution :*

Eau	100
Sel	1,99

3e résidu mis avec 25 grammes d'eau a donné, *4e solution :*

Eau	100
Sel	1,99

4e résidu mis avec 25 grammes d'eau a donné, *5e solution :*

Eau	100
Sel	1,94

5e résidu. Il a été dissous par une quantité d'eau suffisante. Cette solution rapprochée a donné des cristaux absolument semblables à ceux des cinq premières solutions; l'eau mère de ces cristaux était formée de :

Eau	100
Sel	2

CINQUIÈME CRISTALLISATION.

653. Elle est sous la forme de petites lames réunies en crêtes de coq ou en sphéroïdes. Ces cristaux conservent leur transparence à l'air et même dans le vide sec; dans cette dernière circonstance, ils ne perdent pas d'eau; pour 100 d'acide sec, ils contiennent 95 de baryte. Ils ont une odeur qui n'est pas aussi forte que celle du butyrate de baryte, et qui par là même se rapproche davantage de celle du beurre frais. 100 parties d'eau à 10°,5 ont dissous 37,55 parties de cristaux. Je n'ai pu à cette même température les réduire en plusieurs sortes de cristaux; le seul indice qui m'ait fait soupçonner qu'ils étaient formés de plusieurs espèces de sels, c'est qu'en les examinant avec attention, j'ai aperçu quelques parties d'un blanc d'émail au milieu de ces cristaux.

654. Je les ai fait dissoudre dans l'eau; la solution évaporée spontanément dans une atmosphère de 25 à 32 degrés a donné des cristaux que j'ai séparés de leur eau mère. En reprenant ces mêmes cristaux par l'eau et faisant cristalliser leur eau mère, j'ai réduit la *5e cristallisation :*

1° *En cristaux d'un blanc d'émail, comme empâtés.*

Ils seront examinés sous la dénomination de *7e cristallisation.*

2° *En aiguilles transparentes.*

Elles seront examinées sous la dénomination de *6e cristallisation.*

655. Lorsque le liquide aqueux où se trouvent les acides du beurre (602) n'a été distillé qu'une fois, il contient toujours une quantité sensible de glycérine et de bitartrate ou de phosphate de potasse qui ont été *projetés* de la cornue dans le récipient par l'ébullition du liquide. Dans ce cas, lorsqu'on sature par l'eau de baryte le produit de la distillation, l'acide tartarique ou phosphorique est précipité par une portion de baryte, et la potasse qui s'y trouvait unie se combine à une portion des acides du beurre. Il résulte de là qu'en faisant cristalliser la liqueur qui contient les sels de baryte, on finit par obtenir des eaux mères beaucoup plus chargées de sel que les eaux mères qui donnent les cristaux que j'appelle *6e cristallisation*. Les premières eaux mères sont de deux sortes : les unes se prennent en masse; elles sont principalement formées de butyrate de baryte, de butyrate et de caproate de potasse; les autres sont incristallisables à l'air; elles sont principalement formées de butyrate de potasse et de glycérine. Si ces eaux mères contiennent du caprate, ce n'est que dans une proportion très faible. Remarque.

SIXIÈME CRISTALLISATION.

656. Les *aiguilles transparentes* ont été réduites :

1° En *butyrate de baryte* cristallisé en prismes allongés. Ce sel était très abondant; on l'a obtenu pur en le faisant recristalliser.

2° En une eau mère qui a été réduite en *aiguilles fines transparentes* et en *octaèdres*. Ceux-ci n'étaient qu'en très petite quantité, puisque 150 parties de sels du beurre en ont donné à peine 1 partie.

657. 100 parties de ces aiguilles, décomposées par l'acide sulfurique, donnaient 72 parties de résidu sulfaté; 100 parties de butyrate de baryte en donnent 75,2. A. Aiguilles fines transparentes.

658. Ces aiguilles ont été traitées par un poids d'eau égal au leur.

1re *solution* formée de :

Eau	100
Sel	37,45

Elle a donné des *aiguilles fines* et des *octaèdres*.

Le *résidu* a été traité par une quantité d'eau égale à celle qui avait servi à la 1re *solution*.

2e *solution* formée de :

Eau	100
Sel	36,5

Elle a donné des *aiguilles fines transparentes* semblables à celles qui avaient été traitées.

Le 2e *résidu* a été dissous dans une quantité d'eau suffisante; la solution a donné du *butyrate de baryte* cristallisé en prismes allongés.

Il suit de ces expériences que les *aiguilles fines transparentes* étaient formées de *butyrate de baryte* et de *cristaux octaèdres*.

3. Cristaux octaèdres.

659. De l'eau qui était restée sur un excès de cristaux octaèdres, à la température de 18 degrés, a produit une solution formée de :

Eau	100
Sel	26,1

660. 100 parties de ces cristaux, décomposées par l'acide sulfurique, ont donné 68 parties de résidu sulfaté. D'après ce résultat et l'odeur de beurre des cristaux, qui était aussi forte que celle du butyrate pur, j'ai soupçonné qu'ils pouvaient être formés de deux butyrates; c'est ce qui a été confirmé par l'analyse et la synthèse : 1° par l'analyse, j'y ai découvert la baryte et la chaux; 2° ayant dissous dans

l'eau 2 parties de butyrate de chaux et 3 parties de butyrate de baryte, j'ai obtenu par évaporation spontanée de beaux cristaux octaèdres.

661. Le butyrate de chaux trouvé dans les sels barytiques du beurre provenait de la réaction du sous-carbonate de chaux des filtres de papier sur le butyrate de baryte.

SEPTIÈME CRISTALLISATION.

662. Parce que cette cristallisation est formée de trois espèces de sels au moins, unies en des proportions très variées, les cristaux que nous y rapportons diffèrent les uns des autres par leurs propriétés physiques et leur solubilité dans l'eau. Leur odeur est plus ou moins butyrique, mais elle est toujours moins prononcée que celle des cristaux précédents (656). Leur forme est très difficile à décrire; cependant ils présentent en général de petites aiguilles ou des lames opaques, et comme empâtées dans une matière d'un blanc d'émail. Je les ai réduits en cristaux de la 5ᵉ *cristallisation*, en *caproate* et en *caprate*; mais ce dernier sel était toujours en faible proportion. J'ai toujours commencé à les traiter par deux fois leur poids d'eau, et le résidu était traité par une proportion d'eau égale à celle qui constituait la solution précédente; dès qu'on croyait apercevoir une différence de forme dans les cristaux qui se produisaient dans une liqueur, on décantait l'eau mère pour la faire cristalliser à part.

663. En traitant de cette manière :

1° *Un échantillon* A de la 7ᵉ cristallisation, on a eu des solutions formées de :

	1ʳᵉ SOLUTION.	2ᵉ SOLUTION.	3ᵉ SOLUTION.
Eau	100	100	100
Sel	38,30	31,75	19

2° *Un échantillon* B de la 7ᵉ cristallisation, on a eu des solutions formées de :

	1ʳᵉ SOLUTION.	2ᵉ SOLUTION.	3ᵉ SOLUTION.
Eau	100	100	100
Sel	35,32	19	17

3° *Un échantillon* C de la 7ᵉ cristallisation, on a eu des solutions formées de :

	1ʳᵉ SOLUTION.	2ᵉ SOLUTION.	3ᵉ SOLUTION.
Eau	100	100	100
Sel	16,96	9,28	8,28

Il restait un mélange de caproate et de caprate de baryte.

HUITIÈME CRISTALLISATION.

664. Les cristaux sont en feuillets ou en lamelles plus ou moins épaisses, toujours opaques, n'ayant pas l'odeur du beurre, mais celle de la sueur; des échantillons ont en outre l'odeur du bouc. Les lamelles se réunissent quelquefois sous la forme de choux-fleurs.

Traitement d'un échantillon A.

665. 100 parties de sel ont été mises avec 500 parties d'eau à 23 degrés, pendant vingt-quatre heures.

1ʳᵉ solution :

Eau	100
Sel	8,29

Le 1ᵉʳ résidu a été mis avec 500 parties d'eau, pendant vingt-quatre heures.

2ᵉ solution :

Eau	100
Sel	7,41

Le 2ᵉ résidu a été mis avec 290,5 d'eau.

3ᵉ solution :

Eau	100
Sel	2,67

Le 3ᵉ résidu, qui pesait 13,8 parties, a exigé plus de 517 parties d'eau pour être dissous.

Les deux premières dissolutions, évaporées spontanément à une température de 23 degrés, ont été réduites : 1° en *petits cristaux écailleux*, formés de caproate et de caprate; 2° en *caproate.*

La 3ᵉ solution a donné de *petits cristaux écailleux* qu'on a réduits : 1° en *caprate; 2°* en *petites écailles* formées de caprate et de caproate.

La 4ᵉ solution a donné : 1° de *petits cristaux écailleux* semblables à ceux de la 3ᵉ solution; 2° du *caprate.*

Traitement d'un échantillon *B*, qui était en choux-fleurs.

666. 100 parties ont été mises avec 800 parties d'eau à 10 degrés; le 1ᵉʳ résidu a été mis avec la proportion qui constituait la 1ʳᵉ solution et ainsi de suite :

	1ʳᵉ solution.	2ᵉ solution.	3ᵉ solution.	4ᵉ solution.	5ᵉ solution.
Eau	100	100	100	100	100
Sel	7.76	4,44	0,7	0,5	0,4

La 1ʳᵉ solution a donné du caproate presque pur, et les trois dernières du caprate presque pur.

La 2e solution a donné de petites écailles formées de caproate et de caprate.

Traitement d'un échantillon C, qui était en choux-fleurs.

100 parties, traitées comme l'échantillon B, ont donné :

	1re SOLUTION.	2e SOLUTION.	3e SOLUTION.	4e SOLUTION.	5e SOLUTION.	6e SOLUTION.
Eau	100	100	100	100	100	100
Sel	8,54	6,1	3,3	1	0,65	0,5

PRÉPARATION DE L'ACIDE BUTYRIQUE.

Premier procédé.

667. On met 100 parties de butyrate de baryte dans un tube de verre fermé à un bout, avec 135 parties d'acide phosphorique d'une densité de 1,12 qu'on ajoute peu à peu : il se sépare de l'*acide butyrique oléagineux*, qui finit par se dissoudre. On ajoute 12 parties d'acide phosphorique d'une densité de 1,66 : sur-le-champ il se sépare de l'acide oléagineux ; on le décante, puis on ajoute 59 parties d'acide d'une densité de 1,12 : il se sépare de nouvel *acide oléagineux* qu'on mêle au premier.

668. Le liquide aqueux étendu d'eau, puis neutralisé par l'eau de baryte et filtré, donne par l'évaporation un sel qui a toutes les propriétés du butyrate de baryte bien caractérisé. Il a l'odeur du beurre et cristallise en longs prismes.

669. L'*acide oléagineux* a une densité de 1,0007 à 18 degrés[1] ; presque toujours il est coloré en jaune léger ; il se congèle, entre le 7e et le 8e degré au-dessous de zéro, en une matière blanche ; il se dissout en toutes proportions dans l'eau. La dissolution de 1 partie

[1] Un flacon contenant 7^g^032 d'eau contenait 7^g^037 d'acide.

d'acide et de $\frac{1}{2}$ partie d'eau a une densité de 1,018. L'alcool à 0,794 le dissout en en précipitant un peu de phosphate acide de baryte.

670. L'acide oléagineux, distillé d'abord au bain-marie, a donné *un premier produit;* distillé ensuite au bain de sable, *un second produit.* Le résidu était noir; il contenait du surphosphate de baryte.

671. A 17 degrés, sa densité était de 1,0055, ce qui prouve bien que les premières portions d'acide butyrique qu'on distille sont plus aqueuses que les dernières. *Premier produit.*

4 grammes de cet acide mis avec $17^{g},5$ de chlorure de calcium se sont échauffés; après seize heures, on a obtenu, en distillant au bain-marie, un produit dont la densité était de 0,979.

672. A 17 degrés, sa densité était de 0,977. *Deuxième produit.*

Distillé sur 3 fois son poids de chlorure de calcium au bain-marie, on a obtenu un produit dont la densité était de 0,968.

673. En mettant dans un tube de verre fermé à un bout 100 parties de butyrate de baryte et 63,36[1] parties d'acide sulfurique à 66 degrés étendu de 63,36 parties d'eau, on obtient un liquide acide limpide qu'on décante. En ajoutant au résidu 63,5 parties d'eau, on ne sépare plus d'acide liquide; on n'en sépare pas davantage en ajoutant 63,5 parties d'acide sulfurique. Deuxième procédé.

674. Le sulfate de baryte forme une pâte claire : 1° avec l'eau

[1] Cette quantité est le double de celle qui est nécessaire pour neutraliser la baryte du butyrate : cet excès d'acide est nécessaire pour obtenir le maximum d'acide butyrique hydraté.

qui n'est point entrée dans la composition de l'hydrate d'acide butyrique; 2° avec l'acide sulfurique qui n'est point entré dans celle du sulfate de baryte. Si l'on délaye le tout dans l'eau et qu'on neutralise par l'eau de baryte, on obtient une dissolution de butyrate, dont l'acide était dissous dans l'acide sulfurique aqueux. Ce butyrate a toutes les propriétés que nous avons trouvées à ce sel.

675. L'acide butyrique est limpide, incolore ou presque incolore; sa densité à 5 degrés est de 0,976 [1]; il ne précipite pas le nitrate de baryte.

676. Distillé doucement au bain de sable, avec le contact de l'air, il a donné : 1° *un acide* parfaitement limpide et incolore, dont la densité à 10 degrés était de 0,968; 2° *un résidu* brun qui contenait de l'acide butyrique pur et de l'acide butyrique altéré coloré en brun; l'eau de baryte a dissous l'acide pur et une petite quantité de l'acide altéré; il est resté des flocons colorés, dont une portion était insoluble dans l'acide nitrique. Il n'y avait pas d'acide sulfurique.

677. L'acide butyrique d'une densité de 0,968 distillé au bain-marie sur son poids de chlorure de calcium, après avoir macéré pendant trois jours avec ce dernier, a donné un produit dont la densité était de 0,9675 à 10 degrés.

PRÉPARATION DE L'ACIDE CAPROÏQUE.

678. On met dans un tube de verre fermé à un bout 100 parties de caproate de baryte avec 29,63 parties d'acide sulfurique à 66 de-

[1] J'en ai obtenu dont la densité était, à 28 degrés, de 0,971.

grés, préalablement étendus de 29,63 parties d'eau; après vingt-quatre heures, on décante un liquide acide, limpide : c'est l'acide caproïque hydraté. En ajoutant 29,63 parties d'acide sulfurique étendu de 29,63 parties d'eau, on obtient encore un peu d'acide caproïque qu'on ajoute au premier. La quantité de ce produit est à très peu près de 50 parties.

679. Le sulfate de baryte forme une pâte claire avec de l'eau et l'acide sulfurique en excès; on délaye le tout dans l'eau, et en neutralisant par l'eau de baryte, on obtient un sel semblable à celui qui a été décomposé.

680. L'acide caproïque est limpide, incolore ou presque incolore. A 23 degrés, sa densité est de 0,928; car un petit flacon contenant 6g 287 d'eau contient 5g 838 d'acide caproïque.

681. Cet acide ne contient pas d'acide sulfurique : si on le distille seul, et ensuite si on le met dans une petite cornue avec son poids de chlorure de calcium, et après quarante-huit heures si on le distille au bain-marie, on obtient un premier produit qui a une densité de 0,923 à la température de 26 degrés.

PRÉPARATION DE L'ACIDE CAPRIQUE.

682. On a mis 2g 60 de caprate de baryte dans un tube fermé à un bout, avec 2g 06 d'acide phosphorique vitreux dissous dans 8 grammes d'eau; on a obtenu l'acide caprique hydraté sous la forme oléagineuse. Premier procédé

683. Cet acide était incolore; à 12 degrés, sa densité était de 0,915; il était congelé à 11°,5.

684. 0gr 12 chauffés avec du massicot ont perdu 0gr 01 d'eau.

685. L'acide hydraté, ayant été chauffé au bain-marie dans une petite cornue pendant quinze heures, n'a paru perdre que de l'eau acidulée, le résidu avait toutes les propriétés de l'acide caprique hydraté, ainsi qu'on s'en est assuré en le combinant avec de la baryte.

Deuxième procédé.

686. 2gr 95 de caprate de baryte ont été décomposés dans un tube fermé, par 1gr 40 d'acide sulfurique concentré, préalablement étendu de 1gr 40 d'eau.

687. L'acide hydraté qu'on a obtenu avait les propriétés qu'on a décrites liv. II, chap. VII, 1re sect.

688. Le liquide aqueux d'où l'acide hydraté avait été séparé, ayant été étendu d'eau et neutralisé par la baryte pour en précipiter l'acide sulfurique, a donné du caprate de baryte par l'évaporation spontanée.

PRÉPARATION DE L'ACIDE HIRCIQUE.

689. On décompose le savon de graisse de mouton à base de potasse par l'acide tartarique ou phosphorique; on distille le liquide aqueux; l'acide hircique se volatilise avec de l'eau. Lorsqu'on a un produit exempt des sels de potasse qui auraient pu passer mécaniquement dans le récipient (655), on le neutralise par l'hydrate de baryte; on fait évaporer le liquide à siccité et on décompose l'hirciate de baryte par l'acide sulfurique préalablement étendu de son poids d'eau.

CHAPITRE II.

PRÉPARATION ET SAPONIFICATION DE LA CÉTINE.

§ 1. PRÉPARATION DE LA CÉTINE.

690. La cétine, dont j'ai examiné les propriétés, avait été séparée, par le procédé suivant, d'une huile colorée en jaune que la cétine du commerce contient toujours.

691. 50 grammes de cétine fusible à 44 degrés ont été triturés à froid avec 50 grammes d'alcool d'une densité de 0,816; les matières ont été abandonnées dans un lieu dont la température était de 18 à 20 degrés; après vingt-quatre heures, on a décanté l'alcool sur un filtre. Le résidu indissous a été traité par 100 grammes d'alcool bouillant dans un ballon, où on a laissé refroidir les matières; on a filtré. Le dépôt qui s'était précipité de l'alcool pendant le refroidissement, ainsi que la matière qui n'avait point été dissoute, ont été soumis à l'action de l'alcool bouillant, jusqu'à ce que le lavage, refroidi, filtré et évaporé, ne laissât plus ou presque plus de matière huileuse. La cétine préparée par ce moyen était fusible à 49 degrés.

692. On a obtenu la matière huileuse en faisant évaporer doucement au bain-marie l'alcool qui avait macéré avec la cétine du commerce, ainsi que ceux qui avaient servi à faire les deux premiers lavages bouillants. Le résidu de leur évaporation commençait à se figer à 32 degrés; à 23 degrés, il présentait beaucoup de cristaux de cétine et une huile jaune. On a séparé ces substances par la filtration.

Remarques sur cette huile.

693. Elle était jaune; elle exhalait l'odeur de la cétine du commerce et n'avait pas d'action sur les réactifs colorés. A 18 degrés, elle était encore fluide. Sa solubilité dans l'alcool à 0,821 était sensiblement plus grande que celle de la cétine fusible à 49 degrés; elle était très difficile à saponifier par la potasse; cependant on est parvenu à la convertir en acide margarique, en acide oléique et en une matière grasse non acide, fusible à 20 degrés environ, qui m'a paru congénère de l'éthal.

694. La petite quantité de l'huile extraite de la cétine ne m'a pas permis d'en faire un examen suffisamment précis pour que je puisse lui assigner un rang définitif dans la classification des corps gras, mais tout porte à croire qu'elle appartient au quatrième genre de ces corps. Il serait curieux de savoir si cette huile serait à la cétine ce qu'est l'oléine aux stéarines.

695. L'huile dont je viens de parler rend la cétine à laquelle elle est unie plus fusible, puisque celle du commerce se fond à 44 degrés; elle la rend aussi plus soluble dans l'alcool à 0,821, puisque 100 parties de ce liquide bouillant, qui ont dissous 2,5 parties de cétine pure, en ont dissous 3,5 de cétine du commerce; il est évident que la couleur jaunâtre et l'odeur désagréable de celle-ci sont dues à des principes étrangers à la cétine et même à l'huile, car j'ai obtenu la cétine parfaitement incolore et presque inodore; et j'ai eu l'occasion d'observer de l'huile incolore et qui n'avait qu'une très légère odeur. J'ignore à quel point l'oxygène de l'air et la lumière peuvent avoir d'action sur la cétine du commerce.

§ 2. ANALYSE DES PRODUITS DE LA SAPONIFICATION DE LA CÉTINE, ET PRÉPARATION DE L'ÉTHAL.

696. On opère très bien la saponification de la cétine en mettant dans un ballon 100 parties de cétine avec 100 parties de potasse dissoutes dans 200 parties d'eau, et en faisant digérer ces matières pendant plusieurs jours à une température de 50 à 90 degrés; il faut les agiter de temps en temps. J'avais cru d'abord que la saponification de la cétine exigeait une température plus élevée que 100 degrés: aussi l'avais-je faite dans mon digesteur distillatoire; mais depuis je me suis assuré qu'on pouvait l'opérer au-dessous de cette température.

697. On ajoute de l'eau à la masse savonneuse, on y verse de l'acide tartarique ou phosphorique en excès, on fait chauffer suffisamment pour fondre la matière grasse, et assez longtemps pour que celle-ci se rassemble à la surface du liquide. En laissant refroidir, on obtient : 1° *un liquide aqueux*; 2° *une matière grasse.*

698. En faisant évaporer le liquide aqueux auquel on a réuni les lavages de la matière grasse, on obtient un résidu auquel on applique l'alcool à 0,800. Celui-ci, évaporé doucement, ne laisse que 0,90 de partie d'un liquide sirupeux qui n'est nullement sucré et qui est formé d'eau et d'une très petite quantité de matière organique colorée. Liquide aqueux.

699. Elle pèse 101,6 parties; elle est d'un jaune serin extrêmement léger: elle commence à se figer à 45 degrés, mais elle paraît ne l'être complètement qu'entre 44 et 43 degrés; elle reste molle jusqu'à 39 degrés. En prenant son terme de congélation, quand elle est fondue sur l'eau, on trouve 44°,5 à 43°,5. Si elle s'est refroidie lentement, elle présente un tissu lamelleux et brillant. 100 parties Matière grasse.

d'alcool à 0,817 dissolvent sans bouillir 115 parties de matière grasse; la solution reste plusieurs heures sans se troubler; après vingt-quatre heures, elle a déposé de très petites aiguilles brillantes. Elle rougit fortement le tournesol, et la liqueur rouge devient bleue quand on y ajoute de l'eau.

700. Cette matière grasse est formée d'*éthal* et d'*acides margarique et oléique*. Le moyen de faire l'analyse de cette matière est très simple. On la met dans une capsule avec de l'eau de baryte; on fait chauffer en ayant soin de remuer continuellement, afin que les acides soient complètement neutralisés. On enlève ensuite l'excès de baryte par l'eau distillée bouillante, on applique de l'alcool déflegmé et froid à la matière bien desséchée. L'éthal est dissous avec un peu de margarate et d'oléate de baryte. En faisant évaporer l'alcool et reprenant le résidu par une petite quantité d'alcool très concentré ou d'éther, on dissout l'éthal et on le sépare par ce moyen des savons de baryte qui s'étaient dissous avec lui; on réunit ceux-ci aux savons indissous dans l'alcool et on les décompose par l'acide hydrochlorique pour avoir des *acides margarique et oléique* hydratés. On obtient ensuite l'*éthal* en faisant évaporer l'alcool ou l'éther; si l'éthal contenait encore des savons de baryte, il faudrait le traiter par l'alcool froid ou par l'éther.

701. 101,6 parties de matière grasse provenant de 100 parties de cétine saponifiées sont formées de :

Acides margarique et oléique hydratés fusibles à 45 degrés	60,96
Éthal	40,64
	101,60

702. Ils sont formés de : Examen des acides.

Acides secs	96,35
Eau	3,65

ainsi qu'on le reconnaît en les traitant par le massicot.

703. Ils sont dissous en totalité par l'eau de potasse bouillante. Le savon abandonné au froid dépose du *bimargarate de potasse nacré* : le liquide séparé du dépôt dépose de nouveau *bimargarate de potasse* quand il est abandonné au froid, après toutefois qu'il a été concentré et que son excès d'alcali a été neutralisé par l'acide tartarique; enfin, en filtrant de nouveau le liquide et en le soumettant au même traitement que le précédent jusqu'à ce qu'il ne dépose plus ou presque plus de bimargarate, on obtient une solution d'*oléate* de potasse.

704. Le *bimargarate de potasse* du savon de cétine est formé de : Acide margarique.

Acide margarique	100
Potasse	8,9

705. L'acide margarique de la cétine est fusible de 55 à 56 degrés; il cristallise en petites aiguilles radiées; il est insipide et inodore; à 60 degrés, il est dissous en toutes proportions par l'alcool d'une densité de 0,820; la solution rougit fortement le tournesol, et la liqueur rougie redevient bleue lorsqu'on y ajoute de l'eau.

706. L'acide margarique de la cétine uni à la baryte, à la strontiane, au massicot, donne des savons formés de :

Acide margarique	100
Baryte	27,8

Acide margarique	100
Strontiane	20,26

Acide margarique	100
Massicot	85

707. J'ai traité le margarate de potasse par l'alcool pour savoir si je le réduirais en acide margarique fusible à 60 degrés; j'ai soumis une même portion de sel à cinq traitements successifs et j'ai obtenu : 1° une portion de sel dont l'acide était fusible à 45°,5; 2° une portion de sel dont l'acide était fusible à 56°,75. Cette portion soumise à six nouveaux traitements a fini par donner : 1° un acide fusible à 55 degrés; 2° un acide fusible à 50 degrés. D'après cela, je conclus que c'est l'acide margarique et non l'acide stéarique qui se manifeste dans la saponification de la cétine.

Acide oléique.

708. La quantité de cet acide que j'ai eue ne m'a pas permis de l'obtenir absolument privé d'acide margarique. Il était coloré en jaune léger, liquide à 18 degrés, soluble en toutes proportions à la température de 25 degrés dans l'alcool d'une densité de 0,821.

709. Les oléates de baryte et de strontiane avaient la composition suivante :

Acide	100
Baryte	31,01

Acide	100
Strontiane	22,44

CHAPITRE III.

ANALYSE IMMÉDIATE DES GRAISSES QUI SONT PRINCIPALEMENT FORMÉES DE STÉARINE ET D'OLÉINE ET PRÉPARATION DE CES DEUX SUBSTANCES.

710. Les graisses dont je vais parler dans ce chapitre sont celles d'homme, de porc, de jaguar, d'oie, de bœuf et de mouton.

711. Pour analyser les cinq dernières, on les traite dans un matras à long col par l'alcool bouillant. En supposant que celui-ci ne soit pas en quantité suffisante pour dissoudre la totalité de la graisse, voici ce qu'on observe : il se dissout une combinaison d'oléine et de stéarine, dans laquelle la première est à la seconde dans un rapport plus grand que dans la graisse que l'on traite par l'alcool, et il reste conséquemment une combinaison indissoute de stéarine et d'oléine, dans laquelle la première est à la seconde dans une proportion plus grande que dans la graisse. Si on laisse refroidir, la matière indissoute se fige et se moule bientôt sur le fond du matras; au bout de quelques heures, la combinaison dissoute se réduit en deux autres combinaisons, l'une avec excès d'oléine qui reste dans l'alcool, l'autre avec excès de stéarine qui s'en précipite : au bout de vingt-quatre heures, on ajoute la liqueur afin que la combinaison qui s'était déposée de l'alcool soit suspendue dans le liquide; on jette ensuite promptement ce dernier sur un filtre. La graisse indissoute moulée sur le matras reste dans ce vaisseau; on la traite de nouveau par l'alcool, et cela jusqu'à ce que tout ait été dissous, et on jette sur le filtre, après chaque traitement, l'alcool refroidi et agité. On obtient

par ce moyen : 1° des liquides alcooliques refroidis; 2° de la stéarine retenant de l'oléine, qui s'est déposée de l'alcool bouillant par le refroidissement.

Lavages alcooliques refroidis et filtrés.

712. On les fait évaporer doucement et l'on ajoute de l'eau quand on a chassé les $\frac{7}{8}$ de l'alcool environ : on a par ce moyen *un liquide aqueux* et de l'*oléine retenant de la stéarine.*

713. Après avoir séparé l'oléine du liquide aqueux, on l'agite avec beaucoup d'eau afin de la laver, puis on la recueille dans un petit vase que l'on expose à une température suffisamment basse pour déterminer la congélation d'une portion de matière qui est principalement formée de stéarine. On sépare ensuite celle-ci de la partie fluide en filtrant dans du papier joseph; on expose successivement la partie fluide à des températures de plus en plus basses et l'on filtre après chaque exposition au froid. On finit par obtenir une oléine fluide à 4°—0, et même au-dessous.

Stéarine retenant de l'oléine qui s'est déposée de l'alcool par le refroidissement.

714. Pour l'obtenir à l'état de pureté, ou approchant de cet état, il faut la redissoudre dans l'alcool chaud, faire refroidir la liqueur, la filtrer, recueillir le précipité et le soumettre à de nouveaux traitements jusqu'à ce qu'on ait une stéarine dont la fusibilité reste constante.

715. L'analyse de la graisse d'homme et des graisses qui ont à peu près le même degré de fusibilité se fait de la manière suivante : on les expose d'abord au froid; il se concrète de la stéarine retenant de l'oléine; on jette cette matière sur un filtre; on expose la liqueur filtrée au froid pour en séparer encore de la stéarine; par ce moyen,

on obtient de l'oléine sans l'intermède de l'alcool. Quant à la stéarine, on l'extrait, au moyen de l'alcool, de la matière concrète restée sur les filtres.

716. J'examinerai dans le livre suivant les propriétés des oléines et des stéarines extraites de diverses graisses. Je rapporterai seulement ici les observations que j'ai faites sur les *liquides aqueux* (712) provenant des analyses de ces graisses.

Liquide aqueux obtenu de la graisse de porc

717. Quoiqu'il eût été filtré plusieurs fois, il était légèrement trouble; concentré, il avait une odeur et une saveur nauséabondes que je ne puis comparer qu'à celles de la bile. Après l'avoir fait concentrer davantage, on l'a filtré et on a séparé la petite quantité de graisse qui en altérait la transparence. On a fait évaporer doucement la liqueur filtrée en consistance sirupeuse, et on l'a privée ainsi de son odeur et de sa saveur nauséabondes; d'où il suit qu'un principe volatil était la cause de ces propriétés. Ce principe existerait-il dans la bile? Le résidu de l'évaporation pesait $0^{g}05$, la quantité de graisse analysée était de 86 grammes; ce résidu était jaune; il n'était ni acide ni alcalin; sa saveur était piquante et salée. Il était soluble dans l'eau et dans l'alcool; il ne contenait pas de glycérine; il a laissé un résidu formé de chlorure de sodium, de sous-carbonate de soude et d'atomes de sous-carbonate de chaux et d'oxyde de fer.

Liquide aqueux de la graisse humaine

718. Il exhalait l'odeur de la bile comme le précédent; il a donné un extrait jaune et amer. Celui qu'on a obtenu du premier lavage alcoolique de la graisse était alcalin; celui qu'on a obtenu du dernier était acide : il contenait de plus une trace d'huile empyreumatique.

Liquide aqueux de la graisse de jaguar.

719. Il avait une odeur désagréable; il contenait de la matière jaune, amère, huileuse, et à ce qu'il m'a paru un peu d'acide acétique.

Liquide aqueux de la graisse d'oie.

720. Il était absolument inodore et ne contenait qu'un atome de matière soluble dans l'eau.

Liquide aqueux de la graisse de mouton.

721. Il n'exhalait pas l'odeur de la bile, mais il donnait un extrait acide semblable à celui obtenu du dernier lavage alcoolique de graisse d'homme (718).

Liquide aqueux de la graisse de bœuf.

722. Il était roux, alcalin; il contenait un peu de chlorures de potassium et de sodium.

723. J'ai distillé de l'alcool qui avait servi aux analyses des graisses dont j'ai parlé, dans l'intention de savoir si le produit contiendrait quelque substance odorante particulière; mais je n'ai rien obtenu de notable, si ce n'est de l'alcool qui avait servi à l'analyse de la graisse de mouton; ce liquide a donné un produit qui avait une légère odeur de chandelle, parce que l'air avait agi sur la stéarine.

724. J'ai eu l'occasion de traiter des graisses de mouton et de bœuf qui coloraient l'alcool en bleu; elles devaient cette propriété à une substance étrangère à la stéarine et à l'oléine qui les constituent.

FORMULE

POUR SÉPARER LES DIFFÉRENTS PRODUITS QUI SE MANIFESTENT DANS LE TRAITEMENT DES CORPS GRAS SAPONIFIABLES PAR LA POTASSE.

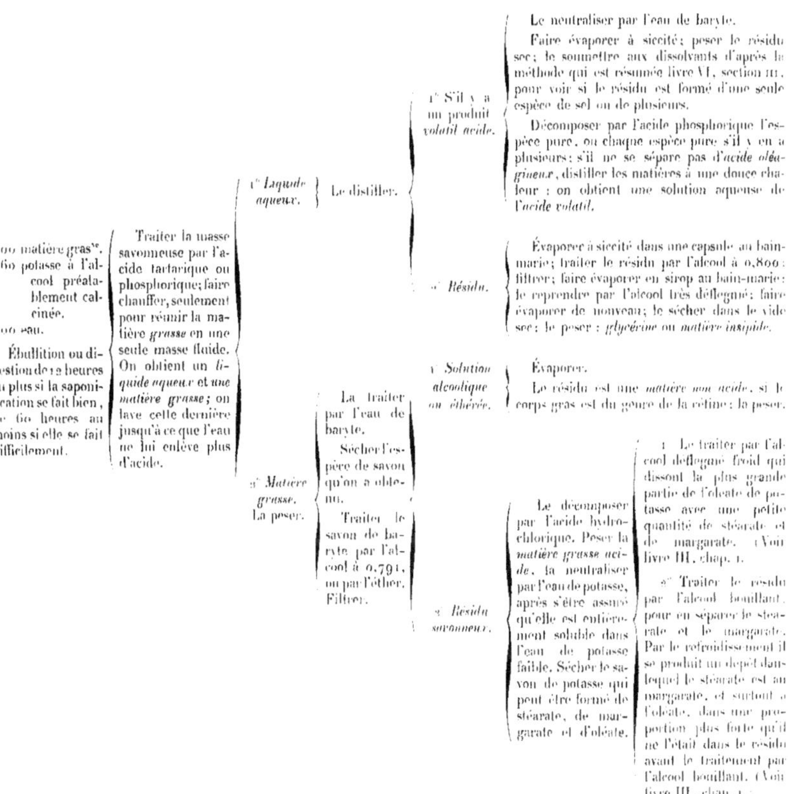

100 matière grasse.
60 potasse à l'alcool préalablement calcinée.
400 eau.

Ébullition ou digestion de 12 heures au plus si la saponification se fait bien, de 60 heures au moins si elle se fait difficilement.

- Traiter la masse savonneuse par l'acide tartarique ou phosphorique; faire chauffer, seulement pour réunir la matière *grasse* en une seule masse fluide. On obtient un *liquide aqueux* et *une matière grasse*; on lave cette dernière jusqu'à ce que l'eau ne lui enlève plus d'acide.
  - 1° *Liquide aqueux.* — Le distiller.
    - 1° S'il y a un produit *volatil acide.*
      - Le neutraliser par l'eau de baryte.
      - Faire évaporer à siccité; peser le *résidu* sec; le soumettre aux dissolvants d'après la méthode qui est résumée livre VI, section III, pour voir si le résidu est formé d'une seule espèce de sel ou de plusieurs.
      - Décomposer par l'acide phosphorique l'espèce pure, ou chaque espèce pure s'il y en a plusieurs; s'il ne se sépare pas d'*acide oléagineux*, distiller les matières à une douce chaleur : on obtient *une* solution aqueuse de l'*acide volatil.*
    - 2° *Résidu.*
      - Évaporer à siccité dans une capsule au bain-marie; traiter le résidu par l'alcool à 0,800; filtrer; faire évaporer en sirop au bain-marie; le reprendre par l'alcool très déflegmé; faire évaporer de nouveau; le sécher dans le vide sec; le peser : *glycérine* ou *matière insipide.*
  - 2° *Matière grasse.* La peser.
    - La traiter par l'eau de baryte.
    - Sécher l'espèce de savon qu'on a obtenu.
    - Traiter le savon de baryte par l'alcool à 0,791, ou par l'éther. Filtrer.
      - 1° *Solution alcoolique ou éthérée.*
        - Évaporer.
        - Le résidu est une *matière non acide*, si le corps gras est du genre de la cétine : la peser.
      - 2° *Résidu savonneux.*
        - Le décomposer par l'acide hydrochlorique. Peser la *matière grasse acide*, la neutraliser par l'eau de potasse, après s'être assuré qu'elle est entièrement soluble dans l'eau de potasse faible. Sécher le savon de potasse qui peut être formé de stéarate, de margarate et d'oléate.
          - 1° Le traiter par l'alcool déflegmé froid qui dissout la plus grande partie de l'oléate de potasse avec une petite quantité de stéarate et de margarate. (Voir livre III, chap. I.)
          - 2° Traiter le résidu par l'alcool bouillant, pour en séparer le stéarate et le margarate. Par le refroidissement il se produit un dépôt dans lequel le stéarate est au margarate, et surtout à l'oléate, dans une proportion plus forte qu'il ne l'était dans le résidu avant le traitement par l'alcool bouillant. (Voir livre III, chap. I.)

LIVRE IV.

EXAMEN COMPARATIF DE PLUSIEURS SORTES DE GRAISSES ET DU GRAS DES CADAVRES.

CHAPITRE PREMIER.

§ 1. DE PLUSIEURS PROPRIÉTÉS QUE L'ON PEUT RECONNAÎTRE DANS LES GRAISSES SANS LES DÉCOMPOSER.

725. Une graisse extraite des reins d'un homme qui avait été supplicié était colorée en jaune; elle n'avait aucune odeur. A 40 degrés, elle jouissait d'une fluidité parfaite et la conservait jusqu'à 25 degrés, où elle commençait à se troubler; à 23 degrés, elle était demi-opaque; enfin, à 17 degrés, elle était prise en une seule masse dans laquelle on distinguait une matière solide blanche et une huile jaune. Graisse humaine.

726. Une graisse extraite des cuisses d'un homme mort d'une maladie aiguë était pareillement colorée et inodore; à 15 degrés, elle était parfaitement fluide. Ayant été conservée pendant plusieurs jours à cette même température, dans un flacon fermé, elle a déposé une substance concrète; mais au bout de quinze jours, elle n'était point encore prise en une seule masse solide; une huile jaune surnageait sur la partie concrète.

727. Il est évident, d'après l'examen de ces graisses, que la

fluidité de la graisse humaine peut varier. Ces variations tiennent à des proportions diverses de stéarine et d'oléine; car la partie concrète de la graisse est une combinaison d'oléine avec excès de stéarine, et la partie fluide est une combinaison de stéarine avec excès d'oléine.

Graisse de porc.

728. Elle est blanche; son odeur est très faible[1] lorsqu'elle est solide; mais si elle est en contact avec de l'eau bouillante, elle répand une odeur fade et très désagréable.

729. Lorsqu'on l'a fondue à 50 degrés et qu'on y a plongé un thermomètre, on observe que le mercure descend à 25°,93, où il reste stationnaire quelques instants pendant la congélation de la graisse : si avant que la congélation soit complète on agite le thermomètre, le mercure remonte à 27 degrés.

730. Il y a des échantillons dans lesquels le thermomètre descend à 29 degrés et remonte à 31 degrés.

Graisse de jaguar.

731. Celle que j'ai examinée provenait d'un animal qui était mort après une longue maladie; elle avait une couleur jaune orangée, une odeur particulière très désagréable.

732. Le thermomètre que j'y plongeai après l'avoir fondue à 40 degrés est descendu à 29 degrés, et est remonté à 29°,5 lorsque la congélation a eu lieu; mais je ferai observer qu'il restait encore une certaine quantité de graisse qui n'était pas figée.

[1] Quand on a distillé une solution de graisse de porc dans l'éther, le principe odorant distille avec l'éther.

Graisse d'oie.

733. Elle était très légèrement colorée en jaune; elle avait une odeur agréable; elle m'a paru se figer à 27 degrés.

Graisse de mouton.

734. Elle est blanche; quelquefois elle a une légère teinte bleuâtre ou verdâtre. A l'état de fraîcheur, elle est presque inodore; ce n'est que quand elle a le contact de l'air qu'elle acquiert une très légère odeur de chandelle.

735. Quand on fond séparément des graisses de mouton qui ont été prises sur plusieurs individus, on en trouve dans lesquelles le thermomètre descend à 37 degrés et remonte à 39 degrés, et d'autres dans lesquelles il descend à 40 degrés et remonte à 41 degrés.

Graisse de bœuf.

736. Celle que j'ai examinée était d'un jaune pâle, son odeur très légère; un thermomètre qu'on y a plongé est descendu à 37 degrés et est remonté à 39 degrés.

Solubilité de ces graisses dans l'alcool.

737. 100 parties d'alcool bouillant, d'une densité de 0,821, ont dissous :

Graisse	humaine	2,48
	de jaguar	2,18
	de mouton	2,26
	de bœuf	2,52

738. 100 parties d'alcool bouillant, d'une densité de 0,816, ont dissous :

Graisse de porc	2,80

739. Aucune des graisses dont nous parlons n'était acide, soit

qu'on les étendît sur un papier de tournesol, soit qu'on en mêlât la solution alcoolique avec l'extrait aqueux de ce principe colorant.

§ 2. DES CHANGEMENTS DE NATURE QUE LES GRAISSES ÉPROUVENT PAR L'ACTION DE LA POTASSE.

740. 100 parties de chaque sorte de graisse ont été saponifiées par la potasse caustique à la chaux; le savon a été décomposé par l'acide tartarique : on a obtenu une *graisse acidifiée* et un liquide aqueux tenant en dissolution du bitartrate de potasse, de la glycérine et, dans quelques cas, un *principe odorant*. On a distillé le liquide aqueux, auquel on avait ajouté les lavages de la graisse acidifiée; on a neutralisé le produit par l'hydrate de baryte quand on lui a trouvé la propriété acide, et on a pesé le sel à l'état sec. Quant au résidu de la distillation, on en a séparé la glycérine au moyen de l'alcool concentré; on a fait évaporer ce dernier et on a pesé la glycérine à l'état sirupeux; on a tenu compte du tartrate de potasse que l'alcool avait dissous[1].

POIDS COMPARÉS DES PRODUITS DE LA SAPONIFICATION AVEC CEUX DES GRAISSES NATURELLES.

741. On a obtenu par la saponification de 100 parties de

	GRAISSE			
	D'HOMME.	DE PORC.	DE MOUTON.	DE BOEUF.
Graisse acide hydratée...	95,24	95,00	96,54	96,00
Glycérine.............	10,00	8,40	8,00	8,60
Sel de baryte..........	inappréciable.	inappréciable.	0,30	inappréciable.

[1] Plus loin (livre IV, chap. II, sect. I, § 2) on verra un moyen plus exact d'estimer le poids de la glycérine.

742. Les graisses saponifiées étaient entièrement acides; car en les unissant à la baryte, puis en traitant leur combinaison par l'alcool, on n'en séparait pas de substance grasse non acide. Il est superflu de dire qu'elles rougissaient fortement le tournesol.

743. Elles étaient moins fusibles que les graisses d'où elles provenaient, car la graisse acidifiée d'homme se congelait en grande partie à 35 degrés. Le thermomètre, plongé dans la graisse acidifiée de porc, descendait à 39 degrés et montait à 40°,5; dans celle de mouton, il descendait à 48 degrés et remontait à 50 degrés; dans celle de bœuf, il s'arrêtait à 48 degrés, et dans celle de jaguar, à 36 degrés.

744. Les graisses acidifiées avaient une tendance plus grande à cristalliser en aiguilles que les graisses naturelles.

745. Elles étaient solubles en toutes proportions dans l'alcool d'une densité de 0,821 bouillant. On pouvait, jusqu'à certain point, se servir de ce liquide pour les réduire d'une part en *acides stéarique* et *margarique*, et d'une autre part en *acide oléique*. Voici l'expérience que j'ai faite sur la graisse acidifiée de porc : 1 partie de cette graisse a été dissoute dans son poids d'alcool bouillant; par le refroidissement, la solution s'est prise en masse : on a fait macérer cette masse dans l'alcool froid à plusieurs reprises; on a obtenu une première liqueur alcoolique qui tenait en solution une combinaison des acides gras, fusible à 25 degrés; une seconde liqueur alcoolique, qui en tenait une fusible à 27 degrés; enfin une troisième liqueur alcoolique, qui en tenait une fusible à 32 degrés. Le résidu indissous par l'alcool était blanc, brillant, nacré: il était fusible à 51°,5. Les

essais pour savoir s'il serait possible d'isoler les acides stéarique et margarique de l'acide oléique n'ont pas été poussés plus loin.

746. Les graisses acidifiées de porc, de mouton et de bœuf avaient sensiblement la même solubilité dans les eaux de potasse et de soude.

100 parties de graisse acidifiée ont été dissoutes par

	PORC.	MOUTON.	BOEUF.
Potasse	15,40	15,41	15,42
Soude	10,29	10,27	10,24

747. Les glycérines étaient peu colorées; elles avaient une saveur agréable, à l'exception cependant de celle de la graisse de jaguar.

748. Le liquide aqueux qui provenait de la décomposition d'un savon préparé avec la graisse des reins d'un homme (725), et celui qui provenait d'un savon préparé avec la graisse du sein d'une femme, exhalaient une odeur de beurre très prononcée; mais j'ai tout lieu de penser que cette odeur était due à l'acide qui se produit dans la putréfaction des tissus azotés et non à de l'acide butyrique. Au reste, toutes les graisses humaines ne contiennent pas ce principe; car celle dont j'ai parlé (726) en était absolument dépourvue, ainsi que celle du sein d'une femme, dont j'ai fait l'analyse élémentaire, livre VI, chapitre II.

749. Le liquide aqueux du savon de graisse de mouton contient de l'acide hircique.

750. Quoiqu'on ne recueille pas une quantité sensible d'acide en

distillant le liquide aqueux du savon de bœuf, cependant le produit de ce liquide est légèrement acide et il a la même odeur que celle que les bœufs exhalent quand ils ont été échauffés par une longue course.

751. Le principe odorant est bien plus développé dans la graisse de jaguar saponifiée que dans celle qui ne l'a point été. Cette odeur, que je ne puis définir, m'a rappelé celle qui se répand quelquefois dans les ménageries d'animaux féroces.

752. J'aurais bien désiré pouvoir examiner les principes odorants du savon de graisse de bœuf et de jaguar, comparativement avec les acides odorants qui sont décrits dans le second livre; malheureusement on n'en obtient que de si petites quantités, qu'il m'a été impossible de les étudier.

§ 3. EXAMEN COMPARATIF DES ACIDES GRAS FIXES DE PLUSIEURS SORTES DE GRAISSES.

753. Les graisses acidifiées d'homme, de porc, de jaguar, d'oie, de mouton et de bœuf ont été combinées avec la potasse, et les savons qui en sont résultés ont été réduits en *matières nacrées* et en *oléates*[1].

[1] Le savon de graisse de jaguar délayé dans l'eau a déposé une matière nacrée très brillante, qui était formée d'une combinaison d'acides margarique et oléique, fusible à 42°,5, et d'une petite quantité de chaux unie à ces acides; l'alcool appliqué à la matière nacrée a dissous la combinaison des acides, à l'exclusion du savon calcaire. La combinaison des acides neutralisée par la potasse a donné un savon qui a été réduit par l'eau en potasse et en bimargarate de potasse nacré. J'ai eu trop peu de graisse de jaguar pour rechercher la cause en vertu de laquelle le savon de cette graisse délayé dans l'eau a donné un dépôt d'*acides libres* et non un dépôt de bimargarate de potasse.

ARTICLE PREMIER.

DES MATIÈRES NACRÉES ET DE LEURS ACIDES.

754. Les matières nacrées ont été purifiées par le procédé suivant : on a passé trois fois de l'eau sur les filtres qui les contenaient; on les a fait égoutter, on les a mises dans plus de quinze fois leur poids d'eau bouillante; on a filtré les liqueurs refroidies et l'on a passé à trois reprises de l'eau sur les filtres; enfin les matières nacrées ont été séchées à l'air et traitées par l'alcool bouillant. Les dissolutions ont été filtrées; après le refroidissement, on a passé de l'alcool sur les filtres; on a pressé les matières nacrées qui y étaient restées, on les a fait sécher au soleil; ensuite elles ont été analysées par l'acide hydrochlorique.

	MATIÈRE NACRÉE					
	DE GRAISSE HUMAINE.	DE PORC.	DE JAGUAR.	D'OIE.	DE MOUTON.	DE BOEUF.
Acide . .	100	100	100	100	100	100
Potasse .	8,83	8,8	8,6	8,78	8,68	8,78

755. J'ai fait bouillir des proportions égales d'eau et de ces matières nacrées, pour savoir si elles se comporteraient de la même manière : aucune d'elles n'a été dissoute. Les seules différences que j'aie remarquées étaient dans la demi-transparence plus ou moins grande des liquides, et ensuite dans quelques globules d'apparence huileuse qui se sont manifestés à la surface de l'eau qui avait bouilli avec la matière nacrée de mouton; la matière nacrée de bœuf était moins opaque que celle de mouton, et celle-ci moins que la matière nacrée de porc.

756. L'alcool bouillant d'une densité de 0,832 a dissous les ma-

tières nacrées en toutes proportions, car 20 grammes d'alcool ont dissous 50 grammes de matière nacrée à 60 degrés; on a fait concentrer l'alcool au point que celui-ci était à la matière nacrée : : 1 : 6 sans qu'il y ait eu de précipité.

757. Comparons maintenant les acides des diverses matières nacrées : tous étaient d'un blanc brillant, insipides, presque inodores, insolubles dans l'eau, solubles dans l'alcool bouillant en toutes proportions; leurs combinaisons saturées de potasse étaient solubles dans l'eau bouillante, et par le refroidissement elles se réduisaient en potasse et en matière nacrée. Les différences qu'ils m'ont présentées sont dans la fusibilité, dans la disposition et la grandeur des aiguilles qui sont produites lorsqu'on laisse refroidir l'acide à la surface de l'eau. On jugera de ces différences par les descriptions suivantes.

Acide de la matière nacrée de l'homme.

758. J'en ai obtenu :

1° En aiguilles très fines et allongées, disposées en étoiles planes, fusibles de 55 à 56 degrés;

2° En aiguilles très fines et très courtes, qui formaient des dessins ondés semblables à ceux de l'acide margarique de l'adipocire humaine;

3° En cristaux plats, brillants, entrelacés ou en étoiles comme ceux de l'acide de la matière nacrée de porc; ils étaient fusibles de 56°,5 à 56°,8.

Acide de la matière nacrée de porc.

759. On l'obtient presque toujours en cristaux plats, brillants, entrelacés ou en étoiles, fusibles à 56°,5.

Acide de la matière nacrée d'oie.

760. Semblable au précédent par sa forme; fusible à 55 degrés.

Acide de la matière nacrée de jaguar.

761. En petites aiguilles radiées, fusibles à 55°,5.

Acide de la matière nacrée de mouton.

762. En aiguilles fines, radiées, fusibles à 63 degrés.

Acide de la matière nacrée de bœuf.

763. En petites aiguilles radiées, assez semblables aux précédentes; cependant les groupes d'aiguilles sont un peu plus saillants; elles se fondent à 60 degrés.

764. En soumettant la partie acide des matières nacrées d'homme, de porc, de bœuf et de mouton à de nouveaux traitements, tels qu'ils ont été décrits livre III, chapitre I, section 3, § 1, j'ai vu :

1° Que *celle de la matière nacrée d'homme* était formée d'acide margarique fusible à 60 degrés, d'acide margarique fusible à 56 degrés et d'acide oléique; ce dernier était en très petite quantité;

2° Que *celle de la matière nacrée de porc* était formée d'acide stéarique fusible à 70 degrés, d'acide margarique et d'une petite quantité d'acide oléique;

3° Que *celle de la matière nacrée de bœuf* avait la même composition, si ce n'est qu'elle contenait plus d'acide stéarique fusible à 70 degrés, par rapport à l'acide margarique, et moins d'acide oléique;

4° Que *celle de la matière nacrée de mouton* différait de la précédente par une proportion plus forte d'acide stéarique fusible à 70 degrés; et relativement à l'acide margarique, par une proportion moindre d'acide oléique.

ARTICLE 2.

DE L'ACIDE OLÉIQUE.

765. Tous les acides oléiques que j'ai examinés avaient les mêmes

propriétés, abstraction faite de l'odeur; car, lorsqu'il s'est développé un principe odorant dans la saponification d'une graisse, il en reste presque toujours quelques traces dans l'acide oléique qui provient de cette graisse.

766. J'ai examiné les oléates de baryte, de strontiane et les sous-oléates de plomb, préparés avec l'acide oléique d'homme, l'acide oléique de porc, l'acide oléique d'oie, l'acide oléique de mouton et l'acide oléique de bœuf; et j'ai trouvé sensiblement les mêmes propriétés et la même proportion de base et d'acide à chaque espèce d'oléate, quelle que fût l'origine de l'acide qui avait été employé à le préparer.

§ 4. EXAMEN COMPARATIF DE LA STÉARINE ET DE L'OLÉINE DE DIVERSES GRAISSES.

ARTICLE PREMIER.

DES STÉARINES.

767. Toutes étaient d'un très beau blanc, inodores ou presque inodores, insipides et absolument sans action sur le tournesol.

768. Un thermomètre qu'on y a plongé, après l'avoir fait fondre, est descendu à 41 degrés et est remonté à 49 degrés; par le refroidissement, la stéarine a cristallisé en aiguilles très fines dont la surface était plane. Cette stéarine est décrite livre II, chapitre XIII. Stéarine d'homme.

769. Elle exhalait une légère odeur de graisse de porc lorsqu'elle était fondue. Le thermomètre y est descendu à 38 degrés et est remonté à 43 degrés; par le refroidissement, elle s'est prise en une Stéarine de porc.

masse dont la surface était très inégale et qui semblait formée de petites aiguilles. Lorsqu'elle se refroidissait promptement, les parties qui touchaient les parois du vase qui la contenait avaient la demi-transparence du blanc d'œuf cuit.

Stéarine d'oie.

770. Le thermomètre y est descendu à 40 degrés et est remonté à 43 degrés; elle se figeait en une masse plane.

Stéarine de mouton.

771. Le thermomètre y est descendu à 40 degrés et est remonté à 44 degrés; elle s'est figée en une masse plane dont le centre, qui s'était refroidi plus lentement sur les bords, présentait de petites aiguilles fines, radiées. Cette stéarine est décrite livre II, chapitre XII.

Stéarine de bœuf.

772. Le thermomètre y est descendu à 39°,5 et est remonté à 44 degrés; elle s'est figée en une masse dont la surface était plane et parsemée d'étoiles microscopiques; elle avait une légère demi-transparence.

Solubilité dans l'alcool.

773. 100 parties d'alcool d'une densité de 0,795 bouillant ont dissous :

Stéarine	d'homme	21,50
	de porc[1]	18,25
	d'oie	36,00
	de mouton[2]	16,07
	de bœuf	15,48

SAPONIFICATION PAR LA POTASSE.

774. 100 parties de *stéarine d'homme* saponifiées ont donné :

[1] Dans une autre expérience, on a eu 17,65.

[2] Dans une autre expérience, on a eu 15,04.

Glycérine 8,6
Graisse acidifiée hydratée 94,9

Fusible à 51 degrés, elle cristallisait en petites aiguilles réunies en entonnoir.

775. 100 parties de *stéarine de porc* ont donné :

Glycérine. 9,00
Graisse acidifiée hydratée 94,65

Elle commençait à se figer à 54 degrés, mais le thermomètre s'arrêtait à 52 degrés; elle cristallisait en petites aiguilles réunies en globules aplatis.

776. 100 parties de *stéarine d'oie* ont donné :

Glycérine. 8,20
Graisse acidifiée hydratée 94,40

Elle se figeait à 48°,5; elle cristallisait en aiguilles réunies en entonnoir.

777. 100 parties de *stéarine de mouton* ont donné :

Glycérine. 8,0
Graisse acidifiée hydratée 94,6

Elle commençait à se troubler à 54 degrés et le thermomètre se fixait à 53 degrés; elle cristallisait en petites aiguilles fines radiées.

Le liquide aqueux a donné un peu d'acide hircique, mais l'hirciate de baryte ne s'élevait pas à 0,3.

778. 100 parties de *stéarine de bœuf* ont donné :

Glycérine	9,8
Graisse acidifiée hydratée	95,1

Elle commençait à se figer à 54 degrés, mais elle ne l'était complètement qu'à 52 degrés; elle cristallisait en petites aiguilles réunies en globules aplatis.

779. Tous les savons de stéarine ont été analysés par les mêmes procédés que le savon des graisses d'où elles avaient été extraites; on a retiré de chacune d'elles de la matière nacrée et de l'oléate : la première substance était beaucoup plus abondante que la seconde.

780. La partie acide des matières nacrées de stéarine de porc et d'oie avait presque la même fusibilité que la partie acide des matières nacrées des savons des graisses de porc et d'oie.

781. La partie acide d'une matière nacrée de stéarine de mouton était fusible à 62°,5, tandis que celle d'une autre stéarine ne l'était qu'à 64°,8.

782. Quant à la partie acide d'une matière nacrée obtenue de la stéarine de bœuf, elle se fondait à 62 degrés.

ARTICLE 2.

DES OLÉINES.

783. Toutes étaient fluides à 15 degrés; conservées pendant un mois dans des flacons fermés, elles ne déposaient rien; aucune n'était acide.

ODEUR, COULEUR ET DENSITÉ DES OLÉINES.

784. Incolore, inodore; densité, 0,913. Oléine humaine.

785. Incolore, presque inodore; densité, 0,915. Oléine de porc.

786. Citrine, odorante; densité, 0,914. Oléine de jaguar.

787. Légèrement citrine, presque inodore; densité, 0,929 Oléine d'oie.

788. Incolore, légère odeur de mouton; densité, 0,916. Oléine de mouton.

789. Incolore, presque inodore; densité, 0,913. Oléine de bœuf.

SOLUBILITÉ DANS L'ALCOOL D'UNE DENSITÉ DE 0,795.

790. $11^{g}1$ ont été dissous par 9 grammes d'alcool bouillant; la solution a commencé à se troubler à 77 degrés. Oléine d'homme.

791. $11^{g}1$ ont été dissous à 75 degrés par 9 grammes d'alcool; la liqueur s'est troublée à 62 degrés. Oléine de porc.

792. $3^{g}35$ ont été dissous à 75 degrés par $2^{g}71$ d'alcool; la liqueur s'est troublée à 60 degrés. Oléine de jaguar.

793. $11^{g}1$ ont été dissous à 75 degrés par 9 grammes d'alcool; la solution ne s'est troublée qu'à 51 degrés. Oléine d'oie.

794. $3^{g}76$ ont été dissous à 75 degrés par $3^{g}05$ d'alcool; la liqueur s'est troublée à 63 degrés. Oléine de mouton.

Oléine de bœuf.

795. 5g 8 ont été dissous à 75 degrés par 4g 7 d'alcool; la liqueur s'est troublée à 63 degrés.

Saponification par la potasse.

796. Les oléines de porc, de jaguar, d'oie, de mouton, extraites par l'alcool, ont été saponifiées par la potasse; 100 parties de ces oléines ont donné 89 parties de graisse acidifiée.

797. 100 parties d'oléine de bœuf extraite par l'alcool ont donné 92,6 parties de graisse acidifiée.

798. Les quantités de glycérine n'ont point été assez exactement déterminées pour que j'en donne les poids, mais ces quantités étaient dans une proportion plus forte que celles obtenues des stéarines extraites des graisses par l'alcool.

799. Ces mêmes stéarines ayant produit moins de graisse acidifiée que leurs graisses respectives, et en outre les oléines en ayant produit moins encore, j'en ai conclu que les stéarines et les oléines avaient pu éprouver une légère altération pendant leur préparation, par l'action de la chaleur et de l'air; en conséquence, j'ai préparé des oléines de graisse humaine et de graisse de porc sans l'intermède de l'alcool, par la seule filtration de ces graisses dont une partie seulement était fluide.

800. 100 parties d'oléine humaine qui était parfaitement fluide à zéro, et qui n'était qu'en partie figée à 4 degrés au-dessous, ont donné :

Glycérine	9,8
Graisse acidifiée, fusible de 34 à 35 degrés	95

801. 100 parties d'oléine de porc parfaitement fluide à 20 degrés ont donné :

Glycérine	9
Graisse acidifiée	94

§ 5. CONSÉQUENCES DES FAITS COMPRIS DANS LES QUATRE PARAGRAPHES PRÉCÉDENTS.

802. Les graisses, considérées dans leur état naturel, se distinguent les unes des autres par la couleur, l'odeur et le degré où elles se fondent.

803. La cause de leur couleur est évidemment un principe étranger à leur propre nature, puisqu'on peut les obtenir parfaitement incolores.

804. Quant à leur odeur, elle paraît résider dans des substances analogues à celles qu'on appelle *butyrine*, *phocénine*, *hircine* ; mais ces substances ne sont contenues dans les graisses qui font l'objet de ce chapitre que dans une proportion excessivement petite.

805. La réduction des graisses en stéarine et en oléine rend compte des divers degrés de fluidité que l'on observe entre elles. Mais doit-on regarder les stéarines et les oléines provenant de différentes graisses comme deux genres, lesquels comprennent plusieurs espèces, ou bien comme deux espèces dont chacune peut être absolument représentée par une stéarine ou une oléine extraite d'une des graisses quelconques que j'ai examinées ?

806. Si les stéarines ou les oléines sont identiques, elles doivent

se comporter de la même manière lorsqu'on les étudiera dans les mêmes circonstances sous tous les rapports possibles; conséquemment elles présenteront même forme, même solubilité dans l'alcool, même décomposition par la potasse; conséquemment les acides gras et la glycérine qu'elles donneront seront identiques et en même proportion.

807. Les choses amenées à ce point, la question paraît facile à résoudre, car il semble qu'il n'y ait plus qu'à voir si les stéarines et les oléines présentent cette identité de rapports. Or les stéarines, amenées à peu près au même degré de fusibilité, présentent des différences. Les stéarines d'homme, de mouton, de bœuf et d'oie se coagulent en une masse dont la surface est plane; celle de porc, en une masse dont la surface est inégale. Les stéarines de mouton, de bœuf, de porc, ont la même solubilité dans l'alcool; la stéarine d'homme est un peu plus soluble, et celle d'oie l'est deux fois davantage. Les oléines d'homme, de mouton, de bœuf, de jaguar, de porc, ont une densité d'environ 0,915, et celle d'oie de 0,929. Les oléines de mouton, de bœuf, de porc, ont la même solubilité dans l'alcool; l'oléine d'oie y est un peu plus soluble. Si les différences dont je viens de parler étaient les seules que l'on eût observées, elles seraient insuffisantes pour faire considérer les stéarines ou les oléines qui les présentent comme autant d'espèces distinctes, par la raison que si une stéarine ou une oléine s'éloigne d'une autre par une propriété qui la rapproche d'une troisième, elle s'éloigne de celle-ci par une propriété qui la rapproche de la seconde. Plusieurs caractères ne se réunissent donc pas sur une même stéarine ou sur une même oléine pour la séparer des autres. Mais s'ensuit-il que les différences qu'elles présentent doivent être négligées de manière que l'on conclue affirmati-

vement l'identité de ces corps? Non, car si l'on examine les stéarines de mouton et d'homme sous le rapport des produits de leur saponification, on voit : 1° que la stéarine de mouton a donné *une matière grasse acide, fusible de 53 à 54 degrés,* tandis que la seconde a donné *une matière grasse acide, fusible à 51 degrés;* et cependant la première stéarine était fusible à 44 degrés et la seconde à 49 degrés. Or, dans l'hypothèse où les stéarines seraient identiques, la stéarine d'homme, fusible à 49 degrés, devrait contenir moins d'oléine que la stéarine de mouton fusible à 43 degrés; et dès lors celle-ci, loin de donner une matière grasse acide moins fusible que celle obtenue de la stéarine d'homme, fusible à 49 degrés, aurait dû en donner une plus fusible, puisque, par la saponification, l'oléine fournit plus d'acide oléique que d'acide stéarique ou margarique, et que c'est le contraire pour la stéarine; 2° que *la matière nacrée de stéarine de mouton* contient beaucoup d'acide stéarique, tandis que *la matière nacrée de stéarine d'homme* n'en contient pas : celle-ci n'est formée que d'acide margarique et d'acide oléique. D'après ces considérations, les deux stéarines ne peuvent être confondues en une seule espèce. Cette conséquence deviendra encore plus sensible lorsque je développerai, dans le 6e livre, section 3, la manière dont on définit les espèces des principes immédiats.

808. Si la stéarine d'homme et de mouton forment réellement deux espèces, il est extrêmement probable que les graisses qui donnent à la fois de l'acide stéarique et de l'acide margarique contiennent les deux espèces de stéarine, et que la stéarine de mouton elle-même est unie avec de la stéarine d'homme, puisqu'elle produit de l'acide margarique en même temps que de l'acide stéarique.

CHAPITRE II.

EXAMEN DU BEURRE DE VACHE ET PRÉPARATION DE LA BUTYRINE.

809. L'importance du beurre, considéré comme un des aliments les plus communs, comme le corps gras dont la nature est la plus compliquée, et celui qui paraît s'éloigner davantage des substances qui sont assujetties à une composition définie, quand on a égard aux différences que présentent les divers beurres relativement à leur couleur, à leur odeur et à leur fusibilité, m'a engagé à exposer avec plus de détail que je ne l'ai fait pour les graisses l'histoire chimique du beurre de vache, qui a été surtout l'objet de mes travaux.

PREMIÈRE SECTION.

SÉPARATION DE LA PARTIE GRASSE DU BEURRE D'AVEC LE LAIT DE BEURRE.

810. On fait fondre le beurre frais à une température de 60 degrés dans un vaisseau allongé; peu à peu le lait de beurre gagne le fond du vaisseau. Lorsque la partie grasse est transparente et homogène, on la décante et on la jette sur un filtre qui est placé entre deux fourneaux. La partie grasse filtrée est ensuite agitée avec de l'eau chaude à 40 degrés; quand les deux matières sont suffisamment séparées l'une de l'autre par le repos, on décante la partie grasse et on la filtre de nouveau. Après cette filtration, elle ne contient pas sensiblement d'eau; elle a perdu un peu de l'odeur et de la saveur du beurre frais; c'est dans cet état que la partie grasse va être examinée sous le nom de *beurre*.

811. Le lait de beurre séparé du beurre est laiteux et acide: quand on l'a filtré, il ne reste sur le papier qu'une très petite quantité d'une matière solide retenant beaucoup d'eau entre ses particules. Cette substance blanche et azotée paraît être du fromage; mais à ce sujet je remarquerai que l'on aurait tort de croire démontrer la présence du fromage dans le beurre frais en faisant observer le lait de beurre qui s'en sépare lorsqu'on le tient en fusion dans une cloche de verre étroite, car ce liquide est pour la plus grande partie formé d'eau et de corps qui y sont dissous.

812. Le lait de beurre filtré est transparent, jaune; il a l'odeur du beurre et du lait; il rougit le papier de tournesol; il a une saveur acide et douceâtre.

813. Quand on le distille, il se trouble aux premières impressions de la chaleur, ensuite il s'éclaircit, et, par la concentration, des flocons se manifestent.

Produit de la distillation.

814. Il est acide; il a l'odeur du fromage et du lait, ou plutôt celle de la frangipane. Neutralisé par la baryte et soumis ensuite à la distillation, il donne de l'ammoniaque et un résidu qui, étendu sur la main, exhale une odeur mixte, dans laquelle on distingue certainement celle de l'acide butyrique et celle de l'acide acétique. Ce résidu abandonné à l'air libre donne des cristaux qui, décomposés par l'acide phosphorique, exhalent une odeur mixte d'acide butyrique et d'acide acétique, et produisent des gouttes d'apparence huileuse qui surnagent sur le liquide aqueux.

Résidu de la distillation.

815. Quand on l'a filtré, il reste sur le papier des flocons de matière azotée mêlés de phosphate de chaux. Le liquide filtré contient beaucoup de sucre de lait, et en un mot toutes les substances fixes qui se trouvent dans le petit-lait. Il a une odeur acide.

816. Pour déterminer la proportion du lait de beurre contenu dans le beurre frais, j'ai mis dans un entonnoir de verre, dont le bec était fermé avec un bouchon de cristal, 40 grammes de beurre de Murs, en Anjou. Je l'ai fait fondre; lorsque la partie grasse a été bien séparée du lait de beurre, j'ai laissé figer le beurre, puis j'ai débouché l'entonnoir : j'ai obtenu 6 grammes de lait de beurre. J'ai fermé l'entonnoir de nouveau, j'ai fait refondre le beurre et j'ai obtenu encore $0^{g},5$ de lait de beurre; donc 100 parties de beurre frais de Murs contenaient 16,25 parties de lait de beurre.

DEUXIÈME SECTION.

DES PROPRIÉTÉS DU BEURRE ET DE SON ANALYSE.

---

§ 1. DES PROPRIÉTÉS QUE L'ON PEUT OBSERVER DANS LE BEURRE, SANS QUE SES PRINCIPES IMMÉDIATS SOIENT SÉPARÉS.

817. Le beurre de Murs, en Anjou, obtenu par le procédé précédent (810), avait une couleur jaune très prononcée et une odeur que je ne puis mieux comparer qu'à celle des pommes de terre cuites avec du beurre. Il était en partie liquide à la température de 26 degrés; lorsque après l'avoir fondu à 40 degrés, on y plongeait un thermomètre, celui-ci descendait à 26°,5, et remontait à 32 degrés au moment où le beurre se congelait. Abandonné à lui-même à 17 degrés, une partie liquide se séparait d'une graisse cristallisée en gros grains.

818. Il était acide au papier de tournesol sur lequel on l'étendait; en cela il se comportait comme le beurre frais : mais je ferai observer que cette acidité n'est point essentielle au beurre, car on peut en préparer qui n'a aucune action sur le tournesol.

819. 100 parties d'alcool bouillant, d'une densité de 0,822, ont dissous 3,46 parties de beurre.

§ 2. DE LA SAPONIFICATION DU BEURRE PAR LA POTASSE.

820. 20 grammes de beurre chauffés avec 8 grammes de potasse à la chaux, dissous dans l'eau, ont été saponifiés avec une

grande facilité; la masse savonneuse ayant été décomposée par l'acide tartarique, on a obtenu un *liquide aqueux* et une *graisse saponifiée* qui a été lavée avec de l'eau jusqu'à ce que celle-ci ne lui enlevât plus rien. Les lavages ont été réunis au liquide aqueux.

I. Liquide aqueux.

821. Il a été distillé.

822. Le *produit de la distillation* était très acide; il exhalait l'odeur du fromage de Gruyère; on l'a neutralisé par l'eau de baryte, puis on l'a distillé : le produit n'avait qu'une très légère odeur de glycérine; le résidu desséché pesait 1 gramme; il était formé d'acides butyrique, caproïque et caprique unis à la baryte.

823. Le *résidu de la distillation* (821), évaporé presque à siccité, a cédé à l'alcool 2g37 de glycérine sirupeuse.

II. Graisse saponifiée.

824. Elle pesait 17g7. Un thermomètre qu'on y plongeait après l'avoir fondue descendait à 39 degrés, et remontait à 40 degrés lors de la congélation; en se solidifiant, elle cristallisait en partie en aiguilles étoilées, en partie en fines aiguilles qui formaient des dessins ondés à sa surface.

825. Elle était soluble en toutes proportions dans l'alcool bouillant.

826. 100 parties de graisse saponifiée ont été dissoutes par des eaux qui contenaient 15,24 parties de potasse et 10,35 parties de soude; et je ferai observer que ces alcalis contenaient un peu de chlorure, ce qui tend à augmenter la solubilité de la graisse acidifiée sur le résultat de l'expérience que je donne.

827. Le beurre ne produit pas de matière grasse non acide, quand on l'a laissé pendant un temps suffisant avec la potasse; car 25 grammes de graisse saponifiée qui provenait du beurre ayant été traités par l'eau de baryte, l'alcool ne leur a enlevé que $0^{g}38$ d'une matière grasse, qui, ayant été soumise de nouveau à l'action de la potasse, a produit un savon soluble dans l'eau. J'ai observé que ces $0^{g}38$ ont laissé exhaler une odeur ambrée, pendant leur saponification.

828. La graisse acidifiée de beurre a formé avec la potasse un savon qui s'est réduit facilement en un dépôt de matière nacrée et en oléate de potasse.

829. La graisse acide de la matière nacrée était fusible à 56°,3; Dépôt de matière nacrée
elle cristallisait en lames brillantes. Ayant soumis à l'action de l'alcool bouillant la combinaison neutre de cette substance avec la potasse, on l'a réduite en stéarate de potasse et en margarate de potasse; l'acide stéarique était fusible à 67 degrés, mais, par une congélation lente, il ne cristallisait pas aussi bien que l'acide stéarique des graisses de mouton, de bœuf et de porc, et sa combinaison avec la potasse dissoute dans l'alcool chaud se précipitait en gelée.

830. L'acide oléique qu'on en a séparé avait toutes les propriétés Oléate de potasse
physiques et chimiques de l'acide oléique des autres graisses.

§ 3. ANALYSE DU BEURRE PAR L'ALCOOL.

831. Pour examiner les analogies que les principes immédiats du beurre de Murs pouvaient avoir avec les espèces des corps gras que j'ai décrites dans le second livre, j'ai traité 100 grammes de

beurre par l'alcool. J'employais environ 1 litre d'alcool dans chaque traitement : le premier lavage a été fait par digestion, les autres ont été faits à la température de 80 degrés ; les trois premiers étaient acides, les suivants ne l'étaient pas sensiblement. Les cinq premiers lavages ont été réunis et distillés ; l'huile qu'ils ont donnée sera examinée sous le titre d'*huile n° 1*. Quant à la substance grasse solide qui se dépose par le refroidissement des solutions du beurre dans l'alcool bouillant, ce n'a été qu'à partir du quatrième lavage qu'il s'en est séparé une quantité notable. J'ai continué les lavages jusqu'à ce que tout le beurre eût été dissous et que la partie concrète se fût déposée sous la forme de petits cristaux que j'examinerai sous le nom de *stéarine* (car la substance grasse qui se sépare des derniers lavages à l'état liquide d'abord, et qui se solidifie ensuite, est plus fusible que la substance grasse qui se dépose à l'état de cristaux ; la première se fond à 35 degrés, la seconde de 38 à 39 degrés). L'huile séparée des derniers lavages, à partir du cinquième, sera examinée sous le titre *d'huile n° 2*. Quant au liquide aqueux des cinq premiers lavages, il le sera sous le titre de *liquide aqueux n° 1 ;* le liquide aqueux des derniers lavages le sera sous le titre de *liquide aqueux n° 2*.

ARTICLE PREMIER.

DES LIQUIDES AQUEUX N°s 1 ET 2, ET DE L'ALCOOL QUI AVAIT SERVI À L'ANALYSE DU BEURRE.

832. Le liquide n° 1 avait une odeur légère, mais cependant très sensible, de beurre frais[1]. Il était légèrement acide, légèrement coloré par le *principe jaune* du beurre ; la saveur en était amère et dou-

[1] Cette odeur se retrouve principalement dans le résidu de la distillation du premier lavage du beurre frais, fait par infusion à une douce chaleur.

coâtre. Il a été neutralisé par l'eau de baryte; le liquide, quoique très limpide, a déposé par la concentration une *huile orangée* qui a fini par se redissoudre. Le résidu de l'évaporation, outre cette *huile orangée*, contenait beaucoup de *principe jaune* soluble dans l'eau et un peu des *acides volatils du beurre unis à la baryte*.

833. Le liquide n° 2 n'était presque pas acide; il ne contenait que des traces de principe jaune et des acides volatils du beurre.

834. L'alcool qui avait été séparé des liquides aqueux par la distillation était légèrement acide, au moins celui que fournirent les premiers lavages; l'ayant redistillé sur de l'hydrate de baryte, il a cédé de l'acide butyrique à cet alcali.

835. Il suit de là que l'alcool avait séparé du beurre un *principe colorant jaune*, de l'*acide butyrique*, un autre *principe aromatique* qui se trouve dans le beurre frais (je n'ai pu en avoir assez pour en étudier les propriétés). Je fais abstraction de la partie grasse du beurre, formée principalement d'huile et de stéarine.

ARTICLE 2.

DE LA STÉARINE DU BEURRE.

836. La stéarine du beurre a été traitée par l'alcool jusqu'à ce qu'elle fût devenue fusible à 44 degrés; dans cet état elle avait les propriétés suivantes :

837. Elle était d'un blanc très éclatant; son aspect nacré annonçait qu'elle était formée de petites aiguilles, car j'ai observé que

presque toutes les substances blanches qui cristallisent confusément en aiguilles très fines ont cet aspect. Elle était plus brillante que les stéarines des graisses qui ont été examinées précédemment.

838. Fondue et refroidie lentement, elle présentait à sa surface de petites aiguilles brillantes réunies en étoiles.

839. 100 parties d'alcool d'une densité de 0,822, bouillant, ont dissous 1,45 partie de stéarine.

840. La stéarine exposée à l'air prenait l'odeur de chandelle.

841. 100 parties de stéarine se sont saponifiées plus lentement que la butyrine : on a obtenu de la masse savonneuse décomposée par l'acide tartarique un *liquide aqueux* et une *graisse acidifiée.*

A. Liquide aqueux. 842. Le liquide aqueux a été distillé.

Produit. 843. Le produit était légèrement acide; neutralisé par la baryte, il a laissé 0,3 de partie de sel sec qui contenait un peu de butyrate.

Résidu. 844. L'alcool a séparé du résidu 7,2 de glycérine sirupeuse.

B. Graisse acidifiée. 845. La graisse acidifiée pesait 94,5 parties; elle se fondait à 47°,5; elle cristallisait par le refroidissement, comme l'acide margarique du savon de beurre. Elle était formée d'acides stéarique, margarique et oléique.

ARTICLE 3.

DE L'HUILE N° 1.

846. Elle était colorée en jaune. Lorsqu'elle était privée d'alcool,

elle répandait une légère odeur de beurre frais; elle avait une saveur douce agréable; elle rougissait fortement le papier de tournesol. Exposée quelque temps à 10 degrés, une portion se congelait et une autre restait fluide au-dessous de 6 degrés.

847. 100 parties d'alcool d'une densité de 0,822, bouillant, ont dissous 283,42 parties d'huile n° 1 : la solution n'était pas saturée: elle se troublait extrêmement par le refroidissement. L'ayant étendue de beaucoup d'eau, celle-ci a séparé de l'huile, un peu de *principe colorant jaune* et d'*acide butyrique*.

848. 100 parties de cette huile se sont saponifiées avec plus de facilité que le beurre et ont donné :

A. Une quantité d'acides volatils représentée par sels de baryte secs	10.5
B. Glycérine	12.0
C. Acides gras fixes fusibles à 35 degrés	84.9

849. L'huile n° 1 devait son acidité à une très petite quantité d'acide butyrique libre qu'elle contenait; car l'ayant fait digérer avec un lait de sous-carbonate de magnésie, je l'ai obtenue à l'état neutre et j'ai trouvé du butyrate de magnésie dans l'eau. Après ce traitement, elle était aussi soluble dans l'alcool qu'auparavant. Je me suis convaincu encore par cette expérience qu'elle ne contenait pas d'acides gras fixes, car ceux-ci se seraient unis à la magnésie.

ARTICLE 4.

DE L'HUILE N° 2.

850. Elle était légèrement jaune, non acide au tournesol: elle

avait une saveur douce et agréable, et moins de liquidité que l'huile n° 1.

851. 100 parties d'alcool bouillant, d'une densité de 0,822, ont dissous 20 parties d'huile n° 1; la solution s'est troublée extrêmement en se refroidissant, et elle n'a pas cédé d'acide butyrique à l'eau avec laquelle on l'a agitée.

852. 100 parties se sont saponifiées moins facilement que la précédente. La masse savonneuse était orangée, tandis que celle de l'huile n° 1 était d'un jaune de paille.

853. 400 parties d'huile n° 2 ont donné par la saponification :

A. Une quantité d'acides volatils représentée par sels de baryte secs.	8,55
B. Glycérine d'une saveur plus agréable que celle obtenue de l'huile n° 1	11,00
C. Acides gras fixes, fusibles à 38 degrés.	84,50

854. Parce que cette huile était beaucoup moins soluble dans l'alcool que la précédente, qu'elle donnait moins d'acides volatils par la saponification, j'en ai conclu qu'il y avait deux huiles dans le beurre : celle que j'ai nommée *butyrine*, et une autre qui eût présenté toutes les propriétés de l'*oléine* si on l'eût obtenue absolument privée de butyrine.

TROISIÈME SECTION.

DE LA PRÉPARATION DE LA BUTYRINE.

855. Après avoir conclu des expériences rapportées dans le paragraphe précédent l'existence dans le beurre de deux espèces d'huiles distinctes, et m'être convaincu que la grande solubilité de l'une d'elles dans l'alcool ne tenait point à l'excès d'acide qu'elle pouvait contenir, ni à ce qu'elle était acidifiée, j'ai cherché à la séparer de l'autre huile au moyen de l'alcool.

856. D'abord j'ai isolé le beurre du *lait de beurre;* je l'ai laissé refroidir très lentement dans une capsule de porcelaine profonde et je l'ai tenu exposé pendant quelques jours à une température de 19 degrés. Peu à peu il s'est réduit en une substance grenue, formée de stéarine, retenant une certaine quantité des deux huiles du beurre, et en un liquide formé des deux huiles retenant de la stéarine. J'ai facilité la séparation des deux substances en amenant la substance solide contre les parois de la capsule, où je l'ai pressée avec une large spatule.

857. La substance liquide filtrée avait les propriétés suivantes : elle était colorée en jaune; son odeur et sa saveur étaient celles du beurre chaud. A 19 degrés, sa densité était de 0,922; elle ne rougissait pas le papier de tournesol humide sur lequel on l'étendait. 100 parties d'alcool d'une densité de 0,821, bouillant, en ont dissous 6 parties. La solution n'avait pas d'action sur le tournesol.

858. On a mis dans un ballon 88 grammes de la substance

liquide du beurre avec 88 grammes d'alcool d'une densité de 0,796 : on a agité les matières, qui ont macéré à une température de 19 degrés. Après vingt-quatre heures, l'alcool a été décanté et remplacé par 176 grammes d'alcool, qui a été décanté après une macération de vingt-quatre heures. Le résidu a été traité à chaud par 176 grammes d'alcool ; tout a été dissous, mais, par le refroidissement, une portion de l'huile s'est précipitée.

Solution alcoolique.

859. Elle était très légèrement acide. On en a séparé l'alcool par une distillation ménagée. L'huile du résidu agissait légèrement sur le tournesol; elle devait cette propriété à une très petite quantité d'acide butyrique qui avait été mis à nu ou produit; on l'a isolé en faisant digérer l'huile avec un lait de sous-carbonate de magnésie; le butyrate de magnésie a été dissous par l'eau. On a décanté ce liquide, puis on a traité par l'alcool chaud l'huile qui était mêlée à l'excès de carbonate de magnésie; on a filtré : par une évaporation lente de la liqueur, on a obtenu de la *butyrine* absolument neutre aux réactifs colorés et qui ne laissait pas sensiblement de cendre quand on la brûlait. Elle a été décrite livre II, chapitre XVI.

860. Je vais comparer la butyrine : 1° à la substance huileuse dissoute dans les 176 grammes d'alcool de la seconde macération; 2° à la substance huileuse qui est restée en dissolution à froid dans les 176 grammes d'alcool qu'on avait fait chauffer avec le résidu de la seconde macération; 3° à la substance qui s'était précipitée de l'alcool par le refroidissement. Je rappellerai ici que 100 parties de butyrine saponifiée ont donné :

Sels de baryte secs	26,00
Glycérine pure	12,50
Acides gras fixes, fusibles à 32 degrés	80,50

861. Elle était moins acide que la solution précédente (859).

2. Solution alcoolique.

862. L'huile qu'on en a obtenue était jaune, moins odorante que la précédente, acide; sa densité était de 0,920. 100 parties d'alcool d'une densité de 0,821, bouillant, en ont dissous de 17 à 20 parties: la solution était acide.

863. 100 parties d'huile désacidifiée par la magnésie, ayant été saponifiées, ont donné :

Sels de baryte secs	14.75
Glycérine pure	11.00
Acides gras fixes, fusibles à 32 degrés	83.25

864. Elle ne différait de la précédente qu'en ce qu'elle n'était presque pas acide et qu'elle donnait moins d'acides volatils par la saponification.

3. Huile du résidu de la deuxième solution alcoolique qui ne s'était pas précipitée de l'alcool par le refroidissement.

865. Elle était jaune; elle avait une légère odeur de suif; à 19 degrés, sa densité était de 0,920. 100 parties d'alcool d'une densité de 0,821 en ont dissous seulement 5,5 parties. Cette solution n'avait aucune action sur le tournesol.

4. Huile du résidu qui s'était précipitée de l'alcool pendant son refroidissement.

866. 100 parties se sont saponifiées moins facilement que la butyrine. On a obtenu :

Sels barytiques secs	8,6
Glycérine pure	10.0
Acides gras fixes, fusibles à 32 degrés	90,0

867. La butyrine, dont j'ai décrit les propriétés liv. II. chap. XVI,

retenait certainement de l'oléine, dont j'aurais vraisemblablement séparé une portion, si j'avais appliqué à la combinaison de l'alcool peu concentré et froid. L'huile de la deuxième solution alcoolique ainsi que les deux huiles du résidu de cette seconde solution alcoolique étaient des combinaisons d'oléine et de butyrine auxquelles j'aurais pu enlever de la butyrine en en traitant plusieurs fois les résidus par de l'alcool chaud, qui, par le refroidissement, aurait laissé précipiter de l'oléine, retenant moins de butyrine que la combinaison qui serait restée en dissolution dans l'alcool refroidi.

Réflexions. 868. Cette analyse du beurre est d'autant plus intéressante, qu'elle montre combien il serait facile de tirer d'expériences sur les corps organiques, des conséquences contraires en apparence à la doctrine des proportions définies. Par exemple, dans l'examen que l'on ferait des parties huileuses fluides extraites des différentes sortes de beurre, si l'on se bornait à comparer ces parties huileuses fluides entre elles : 1° relativement à la proportion respective des différents produits de leur saponification; 2° relativement aux proportions d'oxygène, de carbone et d'hydrogène qui les constituent médiatement, ne serait-on pas conduit à croire que la composition élémentaire de la partie huileuse fluide du beurre n'est assujettie à aucune proportion fixe? tandis qu'en suivant notre marche d'analyse on arrive à expliquer ces résultats par l'union en proportions indéfinies de principes qui sont chacun assujettis à des proportions fixes d'éléments.

CHAPITRE III.

EXAMEN DE PLUSIEURS HUILES DE CÉTACÉS.

PREMIÈRE SECTION.

EXAMEN DE L'HUILE DU MARSOUIN COMMUN (*DELPHINUS PHOCOENA*).

§ 1. PRÉPARATION.

869. On met la panne de marsouin dans l'eau; on fait chauffer les matières au bain-marie : de l'huile se rassemble dans la partie supérieure du vaisseau; on l'y puise au moyen d'une pipette. La panne est ensuite placée sur un plan incliné, où on la tient pressée pendant plusieurs jours; il s'en écoule beaucoup d'huile qu'on réunit à la première.

§ 2. PROPRIÉTÉS DE L'HUILE.

870. L'huile que j'ai examinée avait les propriétés suivantes.

871. Elle était légèrement colorée en jaune; son odeur était celle de la sardine fraîche; elle avait une densité de 0,937 à 16 degrés.

872. Elle ne rougissait pas le tournesol; par son exposition à l'air et à la lumière, elle a perdu son odeur de sardine; sa couleur a pris plus d'intensité, ensuite elle a disparu presque entièrement; en même temps il s'est développé une acidité sensible et une odeur qui avait de l'analogie avec celle de certaines huiles de graines.

873. 5 grammes d'alcool d'une densité de 0,821, bouillant, ont dissous 1 gramme d'huile; la solution se troublait dès qu'on la retirait du feu. Ayant ajouté 4 grammes d'huile, la solution est devenue plus stable, et il m'a paru alors qu'elle pouvait s'unir à de nouvelle huile en toutes proportions.

874. 100 parties d'huile ont été chauffées avec 60 parties de potasse dissoutes dans 100 parties d'eau. Il s'est dégagé une odeur de cuir pendant la saponification. Le savon ayant été délayé dans l'eau chaude a été complètement dissous. On a ajouté à la solution de l'acide tartarique et l'on a obtenu un *liquide aqueux* et une *graisse acidifiée*, desquels on a retiré :

A. Un produit volatil acide, ayant une odeur de poisson, de cuir et d'acide phocénique : ce produit neutralisé par l'hydrate de baryte a donné : phocénate sec	16,00
B. Glycérine pure	14,00
C. Graisse entièrement acidifiée [1], ayant une odeur de cuir	82,20

875. La graisse acidifiée ayant été unie à l'eau de potasse, on a réduit la combinaison en très beau bimargarate de potasse et en oléate coloré. Le bimargarate a donné un acide du plus beau blanc cristallisé en aiguilles aplaties; il était fusible à 56 degrés.

§ 3. ANALYSE DE L'HUILE PAR L'ALCOOL ET PRÉPARATION DE LA PHOCÉNINE.

876. 200 grammes d'huile ont été mis avec 180 grammes d'al-

[1] Car ces 82,2 parties ayant été unies à la baryte et la masse savonneuse traitée par l'alcool chaud, celui-ci n'a conservé, après avoir été refroidi, que 0,28 de partie d'une matière dans laquelle on n'a pu reconnaître que de l'oléate de baryte.

cool d'une densité de 0,797; on a fait chauffer légèrement, tout a été dissous; après vingt-quatre heures, l'alcool, qui surnageait sur l'huile, a été décanté, puis il a été distillé : il est resté une *huile* n° 1; on a remis de l'alcool sur le résidu huileux : on a obtenu une *huile* n° 2 qui a été dissoute, et une *huile* n° 3 qui ne l'a pas été.

Les liquides aqueux d'où les huiles avaient été séparées contenaient un *principe colorant orangé*, de l'*acide phocénique*, du *principe ayant l'odeur du poisson* (895).

877.

HUILE N° 1.	HUILE N° 2.	HUILE N° 3.
Elle était acide; sa densité était de 0,931 à 16 degrés.	*Idem.*	Elle n'était que très peu acide, sa densité était de 0.926.
100 parties de cette huile, traitées par un lait de sous-carbonate de magnésie, ont cédé à l'eau 1,61 partie de phocénate de magnésie mêlé d'une matière jaune amère, huileuse. L'huile séparée de la magnésie pesait 96,13 parties; elle n'était pas acide et laissait à peine 1 centimètre de cendres.	Résultat analogue, si ce n'est que le phocénate de magnésie était moins abondant et moins coloré.	
100 parties d'huile non acide ont donné par la saponification :	100 parties d'huile non acide ont donné par la saponification :	100 parties d'huile saponifiée ont dégagé une odeur de cuir, l'huile a bruni, et on a obtenu :
A. Acide phocénique représenté par 27,71 parties de phocénate de baryte sec.	*A.* Acide phocénique représenté par 26,67 parties de phocénate de baryte sec.	*A.* Acide phocénique représenté par 12.92 parties de phocénate de baryte sec.
B. 14,50 parties de glycérine colorée, un peu amère.	*B.* 14.40 parties de glycérine brune, légèrement amère, presque sans odeur de poisson.	*B.* 12 parties de glycérine sucrée, peu amère.
C. 79 parties de graisse entièrement acidifiée, formée d'acides margarique et oléique.	*C.* 78,37 parties de graisse acidifiée, *idem.*	*C.* 86.4 parties de graisse acidifiée, *idem.*

878. Ces résultats, tout à fait analogues à ceux que j'ai obtenus de l'analyse de la partie huileuse du beurre, m'ayant fait admettre l'existence de deux substances dans l'huile de marsouin, j'ai traité par

de l'alcool faible et froid l'*huile* n° 1 désacidifiée; j'ai obtenu la phocénine qui est décrite livre II, chapitre XV; phocénine qui est plus voisine de l'état de pureté que ne l'était l'*huile* n° 1. Je ne doute pas que si on eût traité l'*huile* n° 3 par l'alcool, on en aurait séparé de la phocénine et qu'il serait resté une substance très analogue à l'oléine.

DEUXIÈME SECTION.

EXAMEN DE L'HUILE DU *DELPHINUS GLOBICEPS*.

§ 1. PRÉPARATION.

879. On l'a préparée comme la précédente.

§ 2. PROPRIÉTÉS DE CETTE HUILE.

880. Elle était légèrement colorée en jaune citrin; son odeur était à la fois celle du poisson et du cuir apprêté au gras; sa densité à 20 degrés était de 0,918.

881. 100 parties d'alcool, d'une densité de 0,812, ont dissous 110 parties d'huile à la température de 70 degrés. La solution n'a commencé à se troubler qu'à 52 degrés. 100 parties d'alcool d'une densité de 0,795 ont dissous 123 d'huile à la température de 20 degrés.

882. L'huile et ses solutions alcooliques n'avaient pas d'action sur le papier et sur la teinture de tournesol.

883. 100 parties d'huile digérées pendant vingt heures dans l'eau de potasse concentrée n'ont pu être complètement dissoutes. La masse savonneuse, décomposée par l'acide tartarique, a donné :

(A) De l'*acide phocénique ;*

(B) 12,6 parties de *glycérine* rousse ayant une saveur à la fois douce et très désagréable ;

(c) 66,8 parties d'une *graisse* ayant une odeur de poisson, une saveur rance; elle était formée d'*acides oléique et margarique* et d'une *matière non acide*.

884. Ce résultat m'a fait soupçonner dans cette huile la présence d'une matière analogue à la cétine.

§ 3. ANALYSE CHIMIQUE DE L'HUILE DU *DELPHINUS GLOBICEPS* PAR SON EXPOSITION AU FROID.

885. L'huile abandonnée à une température qui variait de 5 à 10 degrés a déposé des cristaux qui ont été séparés par la filtration. L'huile filtrée a été exposée à 3°—0; elle a donné encore des cristaux qui ont été séparés de la partie liquide.

ARTICLE PREMIER.

EXAMEN DE LA SUBSTANCE CRISTALLISÉE.

886. Cette substance a été égouttée sur du papier joseph, puis dissoute dans l'alcool bouillant, d'où elle s'est précipitée par le refroidissement sous la forme de beaux cristaux lamelleux. Ces cristaux, séparés de leur eau mère, ont été redissous, recristallisés et bien égouttés : c'est dans cet état qu'on les a examinés comparativement avec de la cétine qui se fondait au même degré qu'eux; je les nommerai dorénavant *cétine de dauphin*.

887. Les deux cétines cristallisaient de la même manière, soit qu'on les laissât refroidir lentement à la surface de l'eau après les avoir fondues, soit qu'elles se déposassent de l'alcool.

888. Un thermomètre plongé dans la cétine de dauphin indiquait

44°,5 quand elle a commencé à se figer, et 43°,5 quand elle l'a été complètement.

889. 100 parties d'alcool, d'une densité de 0,834, bouillant, ont dissous 2,9 parties de cétine de dauphin et 3 de cétine. Les solutions étaient neutres aux réactifs colorés.

890. On a fait bouillir pendant trente heures dans des cornues de verre des poids égaux des deux cétines, $0^{g}9$ environ avec 2 grammes de potasse dissous dans l'eau. La cétine s'est empâtée plus tôt que celle de dauphin. Comme il y avait une partie de cette dernière qui ne paraissait pas avoir éprouvé l'action de l'alcali, on lui a fait subir un nouveau traitement par la potasse. On a décomposé ensuite les deux masses savonneuses par l'acide tartarique. La matière grasse saponifiée de la *cétine de dauphin* pesait $0^{g}82$; elle était fusible à 40 degrés. La *matière grasse saponifiée* de la cétine pesait $0^{g}76$; elle était fusible à 38 degrés. Ces deux matières ont été traitées par la baryte, puis par l'alcool; on a obtenu :

DE LA CÉTINE DE DAUPHIN.

(A) *Éthal*, fusible à 47 degrés, $0^{g}151$.
(B) *Matière acide*, fusible à 45 degrés, $0^{g}552$.
Elle était formée d'acides margarique et oléique.

DE LA CÉTINE.

(A) *Éthal*, fusible à 48 degrés, $0^{g}227$.
(B) *Matière acide*, fusible à 37 degrés, $0^{g}385$.
Elle était formée d'acides margarique et oléique.

891. Si ces expériences ne démontrent pas l'identité parfaite des deux cétines, elles prouvent du moins qu'elles ont la plus grande analogie.

ARTICLE 2.

EXAMEN DE L'HUILE DE DAUPHIN DONT ON AVAIT SÉPARÉ LES CRISTAUX DE CÉTINE.

892. Sa couleur était un peu plus prononcée que celle de l'huile

dont la cétine n'avait pas été séparée; son odeur était plus forte; elle était parfaitement liquide à 20 degrés. A cette température, sa densité était de 0,924 au lieu de 0,917, densité de l'huile qui contenait la cétine.

893. 100 parties d'alcool, d'une densité de 0,820, ont dissous avant de bouillir 149,4 parties d'huile. La solution n'a commencé à se troubler qu'à 53 degrés. Elle était légèrement acide au tournesol, et la liqueur rouge redevenait bleue par l'addition d'eau. Cette acidité était due à un peu d'acide phocénique, car on l'a fait disparaître en traitant l'huile par un lait de magnésie calcinée. 300 parties d'huile ont cédé à l'eau 1 partie de phocénate de magnésie colorée en orangé.

L'huile, séparée de l'excès de la magnésie au moyen de l'alcool concentré, n'était pas acide; elle brûlait sans résidu; à 15 degrés, elle se congelait en une masse molle.

894. 100 parties d'huile non acide ont été mises en digestion pendant quinze heures avec 60 parties de potasse dissoutes dans 100 parties d'eau. La masse savonneuse n'a pas produit une liqueur parfaitement limpide quand on l'a fait bouillir dans l'eau. On a retiré de cette masse savonneuse :

(A) Une quantité d'acide phocénique représentée par 34,6 parties de phocénate de baryte.

(B) 15,00 parties de *glycérine,* qui contenait un peu du *principe ayant l'odeur du cuir,* ainsi qu'un *principe de couleur orangée,* qui existait pour la plus grande partie, si ce n'est en totalité, dans l'huile avant que celle-ci eût été saponifiée; car au moment où l'eau de potasse fut en contact avec l'huile, la couleur de celle-ci devint d'un brun orangé avant qu'on pût soupçonner que la saponification eût commencé; d'où je conclus que le principe colorant n'est point produit par l'alcali, mais qu'il est mis à nu et qu'il s'unit à la potasse, qui en rend la présence plus sensible en formant avec lui une combinaison de couleur foncée. Ce principe est resté pour la plus grande partie dans le liquide aqueux qui provenait de la décomposition du savon par l'acide tartarique; car l'huile saponifiée n'avait presque pas de couleur.

(c) 66 parties d'*huile saponifiée*. Cette matière, à 20 degrés, avait une densité de 0,892; une très faible portion était congelée. A 10 degrés, la plus grande partie était à l'état de petites lames, tandis que l'autre partie était parfaitement liquide. Elle était d'un jaune léger; elle n'avait aucune odeur de poisson et de cuir; l'eau avec laquelle on l'avait agitée la lui avait enlevée : il ne lui restait que l'odeur rance des graisses saponifiées. 100 parties de cette huile, bouillies avec des eaux qui contenaient 13,53 parties de potasse pure et 9,5 parties de soude pure, n'ont pas été parfaitement dissoutes.

L'huile saponifiée, ayant été traitée par l'eau de baryte et l'alcool, a donné :

(A) 51,7 parties d'une graisse acide, dont une portion seulement commençait à se congeler à 22 degrés; la congélation n'était complète qu'à 15 degrés. Cette substance a été réduite par l'analyse en acide margarique fusible à 54 degrés, et en acide oléique fusible à 15 degrés, qui n'avait que très peu d'odeur.

(B) 14,30 d'une substance grasse non acide, qui m'a paru analogue à l'éthal, mais qui en différait par une plus grande fusibilité et parce qu'elle semblait formée de deux substances, toutes deux non acides, mais dont l'une était fusible à 27 degrés et l'autre à 35 degrés. Je suis assez porté à croire que ces deux substances n'étaient pas pures, que toutes deux contenaient de l'éthal moins fusible dans une proportion plus forte que l'autre.

895. Il est évident pour moi que l'huile du *Delphinus globiceps* analysée contenait : 1° de la *phocénine;* 2° de la *cétine;* 3° de l'*oléine;* 4° un *principe odorant* ayant l'odeur de poisson et qui me semble identique avec le principe odorant que j'ai trouvé dans le cartilage du *Squalus peregrinus;* 5° un *principe orangé;* mais une partie de celui qu'on retire de l'analyse provient d'une altération que l'huile éprouve, ou plutôt un de ses principes, par l'action simultanée de l'oxygène atmosphérique et de la chaleur. Le *principe qui a l'odeur du cuir apprêté* à l'huile provenait de l'altération de l'acide phocénique (277).

TROISIÈME SECTION.

EXAMEN DE L'HUILE DE POISSON DU COMMERCE.

896. Elle était colorée en jaune orangé brun; son odeur était celle du poisson et du cuir apprêté au gras; elle avait une densité de 0,927 à 20 degrés. A zéro, elle a conservé sa liquidité pendant plusieurs heures; mais après quelques jours d'exposition à cette température, elle a laissé déposer une *matière grasse concrète*, qui n'était qu'en très petite quantité et qui a été séparée par la filtration. Propriétés.

ARTICLE PREMIER.

EXAMEN DE LA PARTIE LIQUIDE DE L'HUILE DE POISSON.

897. Elle n'était pas acide au papier de tournesol.

898. 100 parties d'alcool, d'une densité de 0,795 à 75 degrés, ont dissous 122 parties d'huile : la solution n'a commencé à se troubler qu'à 63 degrés; elle n'était point acide.

899. 200 grammes d'huile se sont saponifiés facilement quand on les a fait chauffer avec 120 grammes de potasse dissous dans 400 grammes d'eau. La masse savonneuse, qui était colorée en brun a été complètement dissoute par l'eau froide. La dissolution a été décomposée par l'acide tartarique : on a eu un *liquide aqueux* et une *huile saponifiée*.

900. Il était fortement coloré en jaune brun; il avait une odeur de cuir; il a été distillé. 1. Liquide aqueux.

Résidu de la distillation.

901. Il a cédé à l'alcool de la glycérine colorée en jaune, d'une saveur très agréable.

Produit.

902. Il était acide; il avait l'odeur du cuir. L'ayant neutralisé par la baryte, on a obtenu seulement 0g 3 de phocénate sec. Cette quantité est bien différente de celle qu'on a retirée de l'huile du *Delphinus globiceps*.

B. Huile saponifiée.

903. Elle avait plus de tendance à cristalliser que l'huile naturelle; elle était soluble en toutes proportions dans l'alcool d'une densité de 0,821 : la solution contenait des acides margarique et oléique.

904. 100 parties de cette huile ont été parfaitement dissoutes par des eaux qui contenaient 13,45 parties de potasse et 9,17 parties de soude.

905. 100 parties d'huile acidifiée, ayant été traitées par l'eau de baryte et l'alcool, n'ont donné que 0,6 de partie d'une matière grasse non acide, fortement colorée.

906. La solution de l'huile saponifiée dans l'eau de potasse, abandonnée à elle-même, s'est réduite en *matière nacrée*, qui s'est déposée, et en oléate, qui est resté en dissolution.

Matière nacrée.

907. Des traitements successifs par l'eau de potasse très faible, par l'alcool, ont prouvé qu'elle retenait une quantité notable de suroléate de potasse. On a fini de la purifier en la dissolvant dans l'eau de potasse : la solution, abandonnée à elle-même, a déposé un *bimargarate de potasse*, dont l'acide cristallisait en petites aiguilles fines radiées et se fondait à 56 degrés.

908. Il a été décomposé par l'acide tartarique : l'acide oléique provenant de cette décomposition ayant été exposé au froid a laissé précipiter un peu d'acide margarique qu'on en a séparé. Après ce traitement, l'acide oléique avait les propriétés suivantes : sa couleur était beaucoup plus foncée que celle des acides oléiques des graisses de porc, de mouton, de bœuf, etc. J'attribue la cause de cette couleur à un corps distinct de l'huile proprement dite, soit que ce corps provienne de la décomposition qu'une portion de l'huile aurait éprouvée par les procédés mêmes de son extraction, soit qu'il ait toute autre origine. L'acide oléique avait une odeur de poisson qu'il a communiquée à ses combinaisons avec la baryte, la strontiane et l'oxyde de plomb. Oléate de potasse.

ARTICLE 2.

EXAMEN DE LA MATIÈRE GRASSE CONCRÈTE DE L'HUILE DE POISSON.

909. Après avoir été égouttée sur du papier joseph, elle a été traitée par l'alcool bouillant; celui-ci en a séparé beaucoup d'oléine. M'étant aperçu que la matière concrète se colorait dans ce traitement, j'ai cessé de la soumettre à l'action de l'alcool : dans cet état elle a été fondue. Un thermomètre qu'on y a plongé est descendu à 21 degrés et est remonté à 27 degrés lorsqu'elle s'est figée. L'action de la chaleur lui a fait perdre son odeur de cuir.

910. 9 grammes d'alcool, d'une densité de 0,795, ont dissous 5 grammes de matière concrète. La solution a donné, en refroidissant : 1° de petites aiguilles radiées du plus beau blanc; 2° de petites aiguilles colorées en jaune. Il est resté une eau mère visqueuse, colorée en brun.

Dans cette opération, il m'a semblé que le principe colorant brun devenait plus abondant, soit qu'il s'en formât réellement aux dépens mêmes de la matière grasse pendant le traitement, soit que ce principe s'isolât d'une matière qui en masquait la couleur. Le principe colorant devenait surtout sensible par l'action de la potasse. L'on a observé que la saponification a développé l'odeur du cuir que la matière avait perdue par la fusion.

911. 3g 6 de matière grasse colorée, ayant été saponifiés par un poids égal de potasse, ont donné un savon qui a été décomposé par l'acide tartarique.

1. Liquide aqueux.

912. Le liquide aqueux a été distillé.

Résidu de la distillation.

913. L'alcool appliqué au résidu de la distillation a dissous 0g 25 environ d'un sirop jaune, dont la saveur, d'abord amère et astringente, finissait par être un peu sucrée.

Produit de la distillation.

914. Le produit de la distillation avait une légère odeur de cuir et un peu d'acidité; l'ayant neutralisé par la baryte, on a obtenu 0g 03 d'un sel sec, qui avait plutôt l'odeur de l'acide phocénique que celle du cuir; mais il y en avait trop peu pour qu'on pût prononcer sur sa nature.

2. Matière grasse saponifiée.

915. La matière grasse saponifiée contenait deux substances que l'on a séparées mécaniquement l'une de l'autre. La plus abondante pesait 3g 06; elle était d'un jaune orangé. Le thermomètre qu'on y a plongé, après l'avoir fondue, est descendu à 26°,5 et est remonté ensuite à 28 degrés. Cette matière, très soluble dans l'eau de potasse, m'a paru entièrement formée d'acides margarique et oléique. La

seconde substance ne pesait que 0g 14; elle était brune, infusible à 100 degrés, soluble en totalité dans l'alcool bouillant : elle n'a pas laissé de matière fixe quand on l'a incinérée.

916. D'après ces expériences, 100 parties de matière grasse concrète auraient donné :

Matière grasse saponifiée........................ 88,9

917. Telles sont les propriétés que m'a présentées la matière concrète séparée de l'huile de poisson du commerce. Elles placent cette matière à côté de la stéarine plutôt qu'à côté de la cétine. Au reste, comme il ne serait pas impossible que cette matière eût été étrangère à la nature de l'huile de poisson, et qu'elle n'y était d'ailleurs qu'en très petite quantité, ce qui ne m'a pas permis de la soumettre à un grand nombre d'expériences, je ne regarde pas cette opinion comme suffisamment établie.

918. On peut conclure de tout ce qui précède que l'huile de poisson du commerce que j'ai examinée se rapproche de l'huile de dauphin par son odeur, mais qu'elle en diffère : 1° en ce qu'elle ne donne que des traces d'acide volatil par la saponification; 2° en ce qu'elle ne fournit pas de substance cristallisée analogue à la cétine; 3° en ce qu'elle se saponifie plus facilement qu'elle et sans produire de substance non acide en quantité notable; 4° en ce qu'elle contient beaucoup plus de principe colorant.

CHAPITRE IV.

EXAMEN DU GRAS DES CADAVRES ET DE L'ADIPOCIRE.

919. Tout le monde sait que les cadavres qui sont enfouis dans une terre humide ne présentent au bout d'un certain temps que des os recouverts de tissus membraneux plus ou moins altérés, et d'une matière que les fossoyeurs, qui l'ont remarquée avant les savants, ont appelée *gras*.

920. Fourcroy, à qui l'on doit le premier examen chimique du gras, l'a considéré à juste titre comme une espèce de savon; mais il a méconnu les caractères de la substance grasse lorsqu'il l'a rapprochée de la cétine et de la cholestérine, en les confondant toutes trois sous le nom commun d'*adipocire*. J'ai établi dans le second livre les grandes différences qui existent entre la cétine et la cholestérine. Je ferai voir dans ce chapitre que l'*adipocire* du gras est formée de plusieurs *principes immédiats* dont aucun ne peut être confondu avec la cholestérine ou la cétine.

921. Je traiterai dans un premier paragraphe de l'analyse du gras considéré comme savon, et dans un second des propriétés de l'adipocire et de son analyse immédiate.

§ 1. ANALYSE DU GRAS EXTRAIT D'UN CADAVRE DU CIMETIÈRE DES INNOCENTS.

922. Après avoir détaché un morceau de gras de dessus un tibia, je l'ai réduit en poudre et tamisé. J'en ai mis 50 grammes dans un

matras avec 7 décilitres d'alcool d'une densité de 0,822. J'ai fait digérer les matières à une température de 60 à 70 degrés, ensuite je les ai jetées sur un filtre.

923. Il s'est déposé par le refroidissement beaucoup de petits cristaux en aiguilles qui se sont groupés sous la forme de choux-fleurs. J'ai continué de laver le gras avec l'alcool; le second lavage n'a déposé que très peu de matière en se refroidissant; les derniers lavages ne se sont pas troublés. On a filtré le premier après qu'il a eu cessé de se troubler, et l'on a passé sur le même filtre tous les lavages, chacun dans l'ordre où il avait été fait.

924. Le résidu insoluble dans l'alcool pesait 4g 85.

925. Je vais examiner : 1° *ce résidu;* 2° *le dépôt des lavages alcooliques refroidis;* 3° *les lavages alcooliques d'où le dépôt s'était précipité;* enfin je déduirai les conséquences qui résultent de cet examen relativement à l'analyse de l'adipocire.

ARTICLE PREMIER.

EXAMEN DU RÉSIDU INSOLUBLE DANS L'ALCOOL.

926. Il a été épuisé par l'eau bouillante de tout ce qu'il contenait de soluble dans ce liquide; il a été réduit à 3g 88 : l'eau avait donc dissous 0g 97 de matière.

927. Le lavage était coloré en jaune et sensiblement acide; il a été concentré en sirop, puis mêlé à l'alcool : il y a eu coagulation. Lavage aqueux.

928. Le coagulé a été délayé dans l'eau; il s'est déposé un peu de

matière azotée retenant de la chaux : la dissolution contenait une *matière colorante jaune*, une *matière azotée*, qui a donné à la distillation beaucoup de sous-carbonate et d'hydrocyanate d'ammoniaque; un *sel calcaire neutre*, que je crois être un *lactate;* enfin une très petite quantité d'un *sel de potasse*, que je crois être un *lactate*.

929. L'alcool avait dissous de la *matière jaune*, un *acide libre*, que je crois être le *lactique;* enfin un peu des sels présumés être des *lactates de chaux et de potasse*.

Résidu, pesant 3g 88.

930. Le résidu (926) a été mis en macération pendant plusieurs jours avec l'acide hydrochlorique faible; puis on a fait chauffer, on a étendu d'eau et filtré.

Dissolution hydrochlorique.

931. L'ammoniaque a séparé de l'acide hydrochlorique, du *phosphate de chaux*, de l'*oxyde de fer* et de la *magnésie*, qui était probablement à l'état de phosphate. Le sous-carbonate d'ammoniaque, ajouté à la liqueur filtrée, en a précipité de la *chaux* à l'état de sous-carbonate. Il n'est resté en dissolution qu'un atome de matière jaune.

Résidu insoluble dans l'acide hydrochlorique.

932. L'alcool bouillant a dissous ce résidu, excepté 0g 8 de matière, laquelle consistait : 1° en matière azotée, qui provenait probablement de l'altération des muscles; 2° en petits morceaux de toile, qui étaient des débris des linges qui avaient servi à ensevelir les cadavres. La solution alcoolique a déposé, en se refroidissant, 2 grammes d'adipocire cristallisée. Si cette adipocire n'avait pas été dissoute lors du traitement du gras par l'alcool, cela tenait à ce qu'elle était unie à la chaux, tandis que celle qui l'avait été était combinée à la potasse et à l'ammoniaque. La solution alcoolique, refroidie et filtrée, a été

mêlée à l'eau. On a obtenu $0^{g}4$ d'une matière dont une partie ne différait de l'adipocire précédente que par plus de fusibilité, et dont l'autre partie était sous la forme de flocons blancs, que je n'ai pu examiner à cause de leur petite quantité. L'eau qui avait servi à précipiter ces matières ne retenait qu'un peu de lactate de chaux.

ARTICLE 2.

EXAMEN DU DÉPÔT QUI S'ÉTAIT FORMÉ DANS LES LAVAGES ALCOOLIQUES.

933. Il était peu coloré; il se fondait à 79°,5. En prolongeant la fusion, il laissait dégager de l'ammoniaque et devenait en même temps plus fusible. 10 grammes de dépôt ayant été traités par l'acide hydrochlorique ont donné $9^{g}7$ d'adipocire légèrement colorée en jaune, fusible à 54 degrés. La liqueur acide, évaporée à siccité, a laissé $0^{g}73$ de matière formée de $0^{g}60$ d'hydrochlorate d'ammoniaque, $0^{g}12$ de chlorure de potassium, $0^{g}01$ de chlorure de calcium; d'où il suit que le dépôt était formé d'*adipocire* unie à *de l'ammoniaque et à un peu de potasse et de chaux.*

ARTICLE 3.

EXAMEN DES LAVAGES ALCOOLIQUES D'OÙ LE DÉPÔT PRÉCÉDENT S'ÉTAIT SÉPARÉ.

934. Ils ont été concentrés à deux reprises, et à chaque fois ils ont déposé, en se refroidissant, une assez grande quantité de matière. Je vais examiner successivement ces deux dépôts sous la désignation de deuxième et troisième.

935. Le deuxième dépôt, ayant été fondu et refroidi, a commencé Deuxième dépôt.
à se troubler à 60 degrés; mais la plus grande partie ne s'est figée qu'à 54 degrés. 100 parties, traitées par l'acide hydrochlorique, ont

donné 99,48 parties d'adipocire fusible de 53 à 54 degrés. L'acide hydrochlorique, évaporé, a laissé un résidu sec de 0g 76.

Troisième dépôt.

936. Le troisième dépôt était figé entre 51 et 52 degrés; mais il commençait à se solidifier au-dessus de cette température. 100 parties, traitées par l'acide hydrochlorique, ont donné une adipocire qui se figeait en totalité entre 51 et 52 degrés; l'acide hydrochlorique, évaporé à siccité, a laissé 2,4 parties de résidu.

Alcool d'où le troisième dépôt avait été séparé.

937. Cet alcool a été mêlé à l'eau et chauffé à 60 degrés : il s'en est séparé 2 grammes d'une adipocire rouge, fusible à 45 degrés, et 0g 2 d'une *matière floconneuse blanche*. La liqueur aqueuse, isolée de ces deux matières, a été évaporée en consistance de sirop épais. Dans cet état, elle pesait 0g 67; elle était rougeâtre et acide. Une portion, ayant été incinérée, a dégagé beaucoup d'ammoniaque; la cendre était formée de *potasse*, d'*oxyde de fer*, de *carbonate de chaux* et d'un atome de *silice*. L'autre portion a été dissoute par l'eau presque en totalité. La solution, filtrée et évaporée, a laissé un résidu auquel on a appliqué l'alcool; celui-ci a laissé précipiter de la *matière azotée* et du *lactate de chaux;* il a dissous du *lactate acide d'ammoniaque*, un peu de *lactate de potasse* et de la *matière colorante jaune*. La liqueur dont je viens de parler avait beaucoup de ressemblance avec le lavage aqueux du résidu du gras insoluble dans l'alcool. Voici les expériences qui m'ont fait penser que l'acide de ces liqueurs était le lactique : il était fixe; il a refusé de cristalliser; il ne précipitait pas les sels de plomb; il formait même avec le massicot un sel soluble dans l'eau et l'alcool; ses combinaisons avec la potasse, la soude, étaient déliquescentes; et il m'a semblé qu'il formait avec l'oxyde de zinc un sel insoluble ou peu soluble.

ARTICLE 4.

CONSÉQUENCES DE L'EXAMEN PRÉCÉDENT.

938. 1° Le gras des cadavres, considéré à l'état de pureté (c'est-à-dire abstraction faite de l'acide lactique et des lactates, de la matière azotée, etc.), n'est point un simple composé d'adipocire et d'ammoniaque, puisqu'une portion notable de la matière grasse est unie à la chaux et à la potasse.

2° L'adipocire ne peut être considérée comme une espèce de corps, puisqu'on l'a obtenue avec des propriétés variables; ainsi l'adipocire du premier dépôt (933) et celle du deuxième se fondaient à 54 degrés, celle du troisième à 52 degrés, enfin celle de l'eau mère à 45 degrés. Ces adipocires différaient encore par la couleur.

3° L'adipocire la moins fusible paraissait avoir plus d'affinité pour les bases que l'adipocire plus fusible, puisque celle du savon calcaire (932), fusible à 54 degrés, était saturée de chaux; celle du premier dépôt (933), également fusible à 54 degrés, contenait une proportion très forte de base; tandis que l'adipocire de l'eau mère, fusible à 45 degrés, n'en contenait pas, ou qu'extrêmement peu. La combinaison des bases avec l'adipocire la moins fusible a été une des causes de la séparation de cette adipocire d'avec l'adipocire plus fusible: car en traitant par l'alcool, comme j'avais traité le gras naturel, du gras auquel j'avais enlevé ses bases par l'acide hydrochlorique, je n'ai pu obtenir de ce dernier des adipocires aussi différentes en fusibilité que celles séparées du gras naturel.

§ 2. EXAMEN DE L'ADIPOCIRE.

939. Puisque le gras est un savon, il était vraisemblable que je trouverais à l'adipocire qui le constitue les caractères d'une graisse

saponifiée, c'est-à-dire la propriété de se dissoudre en grande quantité dans l'alcool d'une densité de 0,820 bouillant, celle de rougir la teinture de tournesol, et enfin celle de s'unir à la potasse avec la plus grande facilité, et cela sans perdre de son poids ni aucune de ses propriétés. Que l'on examine l'adipocire sous ces trois rapports, et l'on observera : 1° qu'elle est dissoute en toutes proportions par l'alcool bouillant d'une densité de 0,820; 2° que cette solution rougit le tournesol, et je dois faire observer que l'adipocire se trouvait, dans le gras analysé, à l'état de sursel, puisque le gras dissous à froid dans l'alcool rougissait le tournesol sans avoir été préalablement traité par un acide; 3° que l'adipocire s'unit facilement à la potasse sans perdre de son poids et sans que sa fusibilité et ses autres propriétés soient changées. C'est ce dont je me suis convaincu en unissant 10 grammes d'adipocire fusible à 51°,5 avec 6 grammes de potasse à l'alcool. En décomposant le savon par l'acide hydrochlorique, j'ai obtenu 9^{g}9 d'adipocire fusible à 51°,5.

940. Il me restait à déterminer la nature des principes immédiats de l'adipocire. J'ai cherché d'abord à les isoler au moyen de l'alcool bouillant. L'adipocire sur laquelle j'ai opéré était fusible à 47 degrés; les substances en lesquelles je l'ai réduite étaient toujours colorées; l'une se fondait à 49°,75, l'autre à 41°,24. D'après cela, j'ai eu recours à la potasse; j'étais sûr que cette base ne ferait pas éprouver d'altération à l'adipocire, puisque je savais qu'une graisse qui a été saponifiée n'éprouve plus aucun changement de la part d'un alcali auquel on l'unit de nouveau, et qu'en outre je savais que l'adipocire était une graisse saponifiée.

941. J'ai fait chauffer 60 grammes d'adipocire fusible à 45 degrés

avec 420 grammes d'eau qui tenait 30 grammes de potasse en dissolution : un savon mou, opaque, s'est séparé, par le refroidissement, d'une eau mère orangée.

942. Le savon délayé dans l'eau a laissé déposer plus de 40 gr.[1] de *matière nacrée*, semblable par son aspect au bimargarate de potasse. Le liquide savonneux séparé de ce dépôt, décomposé par l'acide tartarique, a donné 16 grammes d'une *adipocire rougeâtre* plus fusible que celle qui avait été combinée à la potasse, 1g5 d'une *adipocire floconneuse* qui se fondait dans l'eau bouillante en une matière en partie orangée, en partie blanche. La partie blanche m'a paru analogue à la matière dont j'ai parlé (937) : elle était en trop petite quantité pour être l'objet d'un examen. Toutes ces adipocires ont été réunies et combinées à l'eau de potasse. Quand le savon qui en est résulté a été épuisé de toute *matière nacrée*, on l'a décomposé par l'acide tartarique ; on a obtenu un *acide huileux fluide à 7 degrés*. Je vais examiner :

1° *Les dépôts de matière nacrée ;*

2° *L'acide huileux fluide à 7 degrés ;*

3° *L'eau mère du savon d'adipocire* (941), à laquelle on a réuni tous les liquides aqueux qui provenaient des dissolutions de savon qu'on avait décomposées par l'acide tartarique, après les avoir séparés des dépôts nacrés.

ARTICLE PREMIER.

EXAMEN DE LA MATIÈRE NACRÉE DU SAVON D'ADIPOCIRE.

943. Elle a été purifiée par le procédé décrit livre III, chapitre I.

[1] J'en ai recueilli 40 grammes, mais il y en avait eu de perdue.

section I, § 1, article 1 (603). 3 grammes décomposés par l'acide hydrochlorique ont donné 2^g79 d'un acide gras fixe et 0^g382 de chlorure de potassium, qui représentent 0^g242 de potasse; donc :

Acide	2758	100
Potasse	242	8,78

944. L'acide gras était fusible à 56 degrés; il cristallisait en aiguilles extrêmement fines, réunies de manière à présenter une surface ondée. L'acide margarique de graisse d'homme fusible à 56 degrés se présente souvent sous la même forme. Il était soluble en toutes proportions dans l'alcool bouillant, cristallisait en belles lames nacrées par le refroidissement; la solution rougissait fortement le tournesol; il se combinait à la potasse dans le rapport de 100 à 18,2; en un mot, il avait les propriétés de l'acide margarique.

ARTICLE 2.

EXAMEN DE L'ACIDE HUILEUX.

945. Cet acide était fluide à 7 degrés, coloré en orangé; il rougissait fortement le tournesol; il était soluble en toutes proportions dans l'alcool; il formait avec la potasse un savon extrêmement soluble dans l'eau; la solution était jaune. Cet acide m'a paru se comporter avec le sous-carbonate de baryte comme l'acide oléique. En conséquence, je le considère comme étant identique avec l'acide oléique : la seule différence notable qu'il présente est sa couleur, qu'il doit certainement à une substance étrangère.

ARTICLE 3.

EXAMEN DE L'EAU MÈRE DU SAVON D'ADIPOCIRE, ETC.

946. On a réuni à cette eau mère, ainsi que je l'ai dit (942),

les liquides aqueux qui provenaient de différentes dissolutions savonneuses qu'on avait décomposées par l'acide tartarique, après en avoir séparé la matière nacrée. La liqueur qui est résultée de ce mélange contenait un excès d'acide tartarique. Elle a été distillée.

947. L'eau qui s'est vaporisée a emporté avec elle un peu d'*ammoniaque* et un principe qui avait l'odeur de l'adipocire. Produit.

948. Le résidu était coloré en jaune orangé; on a continué de l'évaporer dans une capsule; il y a eu un moment où l'on a aperçu à la surface de la liqueur des gouttelettes orangées qui m'ont paru être de l'*acide oléique;* mais elles ont fini par se redissoudre dans l'excès d'acide tartarique, lorsque celui-ci a été plus concentré. On a neutralisé l'excès de cet acide par du carbonate de potasse : on a fait évaporer à siccité et l'on a appliqué l'alcool concentré au résidu, afin de séparer le tartrate de potasse et le carbonate qui pouvait être en excès. Résidu.

949. La *solution alcoolique* a été évaporée; le résidu a été repris par l'eau et mêlé avec l'hydrochlorate de baryte; il s'est fait un précipité d'*oléate de baryte coloré en orangé,* qui était mêlé de quelques atomes de tartrate et de sous-carbonate de baryte. On a obtenu l'acide oléique en traitant le précipité par l'acide tartarique, évaporant doucement à siccité, traitant le résidu par l'alcool qui a dissous l'acide gras uni à un principe colorant jaune, mêlant l'alcool avec l'eau.

950. La liqueur qui avait été précipitée par l'hydrochlorate de baryte a été évaporée à siccité; la matière fixe a été mise avec de l'alcool : il s'en est séparé un peu d'*oléate de baryte* qui était moins

coloré que le précédent. La dissolution, filtrée, concentrée, a été mêlée à un peu de sulfate de potasse, afin d'obtenir du chlorure de potassium et du sulfate de baryte. Quand elle a été évaporée à sec, on a appliqué l'alcool; celui-ci s'est emparé d'une *matière jaune orangée*, très amère et soluble dans l'eau. Elle retenait un atome d'acide oléique.

ARTICLE 4.

CONSÉQUENCES.

951. L'adipocire n'est point une substance immédiate simple, puisqu'elle se réduit : 1° en acide margarique; 2° en acide oléique; 3° en principe colorant jaune; 4° en principe odorant. Les deux premiers corps constituent essentiellement l'adipocire; l'acide margarique est dans une proportion beaucoup plus forte que l'acide oléique, car on obtient de 100 parties d'adipocire fusible à 45 degrés, au moins 90 parties de matière nacrée dont l'acide est fusible à 56 degrés, et seulement de 6 à 7 parties d'acide oléique; et l'on obtient de 100 parties d'adipocire fusible à 54 degrés, 100 parties de matière nacrée et seulement 0,7 de partie d'acide oléique.

952. L'union de l'acide oléique avec le principe colorant jaune est très forte, et c'est assurément ce dernier qui donne à l'acide oléique de la tendance à se dissoudre dans l'eau et l'acide tartarique.

953. Il est évident que les différences qu'on observe dans le degré de fusibilité de divers échantillons d'adipocire dépendent de la proportion respective de l'acide margarique à l'acide oléique.

§ 3.

954. J'ai examiné un assez grand nombre d'échantillons de gras,

et quoique tous m'aient donné des résultats plus ou moins analogues à ceux que je viens d'exposer, cependant il n'est pas superflu de consigner ici ce que j'ai observé sur deux échantillons de gras produits dans des circonstances assez différentes de celles où le gras se forme lorsque les cadavres sont enfouis dans la terre.

ARTICLE PREMIER.

MOELLE D'UN OS CONVERTIE EN PARTIE EN GRAS.

955. Un tibia de mouton trouvé au milieu de matières fécales, lorsqu'on a fait des fouilles près de la butte Chaumont, pour le canal Saint-Martin, et qui, d'après les renseignements qui m'ont été communiqués, devait avoir séjourné dans ces matières pendant un siècle environ, ayant été brisé aux deux bouts, a présenté sa moelle dans l'état où je vais la décrire.

956. Elle exhalait l'odeur des matières fécales; elle était d'un blanc légèrement rosé; un papier de tournesol rouge qu'on introduisait dans sa masse passait au bleu parce qu'il y avait de l'ammoniaque. La moelle mise dans l'alcool à la température de 30 degrés n'était qu'en partie dissoute, et la solution n'agissait point sur le tournesol tant qu'elle n'avait pas perdu d'ammoniaque par l'action de la chaleur.

957. L'eau bouillante n'enlevait à la moelle que des traces d'un extrait roux, légèrement acide, salé, qui contenait du chlorure de sodium et, à ce qu'il m'a paru, de l'hydrochlorate d'ammoniaque, mais sans glycérine; pendant l'ébullition, il s'était dégagé de l'ammoniaque et des traces d'acide hydrosulfurique.

958. 100 parties de moelle supposée sèche ont donné à l'analyse 66 parties de savon calcaire et magnésien dont la partie acide était fusible à 42 degrés, 9 parties de savon ammoniacal, et enfin 25 parties d'une matière grasse non acide fusible à 37 degrés; mais je ferai observer que la moelle n'était point homogène, car des portions ont donné 0,50 de leur masse de savon, et d'autres 0,20 seulement.

ARTICLE 2.

GRAS DE BÉLIER, FORMÉ AU MILIEU D'UNE EAU STAGNANTE QUI CONTENAIT DU SULFATE ET DU CARBONATE DE CHAUX.

959. Il était blanc et couvert en quelques parties de sous-carbonate de chaux qui faisait une vive effervescence avec l'acide hydrochlorique. Il y avait dans ce gras des portions qui étaient entièrement formées de savon calcaire, tandis que d'autres offraient un mélange de savon calcaire mêlé d'adipocire libre.

Savon calcaire. 960. Il n'a cédé à l'alcool bouillant que du savon calcaire.

961. Traité par l'acide hydrochlorique faible, il lui a cédé de la chaux et des traces de peroxyde de fer; des fibres musculaires ont été séparées, et enfin une adipocire presque blanche, fusible à 44 degrés, d'une odeur âcre, désagréable, a surnagé sur le liquide.

962. Cette adipocire était entièrement acide, car elle s'est dissoute instantanément dans l'eau de potasse faible et chaude; et, séparée ensuite de l'alcali, elle avait le même poids et le même degré de fusibilité qu'avant d'y avoir été unie : elle n'avait perdu que des traces d'acide hircique et d'une matière jaune amère.

963. Cette adipocire, unie à l'eau de potasse très faible, a été

convertie en matière nacrée dont l'acide était fusible à 57 degrés, et en oléate dont l'acide était peu coloré.

964. Au moyen de l'alcool, on a réduit cette matière en adipocire libre, fusible à 54 degrés, et en savon dont l'adipocire était fusible à 46 degrés. Ces deux adipocires étaient l'une à l'autre :: 1 : 3. J'ai tout lieu de penser que ces adipocires contenaient de l'acide stéarique, outre les acides margarique et oléique; cependant je ne l'ai pas reconnu par l'expérience.

LIVRE V.

INTRODUCTION.

965. Les chimistes de l'école de Stahl, qui croyaient que l'acide qu'on obtient des huiles distillées était un de leurs principes constituants, l'ont regardé assez généralement comme la cause de l'union des huiles avec les alcalis. Plus tard, M. Berthollet a fait dépendre cette union de l'affinité de l'huile elle-même pour les alcalis; il a considéré avec raison les savons comme des composés dans lesquels les bases salifiables sont neutralisées par des matières grasses dont l'action est analogue à celle des acides. M. Œrsted a professé la même opinion. Enfin quelques chimistes ont avancé, sans s'appuyer d'ailleurs sur aucun fait positif, que l'huile ne pouvait se saponifier qu'autant qu'elle absorbe de l'oxygène. Tel était l'état de la science lorsque j'ai commencé à travailler sur les corps gras. Je vais m'occuper dans ce livre d'expliquer le changement de composition que beaucoup de corps gras éprouvent de la part des alcalis, changement qui constitue la *saponification*. Je considérerai cette opération sous deux points de vue généraux : 1° *par rapport aux corps gras*; 2° *par rapport aux bases salifiables*.

PREMIÈRE PARTIE.

DE LA SAPONIFICATION CONSIDÉRÉE PAR RAPPORT AUX CORPS GRAS.

966. Avant de faire usage des faits qui sont exposés dans les livres précédents et qui doivent servir de base à une théorie de la saponification, il est nécessaire d'examiner : 1° si dans cette opération il se produit de l'acide acétique; 2° s'il se forme de l'acide carbonique; 3° si le contact de l'oxygène libre est nécessaire pour qu'elle s'effectue.

CHAPITRE PREMIER.

§ 1. Y A-T-IL PRODUCTION D'ACIDE ACÉTIQUE DANS LA SAPONIFICATION?

967. Sachant que la potasse à l'alcool contient souvent de l'acide acétique, j'ai opéré la saponification de 190 grammes de graisse de porc par la potasse à la chaux : le savon a été décomposé par l'acide tartarique; le liquide aqueux qui en est provenu a été distillé. Le produit ayant été neutralisé par la baryte n'a donné que 0gr 01 d'acétate sec, quantité si petite qu'on peut la négliger, quelle qu'en soit l'origine(1). Ayant saponifié la même quantité de graisse par la potasse à l'alcool, le savon a donné 0gr 15 d'acétate de baryte. Cette quantité, comparée aux 190 grammes de graisse, est encore bien petite, et, comparée au centigramme obtenu du savon formé avec la potasse à la chaux, prouve que la potasse à l'alcool peut introduire de l'acide acétique dans les produits d'une saponification.

§ 2. Y A-T-IL PRODUCTION D'ACIDE CARBONIQUE DANS LA SAPONIFICATION?

968. Pour résoudre cette question, j'ai pris une cloche de 0m 03 de diamètre et de 0m 3 de hauteur: je l'ai renversée et j'y ai mis du mercure chaud à 28 degrés jusqu'à ce qu'il restât un espace suffisant pour contenir exactement 16gr 5 de graisse fondue. Après que cette

(1) Il pourrait se faire que l'acide que je regarde ici comme de l'acétique lui fût analogue seulement par la volatilité et l'odeur, et qu'il appartînt au groupe des acides gras volatils que j'ai fait connaître dans le livre II. Dans ce cas, il devrait son origine à une huile analogue à la butyrine, à la phocénine qui existerait dans la graisse de porc.

substance a été introduite dans la cloche, j'ai fermé celle-ci avec un obturateur de verre et je l'ai renversée sur la cuve à mercure. Ensuite j'ai fait dissoudre 21 grammes de potasse à l'alcool dans 66 grammes d'eau; j'ai pris deux volumes égaux de cette solution, j'en ai fait passer un dans la cloche, et l'autre dans une seconde cloche qui était remplie de mercure; j'ai exposé la première devant la porte d'un fourneau allumé pendant trente heures; j'agitais de temps en temps les matières : j'ai observé qu'il se dégageait des bulles de gaz qui se rassemblaient dans la partie supérieure du vaisseau. Lorsque la saponification a été achevée, j'ai introduit dans la cloche qui contenait la potasse pure une mesure d'acide hydrochlorique concentré, qui était un peu plus que suffisante pour neutraliser l'alcali : il s'est dégagé 30 centimètres cubes de gaz acide carbonique. Ayant ainsi reconnu la quantité de cet acide contenue dans la potasse qui avait servi à la saponification, j'ai fait passer l'eau mère du savon dans une cloche plus grande que celle qui le contenait, parce que je craignais que celle-ci ne fût trop petite pour recevoir tout l'acide carbonique qui pouvait avoir été produit. Cela étant fait, j'ai décomposé le savon par une mesure d'acide hydrochlorique égale à celle qui avait été employée dans l'expérience précédente. La décomposition a été très longue à s'opérer, à cause du peu de contact de l'acide avec le savon. Enfin, quand elle a été achevée, on en a réuni les produits à l'eau mère, on a séparé le produit gazeux qui s'était dégagé et on l'a analysé par la potasse. Il était formé de 31 centimètres cubes de gaz acide carbonique et de $5^{cc}57$ d'un gaz qui avait les propriétés de l'azote; car il était impropre à la combustion, non inflammable et insoluble dans l'eau et la potasse. Je crois qu'on peut conclure de cette expérience qu'il ne se produit pas de quantité notable d'acide carbonique dans la saponification de la graisse de porc.

969. Les graisses d'homme, de jaguar, de bœuf et de mouton m'ont donné le même résultat; on peut s'en convaincre en jetant les yeux sur le tableau suivant :

	ALCALI	
	QUI A SERVI À LA SAPONIFICATION; IL CONTENAIT :	QUI N'A PAS SERVI À LA SAPONIFICATION : IL CONTENAIT :
20 grammes de graisse d'homme.	Quantité *a* d'acide carbonique.	Quantité *a* d'acide carbonique + 5^{cc}.
20 grammes de graisse de jaguar.	Quantité *a* d'acide carbonique.	Quantité *a* d'acide carbonique.
20 grammes de graisse de bœuf.	Quantité *a* d'acide carbonique + 5^{cc}.	Quantité *a* d'acide carbonique.
20 grammes de graisse de mouton.	Quantité *a* d'acide carbonique.	Quantité *a* d'acide carbonique + 4^{cc} 5.

970. La première colonne renferme la quantité et le nom de la graisse qui a été saponifiée; la seconde et la troisième colonne indiquent s'il y a eu une différence entre le volume d'acide carbonique qu'on a obtenu de la quantité d'alcali qui a servi à saponifier la graisse, et le volume d'acide carbonique obtenu d'une autre quantité d'alcali qui n'a pas servi à la saponification et qui était égale à la première; quand il y a eu une différence, le gaz carbonique en excès est indiqué en centimètres cubes.

971. Le beurre et l'huile de poisson se sont saponifiés sans produire d'acide carbonique.

972. 3^{g}10 de cétine ont été fondus dans une cloche de verre; quand la cétine a été figée, on a rempli la cloche de mercure, on l'a renversée dans un bain de ce métal et on y a introduit une forte solution de potasse, qui contenait environ 5 grammes d'alcali et qui

avait été soumise à une longue ébullition pour la priver d'air. Un volume égal de cette solution a été mis de côté; la cétine a été chauffée tous les jours pendant un mois; au bout de ce temps, la saponification paraissait complète, et il ne s'était dégagé aucune quantité sensible de gaz. On a fait passer de l'acide hydrochlorique dans la cloche; après l'entière décomposition du savon, on a obtenu un volume d'acide carbonique qui, ramené à la sécheresse extrême, à la température de zéro et à la pression de $0^{m}760$, occupait 30 centimètres cubes. Le volume de potasse égal à celui qui avait servi à la saponification, ayant été sursaturé par la même quantité d'acide hydrochlorique, a donné 21 centimètres cubes de gaz acide carbonique; conséquemment, il y avait un excès de 9 centimètres cubes de ce gaz, pesant $0^{g}0178$ dans la potasse qui avait saponifié la cétine. Conséquemment, 100 parties de cétine auraient donné 0,57 de partie d'acide carbonique; je regarde cette quantité comme étant trop petite pour être prise en considération.

§ 3. LE GAZ OXYGÈNE EST-IL NÉCESSAIRE À LA SAPONIFICATION?

973. Quoique cette question soit presque complètement résolue par les recherches précédentes, cependant je crois devoir rapporter l'expérience suivante, qui a été faite avec beaucoup de soin. En prenant les précautions indiquées plus haut, j'ai mis dans une cloche de 3 décilitres de capacité, contenant déjà du mercure, 50 grammes de graisse qui avait été tenue pendant quelque temps en fusion : j'ai renversé la cloche dans un bain de mercure; j'ai fait bouillir ensuite 250 grammes d'eau; quand il y en a eu environ 100 grammes de vaporisés, j'ai laissé le reste se refroidir sur le mercure sans le contact de l'air. J'ai fait dissoudre 30 grammes de potasse à l'alcool et j'ai fait passer la solution dans la cloche qui contenait la graisse; les

matières ont été exposées entre deux fourneaux allumés pendant trois jours. La graisse est devenue d'abord opaque et gélatineuse; elle ressemblait à de l'huile congelée. La masse gélatineuse a augmenté peu à peu, et en même temps elle a perdu de son opacité. Pendant l'acte de la combinaison, il ne s'est dégagé que quelques bulles de gaz. Quand l'opération a paru achevée, on a abandonné les matières à elles-mêmes. Au bout de quinze jours, il s'était formé des cristaux étoilés dans la masse gélatineuse; le nombre en a augmenté peu à peu dans une proportion si grande, que le savon semblait en être entièrement formé : ces cristaux étaient du margarate et du stéarate de potasse. Après trois mois, on a fait chauffer la masse savonneuse et on en a fait passer les deux tiers dans une cloche de 4 décilitres pleine de mercure. On a décomposé ensuite les deux portions de savon par l'acide hydrochlorique et l'on a réuni les gaz qui sont provenus de la décomposition du savon. Ces derniers, privés de leur acide carbonique, ont été réduits à 3^{cc} 80 de gaz azote. Il suit de cette expérience : 1° que la saponification a lieu sans le contact du gaz oxygène; 2° que le margarate et le stéarate de potasse peuvent se séparer spontanément du savon sans le concours d'autres corps que ceux qui ont servi à la saponification : la seule condition nécessaire pour que cette séparation ait lieu, c'est qu'on ait employé assez d'eau pour rendre le savon gélatineux, et diminuer par là l'affinité de l'oléate de potasse pour le margarate et le stéarate de potasse; 3° que le gaz azote qui se dégage lorsque la potasse réagit sur la graisse paraît accidentel, puisque, dans l'expérience que je viens de rapporter, où l'on a pris plus de précautions pour expulser tout l'air des corps mis en contact que dans l'expérience (972), on a obtenu une quantité de gaz qui était bien loin d'être proportionnelle à la quantité obtenue dans celle-ci.

974. De ce que j'ai dit qu'il y a eu un peu d'air présent dans les opérations que je viens de décrire, et que l'azote de cet air paraissait avoir été séparé de l'oxygène, on en pourrait conclure que ce dernier principe est nécessaire pour que la saponification se fasse. Mais est-il vraisemblable qu'une si petite quantité d'oxygène ait quelque influence? et les deux expériences ayant donné des savons également bien faits, ne serait-il pas absurde de croire que deux quantités très différentes d'oxygène eussent produit le même résultat? Je pense que l'oxygène qui a été absorbé s'est porté sur une fraction de graisse, ainsi qu'on l'observe lorsque les corps gras rancissent dans une atmosphère qui ne contient pas assez d'oxygène pour que toute leur masse devienne rance.

CHAPITRE II.

VUES GÉNÉRALES SUR LA SAPONIFICATION.

975. Rapprochons les faits qui doivent servir de base à l'étude de la saponification, envisagée théoriquement, et qui se trouvent épars dans le chapitre et les livres précédents; coordonnons-les avec de nouveaux faits, afin d'en déduire des conséquences propres à reconnaître ce qui se passe dans l'action des alcalis sur les corps gras en général.

976. La cétine, les espèces de corps gras comprises dans le 5e et le 6e genre, ainsi que les graisses qui en sont formées, ne sont pas susceptibles de s'unir immédiatement avec la potasse. Pour que cette union ait lieu, il est nécessaire qu'elles éprouvent quelque changement dans l'équilibre de leurs éléments; ainsi, sous l'influence alcaline, la cétine est changée en éthal et en acides gras fixes; la stéarine et l'oléine sont converties en glycérine, en acides gras fixes; la butyrine, la phocénine, l'hircine, le sont en glycérine, en acides gras fixes et en un ou plusieurs acides volatils; et il est remarquable que ces conversions s'opèrent sans qu'il y ait absorption d'oxygène, sans qu'il se sépare aucune portion d'un des éléments des corps gras; de sorte que ces éléments se retrouvent en entier dans les produits de la saponification. Nous verrons dans le chapitre suivant que *l'analyse élémentaire des espèces de corps gras du 4e et du 5e genre, comparée avec celle des produits de leur saponification, est tout à fait conforme à cette manière de voir.*

977. Le changement que les corps gras éprouvent pendant la saponification dans l'équilibre de leurs éléments étant déterminé par l'action d'un alcali, les corps qui se manifestent après la saponification, ou quelques-uns au moins, doivent avoir plus ou moins d'affinité pour les bases salifiables; et l'acidité n'étant que cette affinité portée à un certain degré d'énergie, on aperçoit sur-le-champ la possibilité que ces corps, ou quelques-uns au moins, possèdent les caractères des acides. Dès lors, *la manifestation des acides stéarique, margarique et oléique, et celle des acides gras volatils, après la saponification, se conçoivent sans peine*, ainsi que *la proportionnalité qui existe entre la quantité d'alcali qui opère la saponification et la quantité des corps gras qui est saponifiée*, proportionnalité qui est démontrée par les expériences rapportées dans le chapitre v de ce livre.

978. Il est évident que les corps gras les plus disposés à se saponifier doivent être ceux dont les éléments sont en des proportions telles, qu'ils peuvent en totalité constituer des composés doués de l'acidité; c'est ce qui a lieu pour les stéarines, l'oléine, la phocénine, la butyrine, dont les $\frac{94}{100}$ de la masse au moins constituent des acides, tandis que le reste de la masse constitue la glycérine. Il est encore évident que la cétine, dont les $\frac{2}{5}$ de la masse environ constituent l'éthal qui n'est pas acide, doit être plus difficile à saponifier que les substances précitées[1].

[1] Une cause qui peut encore avoir de l'influence sur ce résultat, c'est que l'éthal restant interposé dans la masse que l'on saponifie oppose un obstacle mécanique au contact de la potasse avec les particules de cétine qui ne sont pas encore saponifiées.

CHAPITRE III.

DE LA SAPONIFICATION.

979. Dans ce chapitre, je m'attacherai à déterminer quels sont les changements qui arrivent aux corps gras saponifiables dans la proportion de leurs éléments, lorsqu'ils se transforment par le contact des alcalis : 1° en acides gras; 2° en glycérine ou en éthal.

PREMIÈRE SECTION.

DE LA SAPONIFICATION DES GRAISSES DE MOUTON, DE PORC ET D'HOMME.

§ 1. ANALYSE ÉLÉMENTAIRE COMPARÉE DES GRAISSES DE MOUTON, DE PORC ET D'HOMME.

980. La graisse de mouton qui a servi à mes expériences était incolore, inodore, sans action sur les couleurs végétales; 5 grammes n'ont pas laissé une quantité appréciable de cendre; un thermomètre qu'on y plongeait après l'avoir fondue descendait à 40°,5 et remontait à 42 degrés lorsque la congélation avait lieu.

981. La graisse de porc était absolument incolore; elle n'avait qu'une odeur extrêmement légère; elle ne changeait pas les couleurs végétales; 5 grammes n'ont pas laissé de résidu sensible; un thermomètre qu'on y plongeait après l'avoir fondue descendait à 29 degrés quand elle commençait à se figer, et remontait à 31 degrés.

982. La graisse humaine était colorée en jaune, inodore, sans action sur les couleurs végétales; 5 grammes n'ont pas laissé 0g 001 de cendre jaunâtre; à 17 degrés, elle commençait à déposer de la stéarine.

		POIDS.		VOLUME.	
Graisse de mouton.	Oxygène......	9,304	100	1	
	Carbone......	78,996	849,50	11,10	1
	Hydrogène....	11,700	125,75	20,18	1,82

	POIDS.		VOLUME.		
Oxygène......	9,756	100	1		Graisse de porc.
Carbone......	79.098	810,80	10.59	1	
Hydrogène....	11,146	114,30	18,34	1,73	
Oxygène......	9,584	100	1		Graisse d'homme.
Carbone......	79.000	824.29	10.77	1	
Hydrogène....	11,416	119.11	19,11	1.77	

983. Les graisses de porc et d'homme contiennent à peu près les mêmes proportions d'éléments; la graisse de mouton contient plus de carbone et d'hydrogène. Conséquences.

§ 2. ANALYSES ÉLÉMENTAIRES COMPARÉES DES PRODUITS DE LA SAPONIFICATION DES GRAISSES DE MOUTON, DE PORC ET D'HOMME.

984. 100 parties[1] de chaque sorte de graisse ont été saponifiées par la potasse. Les savons ont été décomposés par l'acide phosphorique faible; on a obtenu des *acides gras hydratés* et des liquides aqueux tenant en dissolution de la glycérine, du surphosphate et du phosphate de potasse; on a fait évaporer à siccité au bain-marie les liquides aqueux; les résidus ont été traités par l'alcool froid. Les liqueurs alcooliques ont été concentrées au bain-marie et les résidus ont été exposés au vide sec pendant cent vingt heures, comparativement avec 0g5 de glycérine d'huile d'olive qui avait été amenée au même degré de densité que les autres glycérines et dont la composition avait été préalablement déterminée. On a ensuite inciné les glycérines et l'on a soustrait la matière inorganique fixe qu'elles contenaient.

(1) On opérait sur 5 grammes de graisse : toutes les fois que les matières ont été exposées à la chaleur, elles l'ont été au bain-marie.

IMPRIMERIE NATIONALE.

100 de graisse de mouton, 100 de graisse de porc et 100 de graisse d'homme ont donné :

Acides hydratés	96,50	95,90	96,18
Glycérine	8,00	8,82	9,66
TOTAUX	104,50	104,72	105,84

Conséquences.

985. La somme des poids de la glycérine et des acides hydratés de chaque sorte de graisse est plus grande que le poids de la graisse soumise à l'action de l'alcali.

986. Puisque la saponification s'opère dans le vide (973) et sans qu'il y ait dégagement d'aucun gaz, il faut qu'il y ait eu de l'eau fixée dans les produits de la saponification. Cette eau peut avoir été fixée dans deux circonstances : d'abord pendant l'action de l'alcali, ensuite lorsque les acides ont été séparés de la potasse au moyen de l'acide phosphorique. Je remarquerai que l'augmentation de poids est certainement plus grande que celle qui résulte de l'expérience, car les opérations assez multipliées au moyen desquelles la glycérine a été séparée des acides hydratés n'ont pu être pratiquées sans perte; et d'un autre côté, lorsqu'on a séché la glycérine et les acides hydratés par l'action de la chaleur, on en a indubitablement volatilisé, toutes les deux étant susceptibles de s'évaporer, surtout quand on les chauffe au milieu de l'atmosphère; ajoutez à ces pertes celle qui a dû résulter de la réaction de l'oxygène de l'air sur le carbone et l'hydrogène de ces mêmes matières.

ANALYSE ÉLÉMENTAIRE DES GRAISSES ACIDIFIÉES HYDRATÉES, TELLES QU'ON LES OBTIENT SÉPARÉES DE LA POTASSE AU MOYEN DE L'ACIDE PHOSPHORIQUE.

987.

	POIDS.		VOLUME.		
Oxygène.....	10,500	100	1		Graisse acidifiée de mouton, fusible à 5o degrés.
Carbone.....	77,528	738,36	9,65	1	
Hydrogène...	11,972	114,02	18,30	1,896	
Oxygène.....	10,692	100	1		Graisse acidifiée de porc, fusible de 42 à 45 degrés.
Carbone.....	77,594	725,72	9,48	1	
Hydrogène...	11,714	109,56	17,58	1,854	
Oxygène.....	11,056	100	1		Graisse acidifiée d'homme, congelée en partie à 31 degrés.
Carbone.....	77,466	700,66	9,15	1	
Hydrogène...	11,478	103,81	16,66	1,82	

Les graisses acidifiées contiennent, à poids égal, plus d'oxygène et d'hydrogène que leurs graisses respectives non saponifiées. Conséquences.

988. Si l'on chauffe les graisses acidifiées avec du massicot, il se dégage une quantité d'eau que j'ai trouvée la même pour chaque sorte de graisse; c'est ce qui résulte des expériences suivantes :

100 de graisse acidifiée hydratée de mouton, 100 de graisse acidifiée hydratée de porc et 100 de graisse acidifiée hydratée d'homme ont donné 3,65 d'eau, formée de :

Oxygène..............................	3,245
Hydrogène............................	0,405

989. D'après ce résultat et la composition élémentaire des graisses acidifiées hydratées, les graisses acidifiées anhydres sont formées comme l'indique le tableau suivant.

TABLEAU COMPARATIF DE LA COMPOSITION ÉLÉMENTAIRE DES GRAISSES ACIDIFIÉES ANHYDRES.

		Poids.		Volume.	
Graisse acidifiée de mouton.	Oxygène.....	7.529	100	1	
	Carbone.....	80,465	1068,80	13.97	1
	Hydrogène...	12,006	159,47	25,59	1,83
Graisse acidifiée de porc.	Oxygène.....	7.729	100	1	
	Carbone.....	80,533	1041,96	13,61	1
	Hydrogène...	11,738	151,90	24,38	1,79
Graisse acidifiée d'homme.	Oxygène.....	8,106	100	1	
	Carbone.....	80,400	991.85	12,96	1
	Hydrogène...	11,494	141,79	22,75	1,75

Conséquences.

990. Dans les graisses acidifiées à l'état anhydre, ou telles qu'elles sont quand on les a unies au massicot à une température élevée, le carbone est à l'hydrogène, à très peu près, dans le même rapport que dans les graisses naturelles, mais l'oxygène s'y trouve dans une moindre proportion.

ANALYSE DE LA GLYCÉRINE.

991. De la glycérine provenant de l'action de la litharge sur l'huile d'olive pure a été passée à l'acide hydrosulfurique, puis concentrée au bain-marie. Dans cet état, elle n'était presque pas colorée; elle avait une saveur douce très franche; elle n'était point acide. 1 gramme chauffé dans un creuset de platine n'a pas laissé 0g 001 de cendre alcaline. Sa densité à la température de 17 degrés était de 1,252; c'est dans cet état qu'elle a été analysée; on l'a trouvée formée de:

	En poids.		En volume.
Oxygène..............	53,278	100	1
Carbone..............	37,666	70,70	0,92
Hydrogène............	9,056	16,99	2,72

992. 25 grammes de glycérine exposés au vide sec, à la température de 15 à 20 degrés, avaient perdu après

	GRAMMES.
51 heures	0,705 d'eau.
120	1,025
216	1,200
1 mois	1,420
1 mois et demi	1,450
2 mois	1,500
2 mois et demi	1,500[1]

993. Dans cet état, la glycérine avait une densité de 1,27, à la température de 10 degrés, et, d'après l'analyse précédente, elle devait être formée de :

	EN POIDS.		EN VOLUME.	
Oxygène	47,944	51,004	100	1
Carbone	37,666	40,071	78,56	1,02
Hydrogène	8,390	8,925	17,50	2,81

ou

Carbone	40,071
Hydrogène	2,557
Oxygène, Hydrogène } Eau	57,372

994. Voyons maintenant si les éléments des produits de la saponification de chaque sorte de graisse correspondent, en quantité, aux éléments des graisses d'où proviennent ces produits.

[1] Par une exposition de 116 heures au vide sec seulement, 0g 500 de glycérine d'une densité de 1,252 ont été amenés au même degré de dessiccation que les 25 grammes, c'est-à-dire que cette glycérine avait une densité de 1,27.

PREMIER TABLEAU.

995. SAPONIFICATION DE LA GRAISSE DE MOUTON.

Graisse de mouton formée de :

Oxygène	9,304
Carbone	78,996
Hydrogène	11,700

100 parties de cette graisse ont donné :

Acide hydraté	96,5
Glycérine	8,0

A. 96,5 d'acide hydraté sont formés de :

Oxygène	10,132
Carbone	74,815
Hydrogène	11,553
Total	96,500

ou

Eau	3,522	Oxygène	3,131
		Hydrogène	0,391
Oxygène	7,001		
Carbone	74,815		
Hydrogène	11,162		
Total	96,500		

B. 8,0 de glycérine sont formés de :

Oxygène	4,080
Carbone	3,206
Hydrogène	0,714

ou

Carbone	3,206
Hydrogène	0,205
Eau	4,589

En faisant la somme de ces produits et en les comparant aux éléments de la graisse naturelle, on a les résultats suivants :

				GRAISSE de mouton.	DIFFÉRENCE dans les produits de la saponification en
Oxygène. .	des acides secs. .	7,001	11,081	9.304	+ 1.777
	de la glycérine. .	4,080			
Carbone. .	des acides secs. .	74,815	78,020	78,996	− 0.976
	de la glycérine. .	3,205			
Hydrogène	des acides secs. .	11,162	11,876	11,700	+ 0,176
	de la glycérine. .	0,714			
	TOTAUX.		100,977	100,000	

DEUXIÈME TABLEAU.

996. SAPONIFICATION DE LA GRAISSE DE PORC.

Graisse de porc formée de :

Oxygène	9.756
Carbone.	79,098
Hydrogène.	11,146

100 parties de cette graisse ont donné :

Acide hydraté.	95.9
Glycérine	8.82

A. 95,9 d'acide hydraté sont formés de :

Oxygène	10,253
Carbone.	74.413
Hydrogène.	11,234
TOTAL.	95,900

ou

Eau	3,500	Oxygène	3,111
		Hydrogène	0,389
Oxygène	7,142		
Carbone	74,413		
Hydrogène	10,845		
Total	95,900		

B. 8,82 de principe doux sont formés de :

Oxygène	4,499
Carbone	3,534
Hydrogène	0,787

ou

Carbone	3,534
Hydrogène	0,225
Eau	5,061

En faisant la somme de ces produits et en les comparant aux éléments de la graisse naturelle, on a :

				Graisse de porc.	Différence dans les produits de la saponification en
Oxygène	des acides secs	7,142	11,641	9,756	+ 1,885
	de la glycérine	4,499			
Carbone	des acides secs	74,413	77,947	79,098	− 1,151
	de la glycérine	3,534			
Hydrogène	des acides secs	10,845	11,632	11,146	+ 0,476
	de la glycérine	0,787			
Totaux			101,220	100,000	

TROISIÈME TABLEAU.

997. SAPONIFICATION DE LA GRAISSE D'HOMME.

Graisse d'homme formée de :

Oxygène	9,584
Carbone	79,000
Hydrogène	11,416

100 parties de cette graisse ont donné :

Acide hydraté	96,18
Glycérine	9,66

A. 96,18 d'acide hydraté sont formés de :

Oxygène	10,633
Carbone	74,507
Hydrogène	11,040
TOTAL	96,180

ou

Eau	3,510	Oxygène	3,12
		Hydrogène	0,39
Oxygène	7,513		
Carbone	74,507		
Hydrogène	10,650		
TOTAL	96,180		

B. 9,66 de glycérine sont formés de :

Oxygène	4,927
Carbone	3,871
Hydrogène	0,862

ou

Carbone	3,871
Hydrogène	0,247
Eau	5,542

En faisant la somme de ces produits et en les comparant aux éléments de la graisse naturelle, on a :

				GRAISSE d'homme.	DIFFÉRENCE dans les produits de la saponification en
Oxygène..	des acides secs..	7,513	12,440	9,584	+2,856
	de la glycérine..	4,927			
Carbone..	des acides secs..	74,507	78,378	79,000	−0,622
	de la glycérine..	3,871			
Hydrogène	des acides secs..	10,651	11,513	11,416	+0,097
	de la glycérine..	0,862			
	Totaux........		102,331	100,000	

RÉSULTATS ET CONSÉQUENCES.

998. 1° *On ne retrouve pas dans les produits de la saponification tout le carbone des graisses naturelles. Les différences sont, pour la graisse de mouton, de* 0,976 *de partie; pour la graisse de porc, de* 1,151; *et pour la graisse d'homme, de* 0,622.

Ce résultat peut être attribué à deux causes : 1° à l'imperfection de mes analyses; 2° aux pertes que j'ai faites en graisses acides et en glycérine dans les expériences que j'ai faites pour déterminer la proportion des produits de la saponification (984). Mais, d'après le degré de précision de mes analyses et ce que j'ai dit (986), je crois que la seconde cause a plus d'influence que la première.

2° *Il y a eu de l'eau fixée et dans les acides hydratés et dans la glycérine.*

Mais l'eau qui constitue les acides à l'état d'hydrate pouvant s'être unie à ces acides au moment où ils ont été séparés de la potasse, et non pas pendant la saponification, je ferai abstraction de cette quantité d'eau, comme pouvant n'être pas essentielle à l'acte même de la saponification, afin de ne considérer que les acides à l'état anhydre.

3° *Les* 92,978 *parties de graisse acide anhydre de mouton, les* 92,400 *parties de graisse acide anhydre de porc, et les* 92,670 *parties de graisse acide anhydre d'homme, contiennent moins d'oxygène et d'hydrogène que les* 100 *parties de graisse d'où elles proviennent*[1].

Quoique je reconnaisse que, dans la détermination de la proportion des produits de la saponification, j'ai perdu une certaine quantité de ces produits (986), cependant ces pertes ne sont point assez grandes pour qu'on puisse leur attribuer tout ce qui manque d'oxygène et d'hydrogène aux graisses acides anhydres pour égaler les quantités d'oxygène et d'hydrogène des graisses naturelles; en conséquence, je n'hésite pas à conclure *que de l'oxygène et de l'hydrogène des graisses ont concouru avec du carbone de ces mêmes graisses à produire la glycérine.*

Si l'on calcule pour les graisses acides anhydres de mouton et d'homme dans quel rapport se trouvent l'oxygène et l'hydrogène qui leur manquent pour égaler les quantités d'oxygène et d'hydrogène des graisses naturelles d'où elles proviennent, on trouve que l'oxygène est insuffisant pour convertir tout l'hydrogène en eau; de sorte *qu'il a dû passer dans la glycérine une quantité d'oxygène et*

(1)

		DE MOUTON.	DE PORC.	D'HOMME.
Oxygène de la graisse..	naturelle.......	9.304	9,756	9.584
	acide..........	7.001	7,142	7.513
DIFFÉRENCE..............		2,303	2,614	2.071
Hydrogène de la graisse	naturelle.......	11.700	11,146	11,416
	acide..........	11.162	10,845	10.650
DIFFÉRENCE..............		0,538	0,301	0.766

d'hydrogène, représentée par de l'eau + de l'hydrogène, résultat qui est d'accord avec l'analyse de la glycérine[1].

Si l'on fait le même calcul sur l'oxygène et l'hydrogène qui manquent à la graisse acide anhydre de porc pour que les quantités de ces éléments égalent celles où ils sont dans la graisse naturelle, on trouve que *l'oxygène est à l'hydrogène dans une proportion un peu plus forte que dans l'eau.* Ce résultat, qui n'est pas d'accord avec le précédent, me paraît tenir aux erreurs des expériences[2].

4° La glycérine d'une densité de 1,27 *est formée et des éléments qui proviennent de la graisse et d'une quantité d'eau ou de ces éléments qui proviennent du liquide alcalin où s'opère la saponification.*

999. En définitive, dans la saponification, la graisse se divise en deux portions très inégales :

(A) L'une, au moins égale au $\frac{92}{100}$ du poids de la graisse, est formée d'oxygène, de carbone et d'hydrogène. Ces deux derniers sont entre eux dans un rapport peu différent de celui où ils se trouvent dans la graisse; mais leur proportion relativement à l'oxygène est plus forte que dans cette dernière.

(B) L'autre portion, également formée d'oxygène, de carbone et d'hydrogène, fixe de l'eau pour constituer la glycérine d'une densité de 1,27.

(1) On a pour la graisse

	DE MOUTON.	D'HOMME.
Eau	2,591	2,330
Hydrogène	0,250	0,507

(2) On a pour la graisse de porc :

Eau	2,937
Oxygène	0,003

DEUXIÈME SECTION.

DE LA SAPONIFICATION DE LA CÉTINE.

1000. La cétine est formée de :

	EN POIDS.	EN VOLUME.
Oxygène	5,478	1
Carbone	81,660	19,48
Hydrogène	12,862	37,70

1001. 100 parties de cétine traitées par l'eau de potasse ont donné :

1° Acides gras hydratés fusibles à 45 degrés	60,96	*Idem*, anhydres	58,735
Éthal	40,64	Éthal	40,640
Totaux	101,60		99,375

2° 0,90 de partie d'un liquide sirupeux qui n'était nullement sucré et qui était formé d'une très petite quantité de matière organique colorée.

1002. Les acides gras hydratés ont donné à l'analyse :

	EN POIDS.			EN VOLUME.
Oxygène	11,888	100	7,247	1
Carbone	76,290	641,70	46,507	8,38
Hydrogène	11,822	99,44	7,206	15,96
Total			60,960	

1003. Ces acides perdant, pour 100 parties, 3,65 parties d'eau, quand on les chauffe avec le massicot, il s'ensuit qu'à l'état anhydre ils sont composés de :

	EN POIDS.			EN VOLUME.
Oxygène.....	8,97	100	5,268	1
Carbone.....	79,18	882,8	46,507	11,54
Hydrogène ...	11,85	132,1	6,960	21,20
TOTAL.................			58,735	

1004. L'éthal est formé de :

	EN POIDS.		EN VOLUME.
Oxygène............	6,2883	2,556	1
Carbone.............	79,7660	32,417	16,60
Hydrogène...........	13,9452	5,667	35,54
TOTAL..................		40,640	

1005. La composition des acides gras et celle de l'éthal étant établies par l'analyse, et les poids de ces deux matières obtenues d'un poids donné de cétine étant connus, examinons si ces déterminations s'accordent avec la composition de la cétine, et voyons si l'on peut expliquer ce qui se passe dans la saponification de cette dernière.

1006. D'après les résultats précédents, il est visible :

1° Que le poids des matières obtenues de la cétine saponifiée excède celui de la cétine lors même qu'on néglige les 0,90 de matière soluble dans l'eau;

2° Que si l'on fait la somme des éléments des acides hydratés et de ceux de l'éthal :

Oxygène...	des acides...........	7,247	9,803
	de l'éthal...........	2,556	
Carbone...	des acides...........	46,507	78,924
	de l'éthal...........	32,417	
Hydrogène.	des acides...........	7,206	12,873
	de l'éthal...........	5,667	
	Totaux..........	101,600	101,600

on trouve dans les produits de la saponification :

Oxygène en excès sur les éléments de la cétine.....	4,325
Carbone en moins...........................	2,736
Hydrogène en moins.........................	0,011

3° Que si l'on fait la somme des éléments des acides à l'état anhydre et de ceux de l'éthal :

Oxygène...	des acides.............	5,268	7,824
	de l'éthal.............	2,556	
Carbone...	des acides.............	46,507	78,924
	de l'éthal.............	32,417	
Hydrogène.	des acides.............	6.960	12,627
	de l'éthal.............	5.667	
	Totaux...........	99.375	99.375

on trouve dans les produits de la saponification :

Oxygène en excès...........................	2,346
Carbone en moins...........................	2.736
Hydrogène en moins.........................	0,235

4° Que si l'on se rappelle que la saponification se fait dans le vide sans dégagement de gaz, on admettra nécessairement qu'il y a fixation d'eau dans les produits de la saponification de la cétine;

5° Que l'oxygène contenu dans les acides *supposés anhydres*, moins 0,209, est égal à celui de la cétine d'où ils proviennent;

6° Que l'éthal est représenté par les éléments de l'eau, plus les éléments de l'hydrogène percarburé.

1007. De ces faits tirons quelques conséquences pour nous représenter ce qui se passe dans la saponification de la cétine.

Dans cette opération, *tout l'oxygène de la cétine fixe du carbone et de l'hydrogène dans le rapport où ces corps constituent des acides margarique et oléique, tandis que le reste de ces combustibles, dans la proportion des éléments de l'hydrogène percarburé, fixe de l'eau pour former l'éthal.* Je fais abstraction de cette quantité de matière organique soluble, qui ne s'élève pas à $\frac{1}{100}$ du poids de la cétine, parce que la production de cette matière me paraît accidentelle plutôt qu'essentielle à l'opération.

1008. Dans le tableau suivant, je présente ce qui paraît se passer dans la saponification de la cétine, en admettant :

1° Mon analyse de la cétine;

2° Mon analyse des acides anhydres;

3° Que tout l'oxygène de la cétine se retrouve dans les acides secs;

4° Que 96,35 parties de ces acides fixent 3,65 parties d'eau pour devenir hydratés;

5° Que l'éthal est représenté par 100 d'hydrogène percarburé et 7,61 d'eau;

6° Qu'il ne se produit que de l'éthal et des acides gras fixes dans la saponification de la cétine.

TABLEAU.

1009. SAPONIFICATION DE LA CÉTINE.

ACIDES SECS contenant tout l'oxygène de 100 de cétine :

Oxygène	5,478	
Carbone	48.360	
Hydrogène	7,236	
TOTAL	61.074	qui fixent
	2.313	d'eau.
ACIDES HYDRATÉS contenant tout l'oxygène de 100 de cétine	63.387	

Si l'on soustrait le carbone et l'hydrogène des acides, du carbone et de l'hydrogène de la cétine, il reste :

Carbone	33,300
Hydrogène	5.626

quantités qui sont bien près de

Carbone	33,300
Hydrogène	5,425

rapport des éléments de l'hydrogène percarburé. En adoptant ce dernier rapport, nous aurons pour le carbone et l'hydrogène qui forment l'éthal :

Carbone	33,300	
Hydrogène	5,425	
TOTAL	38.725	qui fixent
	2.947	d'eau.
ÉTHAL provenant de 100 de cétine	41.672	

100 de cétine donnent donc :

Acides hydratés	63,387
Éthal	41,672
Total	105,059

L'expérience a donné :

Acides hydratés	60,960
Éthal	40,640
Total	101,600
Différence	3,459

La différence est due aux pertes des analyses, à la production de la matière soluble, et peut-être à un peu d'eau et d'acide carbonique produits par la réaction de l'oxygène atmosphérique.

TROISIÈME SECTION.

CONSIDÉRATIONS SUR LA CAUSE QUI S'OPPOSE À CE QUE LA CHOLESTÉRINE SE SAPONIFIE.

1010. Deux choses concourent essentiellement à la saponification : l'influence d'un alcali et la nature d'un corps gras tel, que ses éléments puissent entrer dans la composition de nouvelles substances dont une au moins, possédant une grande affinité pour les alcalis, soit dans une proportion qui semble devoir être au moins la moitié du poids du corps gras. D'après cela et la composition de la cholestérine[1], il est facile de concevoir pourquoi cette substance n'est pas saponifiable; en effet, si l'on concentre tout l'oxygène sur 14 volumes de carbone et 27 d'hydrogène pour constituer de l'acide stéarique, il restera 22,77 volumes de carbone et 36 volumes d'hydrogène. Or, comme ce reste est considérable et que le carbone et l'hydrogène qui le constituent ne paraissent pas être dans un rapport convenable pour former avec l'eau un composé quelconque, on voit pourquoi la cholestérine ne donne pas d'acide stéarique quand on l'expose au contact d'un alcali.

[1] Elle est formée en volume de :

Oxygène	1
Carbone	36,77
Hydrogène	63.03

SECONDE PARTIE.

DE LA SAPONIFICATION CONSIDÉRÉE PAR RAPPORT AUX BASES SALIFIABLES.

CHAPITRE IV.

DE L'ACTION DE PLUSIEURS BASES SALIFIABLES SUR LA GRAISSE DE PORC.

1011. La graisse qui a servi aux opérations suivantes avait toutes les propriétés que nous avons reconnues à la graisse de porc : un thermomètre qu'on y plongeait après l'avoir fondue à 40 degrés descendait à 29 degrés et remontait à 31 degrés quand on l'agitait.

§ 1. ACTION DE LA SOUDE SUR LA GRAISSE.

1012. 25 grammes de graisse ont été saponifiés par 15 grammes de soude à l'alcool. La saponification faite, on a décomposé le savon par l'acide hydrochlorique : on a obtenu 23^{g}95 de graisse saponifiée. La graisse saponifiée, fondue à 50 degrés, se troublait beaucoup à 41 degrés; mais elle restait fluide jusqu'à 39°,37; elle se congelait alors par l'agitation, et le thermomètre montait à 39°,60. Cette graisse ayant été traitée par l'alcool a donné de l'acide margarique uni à de l'acide stéarique.

1013. Pour analyser le savon de graisse de porc à base de soude, j'ai saponifié 100 grammes de graisse par 60 grammes de soude à l'alcool dissous dans 100 grammes d'eau; j'ai obtenu un savon assez dur, et une eau mère qui contenait de la glycérine et un atome de principe colorant roux.

1014. Le savon mis dans 26 litres d'eau a été exposé à une température de 25 degrés; il s'est gonflé peu à peu et s'est converti en une gelée assez consistante qui était nacrée. J'ai fait chauffer les matières jusqu'à faire bouillir l'eau; tout a été dissous. Une matière gélatineuse demi-transparente s'est séparée de la liqueur par le refroidissement; elle ne s'est pas déposée au fond du vase, comme le fait la matière nacrée du savon de potasse. Au bout d'un mois, lorsqu'il m'a semblé qu'il ne se séparait plus de matière gélatineuse, j'ai versé la liqueur sur un filtre, après l'avoir mêlée avec de l'eau. La matière gélatineuse restée sur le papier s'est réduite par la dessiccation en pellicules d'un blanc jaunâtre, demi-transparentes, qui étaient formées de bistéarate et de bimargarate de soude mêlé d'une quantité notable de stéarate, de margarate et d'oléate de soude neutres. En les faisant redissoudre dans de l'eau de soude très étendue et chaude, on a obtenu par le refroidissement du bistéarate et du bimargarate de soude nacrés : il est resté dans la liqueur de l'oléate de soude.

1015. La liqueur filtrée a été évaporée, puis étendue d'eau et abandonnée à elle-même. Il s'est fait un nouveau dépôt qui ne différait du premier qu'en ce qu'il avait un aspect plus nacré : on a filtré, on a fait concentrer la liqueur; on y a mis assez d'acide tartarique pour neutraliser la plus grande partie de l'alcali devenu libre par la séparation du dépôt. On a abandonné la liqueur à elle-même pendant un mois environ et l'on en a séparé un nouveau dépôt. Quand elle a cessé de se troubler, on l'a décomposée par l'acide tartarique:

on a obtenu un acide oléique qui se congelait à 6 degrés et qui, conservé pendant plusieurs jours dans un petit flacon bouché, à la température de 10 degrés, déposait de l'acide margarique.

1016. Il suit de ces expériences que la soude saponifie la graisse de la même manière que la potasse, ou, en d'autres termes, qu'elle lui fait éprouver les mêmes changements de composition.

§ 2. SAPONIFICATION DE LA GRAISSE PAR LA BARYTE.

1017. On a fait fondre parties égales de graisse et de baryte hydratée; lorsque le mélange a été bien fait, on a ajouté 6 parties d'eau et l'on a fait bouillir pendant douze heures : on remplaçait l'eau à mesure qu'elle se vaporisait. Enfin, lorsque la graisse a paru saponifiée, c'est-à-dire lorsqu'elle se durcissait quand on la mettait dans l'eau froide et qu'elle exigeait la température de l'eau bouillante pour être ductile, on l'a séparée du liquide aqueux.

1018. On a fait passer dans ce liquide un courant de gaz acide carbonique pour en précipiter la baryte libre qu'il contenait. On l'a filtré et on l'a fait évaporer : il a déposé un peu de carbonate de baryte, qu'on en a séparé. Le résidu de l'évaporation était légèrement coloré en jaune; il était alcalin au papier de tournesol rougi par un acide; il avait une saveur amère et douceâtre qui m'a fait soupçonner que la glycérine qui pouvait s'y trouver était combinée à la baryte. Ce résidu traité par l'alcool a cédé à ce liquide une combinaison de baryte et de glycérine qui a été décomposée par la quantité d'acide sulfurique strictement nécessaire pour précipiter la baryte. La glycérine obtenue par ce moyen était presque incolore et avait une saveur douce et très agréable. Quant à la partie du résidu insoluble dans l'alcool, c'était un mélange de la même combinaison et de sels qui existaient dans la baryte dont j'avais fait usage. Je pense que si l'on pouvait parfaitement dessécher la combinaison de glycérine et de baryte, elle serait insoluble dans l'alcool.

1019. Le savon de baryte a été décomposé par l'acide hydrochlorique. La graisse qu'on en a obtenue se fondait entre le 39°,5 et le 40°,5; elle était jaune, cristallisait en aiguilles, était soluble en totalité dans moins de son poids d'alcool bouillant. La dissolution donnait par le refroidissement des cristaux d'acides stéarique et margarique retenant de l'acide oléique. La graisse saponifiée se combinait avec la plus grande facilité à la potasse dissoute dans beaucoup d'eau.

1020. Il suit de ces faits que la graisse saponifiée par la baryte était absolument semblable à celle qui l'avait été par la potasse et la soude.

§ 3. SAPONIFICATION PAR LA STRONTIANE.

1021. Cette saponification présente les mêmes phénomènes et les mêmes résultats que la précédente : je n'en parlerai donc pas en particulier.

§ 4. SAPONIFICATION PAR LA CHAUX.

1022. On a saponifié de la graisse par son poids d'hydrate de chaux délayé dans 6 parties d'eau; la combinaison s'est faite avec assez de facilité. Le liquide aqueux a donné une glycérine presque incolore et quelques flocons jaunes; la glycérine était combinée à la chaux. L'acide sulfurique versé dans le liquide aqueux concentré en a dégagé une odeur de cassis qui n'avait rien d'acétique, ce qui prouve bien qu'il ne se produit pas d'acide acétique dans la saponification (967).

1023. Le savon calcaire ayant été décomposé par l'acide hydrochlorique a donné une graisse blanche cristallisable en aiguilles, qui, ayant été fondue à 50 degrés, a commencé à se troubler assez abondamment à 41 degrés; elle s'est figée à 39°,37; par l'agitation, le thermomètre qui y était plongé est remonté à 39°,60. Cette graisse, ayant été traitée par l'alcool, a donné des cristaux d'acides stéarique et margarique, et s'est comportée d'ailleurs comme la graisse saponifiée dont j'ai parlé plus haut.

§ 5. ACTION DE LA MAGNÉSIE SUR LA GRAISSE DE PORC.

1024. Une pâte de graisse de porc et de magnésie calcinée, faite à parties égales, abandonnée à l'air pendant deux ans, ne s'est pas convertie en savon, et, ce qui m'a paru remarquable, c'est que cette graisse séparée de la magnésie n'était pas rance. Cela m'a conduit à rechercher à quel point l'emploi de la magnésie serait utile pour la conservation des corps gras et de quelques autres substances alimentaires; mais n'ayant pas encore terminé cette recherche, je ne puis en donner le résultat.

1025. La magnésie hydratée chauffée avec son poids de graisse fusible à 28 degrés, au milieu de l'eau, s'y unit de manière à ne pouvoir en être séparée, lors même qu'on élève la température des matières à 100 degrés. L'eau, après vingt-quatre heures d'ébullition, ne contient pas sensiblement de glycérine en dissolution, et si l'on prend une portion de la matière solide et qu'on en sépare la graisse au moyen de l'acide hydrochlorique, on voit que cette substance n'a éprouvé aucune altération sensible. Mais si l'on continue d'exposer la magnésie et la graisse à la chaleur pendant un temps suffisant, il arrive une époque où la saponification s'opère; alors on trouve dans l'eau au sein de laquelle elle s'est faite, une glycérine orangée qui a une saveur amère, parce qu'elle est unie à de l'acide oléique et à un principe colorant; ces trois corps sont combinés à de la magnésie. En traitant le savon par l'acide hydrochlorique, on sépare la matière grasse. Dans une expérience que j'ai faite, il n'y a eu que les 0,36 du poids de la graisse saponifiés; mais ayant séparé les 0,64 qui ne l'avaient point été, je suis parvenu, après deux traitements par la magnésie, à les saponifier complètement. La graisse acidifiée provenant des trois traitements était fusible à 38 degrés; elle était dissoute par l'eau de potasse faible, et cette dissolution, après avoir été bouillie pendant cinq heures, décomposée par l'acide hydrochlorique, donnait une quantité de graisse dont le poids ne différait que de 0,02 de celui de la graisse qui avait été dissoute et dont la fusibilité était de 38 degrés. Cette substance était formée d'acides stéarique, margarique et oléique.

1026. Si, dans un premier travail, je n'ai pas saponifié la graisse par la magnésie, cela tenait à ce que le traitement n'avait pas été suffisamment prolongé. Ayant opéré au milieu de l'air, j'ignore si celui-ci n'a pas exercé quelque influence.

§ 6. ACTION DE L'AMMONIAQUE SUR LA GRAISSE DE PORC.

1027. De la graisse de porc très divisée a été mise dans de l'eau qu'on a saturée ensuite d'ammoniaque; après quatorze mois de contact, la graisse avait pris un aspect un peu nacré. Elle était en flocons. On a filtré.

Examen de la liqueur.

1028. Cette liqueur, n'étant pas transparente, a été filtrée jusqu'à ce qu'elle le fût devenue; elle a été ensuite évaporée. Elle a laissé une matière jaune amère et légèrement astringente et acide, qui m'a paru formée de *glycérine*, d'*acide oléique*, d'un *principe colorant orangé* et d'une trace d'un acide soluble dans l'eau.

Examen de la graisse.

1029. Elle avait l'aspect nacré. Lorsqu'on y plongeait un thermomètre après l'avoir fondue, on voyait qu'elle prenait de la consistance à 37 degrés, mais qu'elle ne se solidifiait complètement qu'à 28 degrés. En la traitant par deux fois son poids d'alcool à 0,821, filtrant la liqueur refroidie, puis faisant évaporer la dissolution, on obtenait une graisse jaunâtre, acide, représentant $\frac{1}{13}$ environ de la graisse soumise à l'expérience. Cette graisse était presque entièrement saponifiée, car l'ayant reprise par l'alcool, on en a dissous la plus grande partie; et cette partie ayant été dissoute dans la potasse, puis isolée, s'est trouvée n'avoir presque pas diminué de poids ni changé de fusibilité.

1030. Je conclus de cette expérience que l'ammoniaque dissoute dans l'eau ne saponifie la graisse à la température ordinaire qu'avec beaucoup de difficulté.

§ 7. ACTION DE L'ALUMINE SUR LA GRAISSE.

1031. J'ai réduit en poudre fine 15 grammes d'alumine gélatineuse qui avait été séchée au soleil; je l'ai fait chauffer avec 15 grammes de graisse exempte d'humidité. Les matières ont formé une espèce de pâte. Quand l'alumine a été parfaitement pénétrée de graisse, on y a ajouté de l'eau et on a fait bouillir pendant six heures; le lendemain on a fait bouillir pendant trois heures : la graisse a paru se séparer entièrement de l'alumine. On a fait bouillir de nouveau pendant trente heures : la graisse s'est séparée à la surface de la liqueur, et la plus grande partie de l'alumine s'est déposée au fond de la capsule. On a décanté la liqueur et on l'a fait évaporer; elle a laissé des traces de sels alcalins provenant de l'alumine qui n'avait pas été complètement lavée, mais elle n'a pas donné de glycérine.

1032. La graisse, ayant été fondue à 40 degrés, s'est figée à 30 degrés, quoiqu'elle contînt de l'alumine. On l'a traitée, ainsi que l'alumine qui s'était déposée, par l'acide hydrochlorique; on a obtenu une graisse qui était encore fluide à 29 degrés; par conséquent, l'alumine n'avait pas changé sensiblement la fusibilité de la graisse. La graisse a été traitée par quatre fois son poids d'alcool bouillant; il n'y en a eu que très peu de dissous; le résidu était encore fluide à 28 degrés. L'alcool a déposé des globules huileux par le refroidissement. La liqueur, filtrée et évaporée, a laissé quelques gouttelettes d'huile jaune qui rougissaient légèrement le tournesol, sans avoir les caractères d'une graisse saponifiée; car elle n'était qu'un peu plus soluble dans l'alcool bouillant que la graisse ordinaire et ne se saponifiait pas mieux que celle-ci.

1033. On peut conclure de ces faits que l'alumine ne saponifie pas la graisse de porc, au moins dans les circonstances où j'ai opéré.

§ 8. SAPONIFICATION PAR L'OXYDE DE ZINC.

1034. J'ai fait chauffer dans l'eau bouillante 15 grammes de graisse avec 10 grammes d'oxyde de zinc préparé par la combustion : il en est résulté un savon presque fluide à la température de 100 degrés. L'eau décantée de dessus le savon a laissé, après avoir été évaporée, un résidu roux, légèrement acide au papier de tournesol, ayant une saveur douce, amère et astringente. J'ai cru qu'il contenait un sel de zinc : en conséquence j'y ai recherché la présence des acides sulfurique, nitrique et hydrochlorique, mais je n'ai obtenu que des atomes d'acide acétique et d'un principe qui avait l'odeur du cassis. J'ai pris une autre quantité du résidu, je l'ai délayée dans de l'eau hydrosulfurée; il s'est séparé un peu de matière jaune huileuse et amère, ainsi que de l'hydrosulfate de zinc. L'eau évaporée a donné une glycérine dont la saveur, quoique assez douce, était encore amère et désagréable. J'ai essayé de communiquer la même saveur à la glycérine pure en la faisant bouillir avec l'oxyde de zinc, mais je n'y ai pas réussi; de sorte que je ne sais à quoi attribuer la saveur désagréable de la glycérine formée pendant la saponification de la graisse par l'oxyde de zinc.

1035. Pour séparer la graisse de tout l'oxyde de zinc qui y était uni, il a fallu faire bouillir le savon à plusieurs reprises avec l'acide hydrochlorique étendu d'eau. Après cette opération, la graisse était légèrement colorée en jaune; fondue à 55 degrés, elle se troublait à 45 degrés; à 39°,5, elle était extrêmement trouble, mais elle ne se figeait complètement qu'à 35 degrés. Elle paraissait soluble en toutes proportions dans l'alcool bouillant, et la liqueur déposait par le refroidissement des cristaux d'acides stéarique et margarique retenant de l'acide oléique.

1036. La graisse saponifiée par l'oxyde de zinc, dans l'opération que je viens de décrire, différait un peu par sa fusibilité de celle qui l'avait été par la potasse. J'ai fait une seconde expérience, dans la vue de déterminer si cette différence était accidentelle : la graisse saponifiée qui en est résultée fondue à 55 degrés s'est troublée à 40°,5; à 39°,5, elle était en grande partie figée, cependant elle était un peu molle; à 38°,5, elle était solide. Il est évident, d'après cette dernière expérience, que l'oxyde de zinc saponifie la graisse de la même manière que les alcalis.

§ 9. ACTION DE L'OXYDE DE CUIVRE SUR LA GRAISSE.

1037. Parties égales de graisse et d'oxyde de cuivre brun ont été tenues dans l'eau bouillante pendant trente-six heures : l'eau filtrée ne contenait ni glycérine ni oxyde de cuivre; elle n'a laissé après avoir été évaporée qu'une trace de matière rousse, huileuse, amère et acide. La graisse qui s'était figée à la surface de la liqueur était d'un noir verdâtre, à cause d'un peu d'oxyde qu'elle retenait; elle se figeait à 26 degrés, après avoir été fondue à 40 degrés. Elle était peu soluble dans l'alcool bouillant; cependant la dissolution rougissait très légèrement la teinture de tournesol. L'eau versée dans la liqueur rougie faisait reparaître la couleur bleue. Cette propriété appartenait à un peu de graisse qui avait été altérée par l'action de l'air et de la chaleur. Quant à l'oxyde de cuivre, il s'était déposé, pour la plus grande partie, au fond de la capsule où l'on avait opéré. La graisse traitée par l'acide hydrochlorique se fondait à 29 degrés environ et se comportait comme la graisse ordinaire.

1038. J'ai conclu de cette expérience que l'oxyde de cuivre brun ne saponifie pas la graisse.

§ 10. SAPONIFICATION PAR LE MASSICOT.

1039. Parties égales de graisse et de massicot ont été mises dans l'eau bouillante. Au bout de dix heures, la saponification a paru complète : le massicot avait perdu sa couleur jaune, il était devenu blanc; la liqueur au milieu de laquelle la saponification s'était opérée était parfaitement incolore : elle a laissé, après avoir été concentrée, un sirop de glycérine qui n'était presque pas coloré, et quelques flocons fauves. Ce sirop n'était ni acide ni alcalin; il a été mis dans une cloche de verre étroite avec de l'acide sulfurique qu'on venait d'étendre de son volume d'eau; il ne s'est pas dégagé de traces sensibles d'acide acétique; il s'est produit une odeur analogue à celle qu'on observe lorsqu'on distille avec un acide l'eau mère d'un savon de soude ou de potasse, et en même temps il s'est déposé un atome de sulfate de plomb.

1040. Le savon de massicot a été mis en digestion à une douce chaleur avec de l'acide nitrique très étendu d'eau. La graisse qui s'est séparée a été fondue à 50 degrés; elle a commencé à se troubler à 41 degrés et s'est figée entre 39°,5 et 39°,75. Elle m'a présenté toutes les propriétés d'une graisse qui a été saponifiée par les alcalis. Elle s'est unie à l'oxyde de plomb sans le concours de l'eau et avec une grande facilité : séparée de cet oxyde par l'acide nitrique, on lui a trouvé toutes les propriétés qu'elle manifestait avant d'y avoir été unie; par conséquent, elle avait éprouvé dans sa première union avec le massicot (1039) tous les changements qu'elle était susceptible de recevoir de l'action de cette base.

RÉSUMÉ DU CHAPITRE IV.

1041. Il suit des expériences que je viens d'exposer :

Que la soude, la baryte, la strontiane, la chaux, l'oxyde de zinc, l'oxyde de plomb jaune, convertissent la graisse de porc en acides stéarique, margarique et oléique, et en glycérine, absolument comme le fait la potasse;

Que les produits de la saponification, quelle que soit la base qui l'ait opérée, sont entre eux dans la même proportion; car, dans toutes les saponifications, la graisse cède à l'eau la même quantité de matière, et la graisse saponifiée a toujours la même fusibilité.

1042. Puisque la baryte, la strontiane, la chaux, l'oxyde de zinc et l'oxyde de plomb jaune forment avec les acides stéarique, margarique et oléique des combinaisons insolubles dans l'eau, il s'ensuit que l'action de ce liquide, comme dissolvant du savon, n'est pas nécessaire pour que la saponification ait lieu. Il est remarquable que les oxydes de zinc et de plomb, qui sont insolubles dans l'eau et qui donnent naissance à des composés qui y sont également insolubles produisent les mêmes résultats que la potasse et la soude : cela prouve qu'ils ont une puissance alcaline très forte.

1043. L'opération de la saponification ainsi généralisée fait voir que la préparation des emplâtres par la litharge est une véritable saponification. L'oxyde de plomb ayant sur la graisse la même action que la potasse et la soude, il s'ensuit qu'à la rigueur on pourrait faire des emplâtres avec la graisse saponifiée extraite d'un savon alcalin; mais avant de le faire, on devrait rechercher si dans l'emplâtre qu'on voudrait imiter il n'y aurait pas une proportion de graisse non acide, afin que s'il y en avait réellement, on ajoutât cette proportion de graisse non acide à la graisse saponifiée avant d'unir celle-ci à la litharge.

1044. Il est remarquable que la magnésie. dont les analogies avec les alcalis proprement dits sont d'ailleurs si frappantes, ne puisse convertir la graisse en savon qu'avec beaucoup plus de difficultés que les oxydes de plomb et de zinc, qui sont généralement regardés comme moins alcalins que cette base salifiable. Mais si cette dernière ne saponifie la graisse qu'avec beaucoup de lenteur, elle présente, avant d'effectuer la saponification, le phénomène d'une base qui contracte avec un corps gras non acide une union telle, que l'espèce de composé qui en résulte est homogène et que la graisse ne peut en être isolée lorsqu'on l'expose dans l'eau bouillante, quoique dans cette circonstance deux causes tendent à séparer les substances : 1° leur différence de densité; 2° la faculté qu'a la magnésie à l'état de pureté d'imbiber l'eau; on se rappelle sans doute que la graisse se sépare de l'alumine, quand on met le mélange de ces corps dans l'eau bouillante (1031).

1045. On voit par ce qui précède que les bases salifiables ont trois manières de se comporter avec la graisse :

1° Elles convertissent cette substance en glycérine et en acides stéarique, margarique et oléique; telles sont la baryte, la strontiane, la potasse, la soude, la chaux, les oxydes de plomb et de zinc, la magnésie et l'ammoniaque : ces deux dernières n'agissent qu'à la longue;

2° Elles contractent une union ou plutôt une adhésion avec la graisse, sans lui faire éprouver aucune altération; telle est la manière dont agit la magnésie avant qu'elle opère la saponification;

3° Elles ne contractent pas d'union sensible; c'est le cas des bases qui, ayant été préalablement mélangées avec la graisse, s'en séparent lorsqu'on met le mélange dans l'eau bouillante.

1046. Je pense que dans plusieurs circonstances les alcalis solubles peuvent exercer sur les corps gras non acides une action qui ne va pas jusqu'à les dénaturer, soit que le contact ne soit pas assez prolongé, soit que les alcalis soient affaiblis par une trop grande quantité d'eau. Il me semble que c'est par une affinité de ce genre que les alcalis et les sous-carbonates alcalins solubles enlèvent des taches produites par des graisses qui ne sont pas acides.

1047. Lorsqu'on s'occupera de classer les bases salifiables d'après l'intensité de leurs propriétés alcalines, il faudra tenir compte de leur énergie saponifiante, car cette faculté n'est essentiellement que la force alcaline.

CHAPITRE V.

DE LA QUANTITÉ DE GRAISSE QU'UN POIDS DONNÉ DE POTASSE PEUT SAPONIFIER.

Première expérience.

1048. Pour rendre moins incomplètes les expériences relatives à l'action des bases salifiables sur la graisse, il restait à reconnaître quelle est la quantité de graisse qu'un poids donné d'alcali peut saponifier.

1049. 20 grammes de graisse de porc, qui se seraient réduits par une saponification parfaite à 19g 115 d'acides gras hydratés, ont été tenus pendant cinquante heures au moins avec de l'eau bouillante, dans laquelle il y avait 3g 315 de potasse pure; conséquemment la graisse saponifiée qui pouvait se produire était à l'alcali dans le rapport de 100 à 18. On a obtenu une masse gélatineuse demi-transparente, parfaitement homogène, entièrement soluble dans l'alcool bouillant : cette solution ne rougissait pas le tournesol; elle se prenait en gelée par le refroidissement. La masse savonneuse était pareillement soluble en totalité dans l'eau bouillante; la solution n'était que très légèrement opaline; concentrée, elle se prenait en gelée par le refroidissement; étendue d'eau, elle déposait beaucoup de matière nacrée.

1050. Il suit évidemment de cette expérience que l'on peut saponifier un poids donné de graisse en n'employant que la quantité d'alcali nécessaire pour neutraliser les acides stéarique, margarique et oléique que cette graisse peut donner. Un léger excès d'alcali est nécessaire toutes les fois qu'on veut obtenir un savon aussi dur que possible; car l'eau non alcalisée agit sur le savon comme dissolvant, tandis qu'elle ne peut le dissoudre si elle contient une certaine proportion d'alcali. Le sel marin agit à la manière de la potasse; mais je ne pense pas que son action sur l'eau soit assez forte pour enlever autant de ce liquide au savon que le font la potasse et son sous-carbonate.

1051. J'ai fait bouillir pendant plus de soixante heures 20 grammes de graisse dans une eau qui contenait 1g 657 de potasse pure : par conséquent, la graisse saponifiée qui pouvait être produite était à la potasse réelle : : 100 : 9. On ne remplaçait l'eau qui se vaporisait que quand la matière était presque à siccité. On a obtenu une masse homogène qui avait les propriétés suivantes : elle était presque entièrement soluble dans l'alcool bouillant; la solution n'avait aucune action sur le tournesol; elle se troublait abondamment par le refroidissement. On l'a fait bouillir dans 5 décilitres d'eau; il s'est séparé une matière grasse fluide à la surface de la liqueur. On a jeté les matières sur un filtre; le liquide filtré a été concentré; il tenait : 1° de la glycérine; 2° un véritable savon alcalin, qui a déposé de la matière nacrée, formée de bistéarate et de bimargarate de potasse. Deuxième expérience.

1052. Cette matière était blanche : elle a été bouillie dans 3 décilitres d'eau; il s'est fait une émulsion épaisse, et une matière grasse blanche, en partie fluide, s'est rassemblée à la surface de la liqueur. Examen de la matière restée sur le filtre.

1053. Elle ne tachait pas le papier aussi facilement que la graisse ordinaire. L'ayant traitée par l'alcool, je me suis convaincu qu'elle 1. Matière grasse blanche.

était formée de graisse non altérée, d'une petite quantité de bistéarate, de bimargarate et de suroléate de potasse; il y avait en outre une trace d'un principe verdâtre.

β. Émulsion épaisse.

1054. Elle a été jetée sur un filtre; la liqueur filtrée était légèrement laiteuse et contenait un peu de savon alcalin; la matière restée sur le filtre était blanche, opaque; chauffée dans une capsule, elle a perdu de l'eau, s'est fondue en un liquide oléagineux, jaune et transparent; dans cet état, elle a été traitée, à plusieurs reprises, par l'alcool bouillant. Après cinq ou six lavages, il est resté une matière peu soluble dans l'alcool, qui avait les propriétés principales de la graisse non saponifiée. J'ai obtenu du premier lavage refroidi un dépôt pulvérulent de nature grasse : il était moins fusible que la graisse, cristallisait en aiguilles, n'était pas très soluble dans l'alcool, ne rougissait pas le tournesol. Je ne sais à quel corps rapporter cette substance, l'analyse immédiate de la graisse pure et celle de la graisse saponifiée ne m'ayant jamais rien offert d'analogue. Le premier lavage filtré a été réuni aux autres lavages. Ceux-ci ont donné, par la concentration et le refroidissement, une quantité notable de bistéarate et de bimargarate de potasse. Ils retenaient en dissolution : 1° une graisse fusible à 25 degrés environ, qui paraissait avoir été saponifiée, car elle rougissait fortement le tournesol et était très soluble dans l'alcool; elle ne laissait qu'une quantité très petite de potasse par l'incinération; 2° un peu de savon alcalin soluble dans l'eau; 3° des atomes de graisse non altérée; 4° des atomes de bistéarate et de bimargarate de potasse.

1055. Il est évident que dans l'expérience précédente la potasse n'avait saponifié que la quantité de graisse qu'elle peut convertir en savon neutre; car il est vraisemblable que les sursavons trouvés dans la matière insoluble dans l'eau s'étaient séparés du savon par l'action de ce liquide sur le savon neutre. La seconde expérience m'a mis à même d'observer que la graisse non saponifiée peut former, avec du sursavon et du savon alcalin, sinon un composé chimique, au moins un mélange très intime qui forme une émulsion avec l'eau et qui n'a pas la propriété de tacher les étoffes. C'est une émulsion de ce genre qui se produit dans les dégraissages où les corps gras qu'on sépare des étoffes ne sont pas saponifiés.

CHAPITRE VI.

LA SAPONIFICATION PEUT-ELLE ÊTRE OPÉRÉE PAR LES CARBONATES DE POTASSE ET PAR LE SOUS-CARBONATE D'AMMONIAQUE ?

1056. Après avoir considéré la saponification par rapport à la nature des bases salifiables et à la quantité de graisse qu'un poids donné d'alcali peut saponifier, il est intéressant de déterminer si la force alcaline balancée par une force acide faible, telle que celle de l'acide carbonique, conserve encore assez d'énergie pour développer la force acide dans la graisse soumise à son contact.

§ 1. ACTION DU CARBONATE DE POTASSE SUR LA GRAISSE DE PORC.

1057. On a pris 30 grammes de graisse de porc fusible à 27 degrés; on les a fait digérer et bouillir dans une eau qui contenait 60 grammes de carbonate cristallisé : la plus grande partie de la graisse a été saponifiée; le savon a été étendu dans une grande quantité d'eau chaude; la graisse non saponifiée s'est rassemblée à la surface du liquide, où elle a été recueillie. On l'a traitée de nouveau avec 30 grammes de carbonate de potasse cristallisé; à l'exception d'un gramme, elle a été saponifiée. On a séparé ce gramme et enfin on l'a saponifié en le traitant avec 2 grammes de carbonate.

1058. Les dissolutions de savon ont été réunies; elles étaient limpides. On les a fait concentrer; il ne s'est pas manifesté de gouttes huileuses à la surface du liquide. A un certain degré de concentration, le savon a été précipité de l'eau par l'action de l'alcali carbonaté; on a jeté les matières refroidies sur un filtre. Il est passé un liquide qui a fait une vive effervescence avec l'acide tartarique, lequel n'a pas donné sensiblement de matière grasse; par conséquent, tout le savon était resté sur le filtre. La liqueur saturée par l'acide tartarique a été évaporée à siccité; le résidu a cédé à l'alcool beaucoup de glycérine. Le savon a été enlevé de dessus le filtre; on l'a divisé en deux portions.

1059. D'abord on en a séparé en la pressant entre des papiers joseph tout ce qu'il était possible d'en séparer d'eau mère par ce moyen. On l'a dissoute dans l'eau bouillante, puis on en a versé la solution dans un excès de nitrate de baryte. Le précipité, recueilli et séché, a donné à l'analyse de la graisse acidifiée fusible à 36 degrés, et de la baryte. Il ne contenait pas de quantité notable d'acide carbonique; *le savon produit par le carbonate de potasse ne diffère donc pas d'un savon ordinaire; en conséquence, dans l'opération que je viens de décrire, l'acide carbonique a été chassé de la portion de potasse qui s'est unie à la graisse acidifiée.* Première portion.

1060. Elle a été dissoute en totalité par l'eau bouillante; la dissolution abandonnée à elle-même a donné : 1° un dépôt nacré formé de *bistéarate* et de *bimargarate de potasse;* 2° de l'*oléate de potasse.* Deuxième portion.

1061. Le carbonate de potasse bouilli dans l'eau se convertit en sous-carbonate, ainsi que je m'en suis assuré; la saponification est donc déterminée par ce sel et non par du carbonate, puisqu'elle a été opérée dans l'eau bouillante. Il est très probable que c'est l'excès de potasse du sous-carbonate qui détermine la saponification, et qu'au moment où celle-ci a lieu, l'acide carbonique, qui était uni à la portion d'alcali qui devient base du savon, se retranche sur une portion du sous-carbonate pour produire du carbonate, si la température permet à cette combinaison de se former; ou, si la température ne le permet pas, cet acide carbonique se dégage à l'état gazeux.

1062. Ayant mis de la graisse de porc avec du sous-carbonate de potasse qui avait été préalablement rougi dans un creuset de platine, puis dissous dans un peu d'eau bouillante, j'ai observé que la saponification se produisait, sans le contact de l'air, dans une cloche qui reposait sur le mercure et qui était placée entre deux fourneaux allumés; j'ai vu aussi qu'il n'y avait un dégagement d'acide carbonique qu'après la formation d'une grande quantité de savon, et lorsque les matières étaient exposées à une température assez élevée pour décomposer le carbonate de potasse; et qu'en traitant de la graisse en excès par une forte solution de sous-carbonate de potasse, on obtenait à la longue de beaux cristaux de carbonate, lesquels étaient faciles à séparer mécaniquement de la graisse non saponifiée et de la masse savonneuse.

§ 2. ACTION DU SOUS-CARBONATE D'AMMONIAQUE SUR LA GRAISSE DE PORC.

1063. 35 grammes de graisse de porc fusible à 27 degrés, incorporés avec du sous-carbonate d'ammoniaque sublimé, ont été introduits dans un flacon bouché avec du liège. La matière occupait le tiers de la capacité du vaisseau. Le flacon a été abandonné dans un endroit de mon laboratoire où le soleil ne donne jamais et où la température varie de zéro à 18 degrés. On a ouvert le flacon au bout de cinq ans. La surface de la graisse était jaune dans quelques endroits. On a traité la matière avec des quantités d'eau dont la somme pouvait équivaloir à 2 litres. On a obtenu une émulsion blanche dans laquelle on apercevait beaucoup de paillettes nacrées semblables à celles du bistéarate de potasse.

1064. On a jeté sur un filtre $\frac{1}{5}$ de l'émulsion; le *liquide filtré* était très légèrement opalin. L'ayant filtré de nouveau, on l'a obtenu parfaitement limpide. Dans cet état, il contenait, entre autres substances, un peu d'huile acide en dissolution. Cette filtration étant extrêmement longue, on a mis les quatre autres cinquièmes de l'émulsion dans un vase de verre allongé que l'on a chauffé au bain-marie. L'émulsion s'est partagée en trois couches liquides. La couche inférieure aqueuse était presque limpide; les deux autres couches étaient oléagineuses : la plus légère était d'un jaune citrin, la plus dense était d'un jaune orangé. Après qu'elles se furent figées, on a séparé la couche inférieure, on l'a filtrée et l'on y a réuni ensuite le *liquide filtré* qui provenait du premier cinquième de l'émulsion. Je vais examiner ces liquides sous le nom de *liquide aqueux;* j'examinerai ensuite la *partie grasse* de l'émulsion, c'est-à-dire les deux couches supérieures de l'émulsion qui avait été chauffée.

ARTICLE PREMIER.

EXAMEN DU LIQUIDE AQUEUX.

1065. Il était jaunâtre, très alcalin; il moussait par l'agitation. L'acide hydrochlorique en dégageait de l'acide carbonique et le troublait très légèrement en en séparant un peu d'*huile acide orangée.*

1066. L'ayant mis sur le feu, il y a eu un dégagement de carbonate d'ammoniaque, et des gouttes d'*huile acide orangée* se sont manifestées à la surface du liquide. Après l'évaporation de l'eau, on a obtenu un *résidu sirupeux* qui pesait près de 2 grammes. Il était orangé, acide; sa saveur, d'abord légèrement douceâtre, devenait ensuite très amère et piquante. Il était très soluble dans l'alcool; l'eau froide en dissolvait 1g6 d'une *matière sirupeuse* et séparait 0g 20 d'*huile acide orangée*.

γ. Huile acide orangée.

1067. Cette huile était encore liquide à 3 degrés; mais elle s'épaississait après avoir été exposée quelques jours à l'air. Elle était insoluble dans l'eau froide et ne cédait à ce liquide bouillant que des traces de matière colorante. Elle était très soluble dans l'alcool : la solution rougissait la teinture de tournesol, et la liqueur rougie redevenait bleue par son mélange avec l'eau; elle était soluble dans l'eau de potasse très faible; la solution déposait de la matière nacrée et retenait de l'*oléate* et une *matière colorante orangée*. L'*huile acide orangée* était donc un composé d'*acide oléique*, d'*acide margarique* et d'un *principe orangé*.

δ. Matière sirupeuse.

1068. Elle était jaune; sa saveur, quoique amère, l'était moins que celle du *résidu sirupeux;* elle était sensiblement plus douce. Elle était formée de *glycérine*, d'*acide oléique*, de *principe orangé*, d'*ammoniaque* et d'*eau*, et, à ce qu'il m'a semblé, de traces d'un *acide* qui forme avec la baryte un sel soluble dans l'eau et insoluble dans l'alcool. Voici les expériences qui m'ont conduit à cette conclusion : ayant versé un peu d'acide sulfurique dans la matière sirupeuse, il s'en est séparé un peu d'*acide oléique* et de *principe orangé;* on a filtré, on a fait bouillir la liqueur avec un excès d'eau de baryte; il s'est dégagé de l'*ammoniaque;* il s'est précipité de l'*oléate* et du *principe orangé uni à de la baryte*, et un peu de sulfate et de sous-carbonate de baryte. La liqueur filtrée a été évaporée à siccité, et le résidu a été traité par l'alcool; des flocons blancs, qui m'ont paru être un *sel de baryte*, en ont été séparés. L'alcool filtré a été évaporé; le résidu a été repris par l'eau. Au moyen de l'acide sulfurique, on a précipité de la liqueur un peu de baryte et de principe orangé. La même liqueur, évaporée ensuite, a donné de la *glycérine* sirupeuse, peu colorée, dont la saveur n'était presque pas mêlée d'amertume; cette substance, traitée par l'acide nitrique, a produit beaucoup d'acide oxalique.

1069. Je me suis assuré que l'*acide oléique uni au principe colorant orangé* était la cause de l'amertume de la glycérine en prenant de ce même acide coloré, le dissolvant dans l'alcool et le mêlant ensuite à de la glycérine d'huile d'olive. En faisant évaporer la solution, on a obtenu un résidu sirupeux dont la saveur, d'abord douce, devenait ensuite très amère et piquante, comme le *résidu sirupeux* (1066); et ce qu'il y a de remarquable, c'est que l'eau froide en séparait de l'acide oléique coloré. La combinaison de l'acide oléique et du principe colorant n'a pas ou que très peu de saveur à l'état de pureté, probablement parce qu'elle est insoluble dans la salive.

ARTICLE 2.

EXAMEN DE LA PARTIE GRASSE DE L'ÉMULSION.

1070. Cette matière faisait émulsion avec l'eau, par la raison qu'une portion de sa masse était unie à l'ammoniaque. Elle paraissait se figer à 39 degrés, mais à plusieurs degrés au-dessous de cette température elle était encore molle. L'acide hydrochlorique, en en séparant l'ammoniaque, lui enlevait la propriété de faire émulsion avec l'eau; toute l'action de ce liquide se bornait à blanchir la surface de la matière. Elle ne présentait qu'une seule couche après avoir été fondue, laquelle commençait à se figer à 43 degrés et conservait de la mollesse à quelques degrés au-dessous. Lorsqu'elle se figeait lentement et sans agitation, elle ne présentait point à sa surface les inégalités que présente la graisse de porc. Elle avait la couleur orangée de l'adipocire molle. Elle était très acide au tournesol.

1071. Le poids de cette matière, y compris celui de la portion de matière grasse restée sur le filtre, s'élevait à un peu plus de 32 grammes, quoiqu'il y en eût eu de perdu.

1072. 100 parties de matière grasse ont été traitées par 750 parties d'alcool bouillant d'une densité de 0,835. On a laissé refroidir, puis on a décanté le liquide ainsi que la portion de matière grasse qui avait été dissoute et qui s'était précipitée par le refroidissement. Je vais examiner, A, *la matière grasse dissoute dans l'alcool bouillant*; B, *la matière grasse indissoute dans l'alcool.*

A. MATIÈRE GRASSE DISSOUTE DANS L'ALCOOL BOUILLANT.

1073. Séparée de l'alcool, elle pesait 62,5 parties; elle était orangée; elle commençait à se figer à 36 degrés, mais elle n'était dure qu'à 28 degrés. Elle avait tous les caractères d'une graisse entièrement acidifiée, car elle rougissait fortement le tournesol; elle dégageait de l'eau quand on la chauffait avec le massicot, et elle formait avec la baryte un savon duquel l'alcool ne séparait pas sensiblement de matière grasse non acide. C'est ce que les expériences suivantes démontrent.

1074. Les 62,5 parties de cette matière ont été unies à l'hydrate de baryte. La masse savonneuse qui en est résultée a été soumise à l'action de l'alcool chaud.

1075. Cette matière n'était pas acide; séparée de l'alcool, elle commençait à se figer à 53 degrés. Elle était d'un jaune orangé. L'acide hydrochlorique en séparait de la baryte et mettait en liberté 37,5 parties d'une graisse orangée acide, fusible à 35 degrés. Cette graisse, neutralisée de nouveau par la baryte et traitée ensuite par l'alcool légèrement chaud, se divisait en deux combinaisons : l'une soluble, dont la graisse acide pesait 28,75 parties, était fusible à 30 degrés; l'autre indissoute, dont la graisse acide pesait 8,75 parties et était fusible à 36°,5. Les deux graisses acides se dissolvaient complètement dans la potasse faible.

A. Matière dissoute par l'alcool chaud.

1076. Privée de baryte, elle pesait 25 parties; elle était fusible à 37°,5. Elle cristallisait par le refroidissement, comme la graisse de porc saponifiée, en aiguilles entrelacées; elle était presque blanche.

B. Matière indissoute par l'alcool chaud.

1077. Ce qui prouve maintenant que toutes ces graisses acides étaient complètement acidifiées, c'est qu'après les avoir réunies, on en a mis 100 parties qui étaient fusibles à 33°,5 avec 70 parties de potasse dissoutes dans l'eau : on a tenu les matières sur le feu pendant huit heures, puis on a obtenu du savon décomposé par l'acide hydrochlorique, 98 parties de graisse acide, fusible à 33 degrés, et un liquide aqueux, qui, ayant été évaporé, a laissé un résidu auquel l'alcool n'a enlevé que 3 parties de matière soluble, lesquelles ne contenaient pas sensiblement de glycérine, mais un peu de tartrate et d'oléate de potasse : l'acide de l'oléate pesait 0,1 de partie, ainsi qu'on s'en est convaincu en traitant ce résidu par l'acide acétique très faible, qui n'a pas dissous l'acide oléique.

B. MATIÈRE INDISSOUTE DANS L'ALCOOL BOUILLANT (1072).

1078. Elle pesait 37,5 parties; elle était blanche, fusible à 31 degrés; mais au-dessous elle était encore molle. Elle était légèrement acide au tournesol. On l'a traitée par l'eau de baryte, puis par l'alcool bouillant.

A. Matière dissoute par l'alcool.

1079. Cette matière pesait 25 parties; elle était fusible à 29 degrés environ; elle contenait 5 parties de graisse acide, qu'on en a séparées en la traitant par l'acide hydrochlorique, puis par l'alcool chaud. Celui-ci a retenu la graisse acide et a laissé déposer une graisse que l'on a obtenue parfaitement exempte d'acide après plusieurs dissolutions dans l'alcool.

B. Matière indissoute dans l'alcool bouillant.

1080. Après avoir traité cette matière par l'acide hydrochlorique pour en séparer la baryte, on a obtenu 12,5 parties de matière, à laquelle l'alcool a enlevé 1 partie de graisse acide. Quant à la graisse non acide, elle a été réunie à la précédente et soumise ensuite à l'examen suivant.

Matière non acide.

1081. Cette matière était blanche; elle avait conservé l'odeur de la graisse de porc; elle était fusible à 31 degrés [1]. Quand elle se figeait lentement et sans agitation, elle présentait à sa surface les mêmes inégalités que montre la graisse de porc; elle n'était pas plus soluble dans l'alcool que cette graisse : la solution n'avait pas d'action sur le tournesol. Ayant traité 2g 1 de graisse non acide par la potasse, on a

[1] Parce que dans le traitement alcoolique qu'on lui avait fait subir pour la purifier, on avait dissous proportionnellement plus d'oléine que de stéarine.

obtenu 1g 954 d'acides oléique et margarique fusibles à 44 degrés, et une glycérine sirupeuse qui pesait 0g 265. Celle-ci était presque incolore; sa saveur était très douce et sans amertume sensible.

1082. Je n'oserais assurer que l'action de l'oxygène atmosphérique n'eût pas exercé quelque influence dans la saponification produite par le sous-carbonate d'ammoniaque.

§ 3. ACTION DES SOUS-BORATES DE POTASSE ET DE SOUDE SUR LA GRAISSE DE PORC.

1083. 30 grammes de sous-borate de potasse sec (qui préalablement avait été fondu, puis cristallisé) ont été exposés à la température de l'eau bouillante, avec de l'eau et 10 grammes de graisse de porc, pendant cinquante heures environ. On a séparé beaucoup de graisse qui n'avait point été altérée et qui s'était figée à la surface de la liqueur pendant son refroidissement; on en a séparé encore par la concentration; enfin on a obtenu une liqueur presque limpide, qui, ayant été mêlée à l'acide tartarique, a donné 0g 2 environ d'une *matière grasse acide, fusible à 34 degrés* environ, légèrement jaune, qui était véritablement saponifiée et qui, ayant été redissoute par un peu d'eau de potasse chaude, s'est réduite, par le refroidissement, en matière nacrée et en oléate de potasse.

1084. Le borax a donné le même résultat.

1085. Il suit de là que si les sous-borates de potasse et de soude peuvent opérer la saponification, ce n'est que très faiblement, parce que probablement l'acide borique, ne pouvant être ni précipité ni réduit en vapeur, s'oppose à l'énergie de la potasse et de la soude.

LIVRE VI.

RÉSUMÉ ET CONSIDÉRATIONS GÉNÉRALES.

1086. Je me propose deux objets dans ce livre : premièrement, celui de résumer les propriétés principales que les corps gras m'ont présentées; en second lieu, celui d'établir plusieurs des rapports qui existent entre ces corps et ceux qui sont connus depuis longtemps. Ces rapports prouveront que de mes recherches découlent plusieurs conséquences importantes pour la chimie générale et pour quelques arts.

PREMIÈRE SECTION.

ÉTAT DE LA SCIENCE SUR LES CORPS GRAS AVANT 1813.

1087. Avant mon travail, les corps gras n'étaient connus que par une grande inflammabilité, une affinité pour l'eau extrêmement faible, quand elle n'est pas absolument nulle; en un mot, ils n'étaient connus que par des propriétés tout à fait insuffisantes pour les caractériser comme *ordre* de substances, puisque ces propriétés se retrouvent au même degré ou à des degrés peu différents dans d'autres matières organiques. On savait en outre que plusieurs de ces corps produisent des savons ou des emplâtres, suivant qu'on les traite par la potasse et par la soude, ou bien par l'oxyde de plomb: mais on ignorait ce qu'il y a de commun entre ces deux traitements, ainsi que les changements que les bases salifiables déterminent dans la composition des corps gras soumis à leur action.

1088. La seule distinction établie parmi ces corps l'avait été d'après la considération de leur fusibilité plus ou moins grande (7). De là les groupes des *huiles*, des *beurres*, des *graisses*, des *suifs*, des *cires*. Dans l'origine, ces mots ne s'appliquèrent qu'à une seule sorte de substance, ils furent véritablement *spécifiques;* mais à mesure que la civilisation amena de nouveaux besoins, que le commerce établit des communications entre des pays éloignés, le nombre des corps gras s'accrut, et l'on dut naturellement réunir les substances analogues pour en former des genres à chacun desquels on imposa le nom de la substance la plus anciennement connue, auprès de laquelle on rangeait celles qui lui ressemblaient : c'est ainsi que des noms spécifiques devinrent génériques. Lorsque les savants fixèrent leur attention sur les groupes dont je parle, ils s'aperçurent bientôt que chacun de ces groupes, particulièrement ceux des huiles, des beurres et des graisses, renfermait un nombre si considérable de substances distinctes par la fusibilité, l'odeur, la couleur, etc., qu'il paraissait illimité. Tel était l'état de la science au moment où je commençai à m'occuper de l'étude de ces corps.

DEUXIÈME SECTION.

VUES GÉNÉRALES SUR LA COMPOSITION IMMÉDIATE DES CORPS GRAS.

Découverte des acides margarique et oléique.

1089. Mes premières découvertes, en faisant connaître les acides margarique et oléique, qui à tous les caractères que l'on attribue aux corps gras joignent celui de l'acidité, ont contribué certainement à modifier les idées qu'on avait alors sur la composition des acides organiques, que l'on considérait généralement comme des composés où il y avait un excès d'oxygène sur la quantité de cet élément nécessaire pour former de l'eau avec l'hydrogène contenu dans ces mêmes acides. Elles ont contribué aussi à généraliser l'idée de l'acidité, en établissant un groupe d'acides organiques avec un excès de matière combustible, qui semble être aux autres acides organiques ce que sont, dans le règne inorganique, les acides hydrosulfurique et hydrotellurique aux acides oxygénés. L'acidité, une fois démontrée dans les acides margarique et oléique, a fourni un caractère extrêmement précieux pour partager les corps gras en deux ordres : celui des corps gras acides et celui des corps gras non acides; et cette distinction a fait entrevoir dès lors la possibilité d'appliquer avec succès l'analyse chimique à des substances qui jusque-là avaient été considérées comme immédiatement simples, faute de moyens suffisants pour séparer les principes immédiats qui les constituent.

Découverte des stéarines et de l'oléine.

1090. Dès que j'ai eu étudié les acides margarique et oléique, j'ai recherché si les graisses ne seraient pas formées de deux espèces de principes immédiats non acides et différant l'un de l'autre par la fusibilité; c'est ce qui m'a conduit à découvrir les stéarines et l'oléine.

Arrêtons-nous à ces résultats; l'oléine est liquide à zéro, la stéarine de mouton est solide à 44 degrés, et la stéarine d'homme l'est encore à 49 degrés; ces trois substances peuvent s'unir ensemble en proportions indéfinies. D'après cela, on conçoit pourquoi les huiles, les beurres, les graisses, les suifs, dont elles constituent la totalité ou la presque totalité de la masse, peuvent différer en fusibilité, sans qu'on doive compter autant d'espèces différentes qu'il y a d'huiles, de beurres, de graisses, de suifs, qui diffèrent les uns des autres par leur degré de fusibilité.

Découverte des acides gras odorants, de la phocénine, de la butyrine, etc.

1091. La connaissance de l'oléine et des stéarines ne suffisait pas cependant pour expliquer toutes les différences que présentent les corps gras dans la composition desquels elles entrent; car plusieurs de ces corps, par exemple le beurre de vache, sont odorants et colorés, tandis que les stéarines et l'oléine sont inodores, ou presque inodores, et absolument incolores. Or, quand on examine des composés organiques sous le rapport de leur composition immédiate, on ne peut se flatter d'avoir atteint le but qu'on s'était proposé en entreprenant cet examen, qu'après être parvenu à expliquer les propriétés de ces composés, en démontrant ou qu'elles appartiennent à des principes immédiats qui les manifestent au plus haut degré quand ils sont isolés, ou qu'elles appartiennent, non pas à un principe immédiat en particulier, mais à plusieurs qui sont combinés ensemble, de telle sorte que ces propriétés sont le résultat d'une combinaison, et non l'apanage d'un des principes immédiats de cette combinaison. Dans ce dernier cas, les propriétés que l'on considère, loin de se manifester avec plus d'intensité dans un des principes immédiats que l'on a isolés, s'évanouissent tout à fait; telles ne sont point les propriétés qu'ont certains corps gras d'être odorants et colorés.

A mesure qu'on isole leur partie liquide de leur partie solide, on observe que l'odeur et la couleur se concentrent dans leur partie liquide, et qu'en appliquant l'alcool à cette dernière, on obtient un principe volatil et odorant, et un principe coloré qui est soluble dans l'eau. A la vérité, les quantités de ces principes sont petites en comparaison de celles qui restent dans la partie grasse. On observe aussi que les corps gras colorés, exposés à la lumière, à l'action du charbon, se décolorent sans que leur composition en paraisse altérée; et quand ils sont très odorants, en les traitant par un lait de magnésie, on obtient une quantité notable de principe odorant, combiné avec cet alcali[1]; enfin, en traitant l'huile de dauphin et la partie liquide du beurre par l'alcool froid, on réduit la première en oléine et en *phocénine*, et la seconde en oléine et en *butyrine*.

Considérations sur la phocénine, la butyrine et l'hircine.

1092. La découverte des acides gras odorants est très importante sous le rapport de la chimie et sous celui de la physiologie animale, puisqu'on y rattache de nombreuses considérations. En effet, il est remarquable de voir des composés comme la phocénine, la butyrine, l'hircine, contenir des acides volatils, ou leurs éléments complètement neutralisés; sous ce point de vue, ils ont beaucoup d'analogie avec les éthers, qui passent pour être formés d'acides et d'alcool. Dans ces deux ordres de substances, il n'y a point d'acidité libre; mais l'équilibre des éléments est-il troublé, soit par la force alcaline, soit par l'action de l'air, de la chaleur, l'acidité se manifeste; ainsi la phocénine, la butyrine, qui, à l'état de pureté, sont inodores, acquièrent par leur exposition à l'air chaud l'odeur forte qui est propre à leurs acides. Dans cet état, elles rougissent le tournesol; et

[1] C'est au moins le résultat que j'ai obtenu en traitant de l'huile de dauphin et des beurres odorants par la magnésie.

si on les traite par la magnésie, on obtient un phocénate, un butyrate de cette base. C'est la fixité de la phocénine et de la butyrine, ainsi que le peu de matière odorante qui est mis en liberté à la fois pendant l'exposition à l'air du beurre et de l'huile de dauphin, qui rend ces dernières substances susceptibles d'exhaler de l'odeur pendant un temps assez long; car s'il ne se développait pas de matière odorante à mesure qu'il s'en évapore, le beurre et l'huile de dauphin auraient bientôt cessé d'être odorants par leur exposition à l'air, ainsi que cela arrive à cette sorte de *beurre artificiel* que l'on prépare en imprégnant l'axonge d'acide butyrique (330).

1093. Il n'est pas inutile de faire observer qu'avant mes recherches sur le beurre de vache et sur l'huile de dauphin, on n'avait aucune idée précise sur la nature des principes odorants de ces substances, et que si l'on eût voulu la reconnaître par l'expérience, dans une atmosphère imprégnée de ces mêmes principes, on n'y serait pas parvenu, à cause de la rareté de leurs vapeurs. Si l'on considère maintenant les émanations produites dans plusieurs circonstances par des matières organiques qui rendent l'air auquel elles sont mêlées extrêmement nuisible à l'économie animale, et qui jusqu'ici n'ont pu être examinées à cause de la faible proportion où elles se trouvent dans l'atmosphère, il est permis d'espérer qu'un jour on saisira la matière de ces émanations dans les substances d'où elles s'exhalent, de même que les odeurs du beurre, de l'huile de dauphin, ont été saisies dans ces substances mêmes, en quantité suffisante pour qu'on ait pu en constater la nature.

1094. L'analyse chimique donne actuellement la raison des différences que présente le beurre de vache sous le rapport du degré de fusibilité et de l'odeur. Suivant qu'il contient plus ou moins de stéarine relativement à l'oléine et à la butyrine, il est plus ou moins fusible; suivant la proportion de la butyrine, il a une odeur plus ou moins forte; enfin, comme les acides odorants ne sont pas l'un à l'autre dans des proportions constantes, la nature de l'odeur est différente; ainsi les beurres qui contiennent, relativement à l'acide butyrique, plus d'acides caproïque et caprique ont une odeur toute différente de ceux qui sont dans le cas contraire.

1095. Le beurre de femme, d'après un examen assez léger que j'en ai fait, m'a paru contenir les mêmes principes immédiats que le beurre de vache.

1096. Le beurre de chèvre contient des acides butyrique, caproïque, hircique, et peut-être de l'acide caprique (*voyez* la 1re note). Il est très vraisemblable que l'odeur qui distingue le lait de la chèvre de celui de la vache provient de l'acide hircique.

1097. L'analyse du beurre, telle que je l'ai donnée, était nécessaire pour connaître les principes immédiats des fromages du commerce; car les odeurs si variées de ces matières sont principalement dues au développement des acides du beurre, et, quand la fermentation est prolongée, à l'altération de l'acide caprique; c'est surtout à cette dernière cause qu'il faut rapporter l'odeur du fromage de Roquefort; et la preuve, c'est qu'un caprate humide ou une solution d'acide caprique, qu'on abandonne dans un flacon qui contient de l'air, exhalent absolument la même odeur. Je ne prétends pas dire que toute l'odeur des fromages fermentés soit due aux acides du beurre: 1° parce que, dans la fermentation des substances organiques azotées, il se développe un acide qui a une odeur analogue à celle de l'acide butyrique, et que les fromages contenant du caséum, on a toute raison de croire que cet acide se trouve dans les fromages fermentés; 2° parce qu'il est bien probable que la stéarine et l'oléine peuvent devenir rances et contribuer par là à rendre les fromages odorants, en donnant naissance à des acides volatils et à un principe aromatique non acide.

1098. Enfin l'odeur désagréable du cuir apprêté à l'huile de poisson est due à la décomposition de l'acide phocénique contenu dans cette huile; car l'eau à laquelle on ajoute quelques gouttes d'acide phocénique prend à la longue la même odeur (277).

1099. La phocénine répandue dans des proportions très diverses dans les huiles des dauphins, la butyrine qui existe dans le lait des mammifères, doivent appeler l'attention des physiologistes relativement aux régions où elles se trouvent.

Distinction des corps confondus sous le nom d'*adipocire*.

1100. La composition immédiate des huiles, des beurres, des graisses et des suifs, ayant été établie par les observations précédentes, j'ai ensuite étudié comparativement les trois corps que l'on s'était plu à confondre sous le nom d'*adipocire*, malgré les grandes différences qu'ils présentent. La partie du gras des cadavres humains à laquelle j'ai réservé le nom d'*adipocire* est formée presque en totalité d'acides margarique et oléique; elle possède donc éminemment l'acidité; en cela on ne saurait la confondre avec la cétine et la cholestérine, qui sont absolument sans action sur les réactifs colorés. D'un autre côté, la cétine se transforme par l'action des alcalis en acide margarique, en acide oléique et en éthal; elle se fond à

49 degrés, tandis que la cholestérine n'éprouve aucune altération de la part de la potasse et qu'elle exige une température de 137 degrés pour se fondre.

Résumé. 1101. 1° En définitive, la découverte d'un petit nombre d'espèces de corps gras susceptibles de s'unir ensemble en proportions indéfinies explique les différences de fusibilité, d'odeur, de saveur, que présente ce nombre prodigieux de suifs, de graisses, de beurres et d'huiles que nous rencontrons dans les êtres organisés, en même temps qu'elle ramène aux lois des compositions définies une classe entière de matières qui semblaient s'y soustraire. Il est évident que les stéarines, l'oléine, la phocénine, la butyrine, l'hircine, sont aux suifs, aux graisses, aux beurres, aux huiles qu'elles constituent, ce que les métaux qui, comme l'étain et le plomb, l'étain et le cuivre, peuvent s'allier ensemble en proportions indéfinies, sont à leurs alliages. 2° Les espèces de corps gras que j'ai établies forment dans la chimie organique une classe nouvelle de substances qui présentent des groupes très distincts les uns des autres; ainsi il y a des corps gras acides et des corps gras qui ne le sont pas. Parmi les premiers, on trouve, en premier lieu, les acides stéarique, margarique et oléique, qui, relativement à la manière dont ils se conduisent au feu, correspondent à l'acide benzoïque; en second lieu, les acides odorants, qui correspondent à l'acide acétique. Parmi les corps gras non acides, il en est qui n'éprouvent aucune action de la part des alcalis, comme l'éthal, la cholestérine. Il en est d'autres qui, par l'action des mêmes corps, sont convertis en acides gras fixes ou en acides gras volatils.

TROISIÈME SECTION.

PRÉPARATION DES ESPÈCES DE CORPS GRAS.

Le nombre des réactifs qu'on emploie dans l'analyse organique est très petit.

1102. En chimie végétale ou animale, *un composé organique est considéré comme une espèce de principe immédiat, lorsqu'on ne peut en séparer plusieurs sortes de matières sans en altérer évidemment la nature* (5). Mais les principes immédiats organiques étant presque toujours des composés ternaires ou quaternaires, et leurs éléments ayant une disposition marquée à former des combinaisons plus simples que celles qu'ils constituent actuellement, il est difficile de s'assurer si une *substance organique* qu'on examine doit être considérée comme une espèce de principe immédiat, ou comme une réunion de plusieurs espèces. En effet, les moyens énergiques, si propres à dévoiler la nature des matières inorganiques, sont exclus de l'analyse organique immédiate; et s'il est nécessaire de soumettre cette *substance organique* à l'action de corps susceptibles de s'y combiner, afin de savoir si dans les combinaisons qu'elle produit elle agit en conservant toutes les propriétés qu'elle avait avant la combinaison, il faut que ces corps ne puissent changer l'équilibre des éléments qui la forment. Cette condition limite extrêmement le nombre des réactifs qu'on peut employer; les acides et les alcalis n'étant susceptibles de l'être que quand ils sont étendus d'eau, et leur usage étant encore presque toujours borné au cas où l'on agit sur des principes immédiats doués de l'alcalinité ou de l'acidité, il ne reste guère à la disposition du chimiste que l'action du froid ou plutôt celle de la force de solidité des substances exposées à des températures plus ou moins basses, et l'action dissolvante de l'eau, de l'alcool et de l'éther. C'est à lui de tirer le meilleur parti de ces moyens d'analyse, en variant les circonstances où il place les corps qu'il cherche à décomposer.

1103. Ces considérations étaient nécessaires : 1° pour donner une idée juste de la manière dont j'applique les dissolvants aux matières organiques, soit pour les réduire en plusieurs principes immédiats, soit pour savoir si une substance organique doit être considérée comme une espèce pure ou comme une réunion de plusieurs espèces; 2° pour faire sentir toute l'importance que mérite le mode d'opérer que je propose, mode qui peut être exprimé en principe de la manière suivante :

Manière dont j'applique les dissolvants aux matières organiques.

1104. *On prend un poids déterminé d'une substance organique* A *qui exige 100 parties d'un liquide* B *pour être dissous. On met ce poids avec 10 parties du liquide* B. *Lorsqu'on juge que la solution est saturée, on la décante et l'on verse sur le résidu 10 parties de* B. *On obtient une seconde solution, qu'on décante comme la première. On continue d'opérer ainsi jusqu'à ce que la substance* A *soit entièrement dissoute, ou jusqu'à ce qu'elle cesse de céder quelque chose au liquide* B.

Enfin on traite la substance A *de la même manière par des liquides* C, D, E, *etc.*

1105. Il peut se présenter deux cas :

Premier cas.

1106. La substance A ne sera pas dissoute en totalité, ou, si elle l'est, toutes les solutions qu'elle aura données successivement ne seront pas identiques; elles différeront par la proportion de la matière dissoute, par la couleur, par l'odeur, etc. Dans ce cas, la substance A ne sera pas une espèce pure; il faudra chercher à en séparer les principes immédiats en soumettant le résidu des dissolutions partielles évaporées aux mêmes traitements que la substance A elle-même.

1107. Toutes les solutions que la substance A aura fournies avec un même liquide seront identiques. Dès lors elle se sera comportée comme une espèce, et la probabilité qu'on aura pour la considérer comme telle sera d'autant plus grande que la substance aura été soumise à l'action d'un plus grand nombre de dissolvants, et à l'action d'un même dissolvant dans un plus grand nombre de circonstances variées. Second cas.

1108. On voit donc que dans la chimie organique, pour établir l'existence d'un principe immédiat comme espèce, on suit la même marche que dans la chimie inorganique, lorsqu'on établit qu'un corps doit être considéré comme simple. Il est évident que, dans les deux cas, la conclusion à laquelle on est conduit *est celle de l'expérience, et qu'on ne la considère pas comme absolue, mais bien comme relative aux moyens employés.* Toute la différence qu'il y a, c'est que, dans l'analyse inorganique, les circonstances où les corps peuvent être placés sont beaucoup plus variées, et que, non seulement on est maître de faire agir la chaleur et l'électricité avec toute l'énergie qu'on leur connaît pour dissocier les éléments de la matière, mais qu'avec leur action on peut encore faire concourir celle des affinités les plus fortes, telles que les affinités d'un comburant, d'un combustible, d'un acide et d'un alcali; au lieu que dans l'analyse organique, on ne fait guère agir que des dissolvants neutres à des températures peu élevées.

1109. La méthode que j'ai suivie est applicable à l'essai des principes immédiats qui ne sont ni acides ni alcalins, ainsi qu'à l'essai de ceux qui sont doués de l'une ou l'autre de ces propriétés. Les essais qu'on fait sur les principes immédiats acides ou alcalins sont plus multipliés que ceux qui peuvent être tentés sur les principes immédiats neutres, par la raison qu'en unissant une matière organique successivement à plusieurs bases si elle est acide, ou successivement à plusieurs acides si elle est alcaline, on multiplie ainsi les circonstances dans lesquelles on peut faire agir un même dissolvant sur une même matière. Enfin la méthode est applicable au cas où l'on fait agir les dissolvants dans mon digesteur distillatoire.

1110. Puisqu'il est aussi impossible de s'assurer qu'une substance organique est une espèce, qu'il l'est de s'assurer qu'un corps que nous appelons *simple* est réellement un élément, et cependant comme la chimie organique approchera d'autant plus de la perfection, que nous aurons plus de raisons de croire que les principes immédiats qui passent pour des espèces en sont véritablement, il est utile d'exposer ici les propriétés d'après lesquelles on distingue les principes immédiats en espèces et de discuter la valeur de ces propriétés comme caractères distinctifs.

1111. Toutes les propriétés dont je veux parler peuvent composer quatre ordres de caractères :

1° *La composition ;*

2° *Les propriétés physiques ;*

3° *Les propriétés chimiques*, qu'on observe tant que les substances n'éprouvent pas d'altération, qu'elles agissent par attraction résultante ;

4° *Les propriétés chimiques*, qu'on observe lorsque les substances éprouvent une altération quelconque, soit dans la proportion de leurs éléments, soit dans l'arrangement de leurs atomes ou de leurs particules.

Composition.

1112. Des compositions différentes établies d'après la nature des éléments ou d'après la proportion des mêmes éléments suffisent pour faire distinguer des principes immédiats; mais ce caractère ne suffit plus dans le cas où deux substances ont donné à peu près les mêmes résultats à l'analyse, et dans le cas où des substances auraient la même composition avec des propriétés différentes; car les mêmes éléments, unis dans la même proportion, peuvent produire des composés différents, si leurs atomes ou leurs particules sont susceptibles de prendre des arrangements différents. Il n'est pas superflu de faire remarquer que le caractère tiré de la composition n'aurait pas de valeur si on avait négligé de faire les essais dont il a été question plus haut (1104).

Propriétés physiques et propriétés chimiques qu'on observe sans que les substances ne s'altèrent pas.

1113. Ces deux ordres de propriétés distinguent très bien les principes immédiats qui en présentent de différentes; mais il est des substances qui, quoique distinctes l'une de l'autre, n'offrent à notre observation qu'un si petit nombre des propriétés dont je parle, et nous les présentent si rapprochées les unes des autres, qu'elles ne suffisent point pour caractériser ces substances, et ce qui accroît encore la difficulté qu'on éprouve à en définir les espèces, c'est une ressemblance de composition.

Propriétés chimiques qu'on observe lorsque les substances s'altèrent.

1114. Lorsque les trois premiers ordres de propriétés sont insuffisants pour distinguer des substances en espèces, il ne reste plus que les caractères tirés des changements de nature que ces substances sont susceptibles d'éprouver dans leur transformation en d'autres composés. C'est alors au chimiste d'observer ces transformations des principes immédiats qu'il compare dans la vue de savoir s'ils sont identiques ou différents; c'est à lui de voir si les nouveaux produits sont ou ne sont pas de la même nature. Dans le premier cas, il doit rechercher s'ils sont dans la même proportion; car des espèces différentes peuvent donner lieu aux mêmes produits. C'est ainsi que se comportent le sucre, le ligneux, lorsqu'on les distille ou qu'on les traite par l'acide nitrique. Enfin, dans le second cas, il doit étudier les propriétés des nouveaux produits et chercher surtout à voir si leur composition s'accorde avec celle des principes immédiats qui leur ont donné naissance.

1115. Les considérations générales dans lesquelles je viens d'entrer devaient précéder le résumé de mes procédés analytiques et l'exposé des raisons que j'ai eues pour établir comme espèces des principes immédiats préparés par ces mêmes procédés.

Préparation des acides gras.

1116. La préparation des acides stéarique et margarique est fondée sur ce que les stéarates, les margarates de potasse, sont moins solubles dans l'alcool que les oléates, et la séparation de l'acide margarique d'avec le stéarique est fondée sur ce que ce dernier forme avec la potasse un sel moins soluble que ne l'est le margarate de la même base. Mais l'affinité mutuelle de ces sels est assez grande : 1° pour que de l'acide stéarique, formant, avec des acides margarique et oléique, un composé fusible à 55 degrés, étant neutralisé par la potasse, puis traité par l'eau froide, soit réduit en potasse d'une part, et d'autre part en bistéarate, en bimargarate et en suroléate, qui ne sont pas dissous; et cependant l'oléate de potasse est déliquescent, et pour que sa dissolution se décompose spontanément, il faut qu'elle soit très étendue d'eau et exposée pendant un temps assez long à une basse température; 2° pour que l'oléate de potasse, qui est très soluble dans l'alcool, ne puisse être séparé, par un seul traitement alcoolique, du stéarate et du margarate de potasse, qui à froid sont très peu solubles dans le même liquide.

1117. On a considéré les stéarates et les margarates de potasse comme purs, lorsqu'en les dissolvant cinq fois de suite dans l'alcool bouillant, le précipité formé pendant le refroidissement contenait un acide dont la fusibilité était la même que celle de l'acide qui restait en dissolution dans l'alcool refroidi.

1118. J'ai préparé l'acide oléique en séparant par l'alcool froid l'oléate de potasse du stéarate et du margarate de même base, puis décomposant l'oléate par l'acide tartarique, et exposant l'acide oléique à des températures de plus en plus basses pour en séparer les acides stéarique et margarique qui avaient été dissous par l'alcool avec l'oléate.

1119. La séparation des acides volatils du beurre est fondée sur ce que les sels qu'ils forment avec la baryte sont inégalement solubles dans l'eau froide; et ces sels, quoique très inégalement solubles à l'état isolé, ne laissent pas que d'avoir une affinité mutuelle assez forte.

1120. Quoique j'aie soumis ces sels aux épreuves indiquées (1104) et que j'aie bien des raisons de croire que je les ai obtenus à l'état de pureté, cependant, lorsqu'on aura l'occasion de soumettre les acides qui les constituent à un nouvel examen, il sera utile de soumettre à de nouvelles épreuves d'autres sels que ceux que j'ai examinés.

Préparation des corps gras non acides.

1121. La préparation de la cétine et des stéarines est fondée sur ce que ces substances sont moins solubles dans l'alcool froid que les substances qui les accompagnent, et sur ce qu'elles cristallisent dans des circonstances où les autres substances restent liquides. Mais comme celles-ci ne diffèrent point extrêmement de la cétine et des stéarines par leur solubilité, et qu'elles ont d'ailleurs pour ces dernières une affinité qui n'est pas entièrement surmontée par la force de cristallisation, il est bien probable que la cétine et les stéarines que j'ai préparées n'étaient point aussi pures qu'il sera possible un jour de les obtenir.

1122. La préparation de l'oléine est fondée sur ce qu'elle est plus soluble dans l'alcool froid que les stéarines et sur sa plus grande fusibilité. C'est en soumettant à l'action de l'alcool et du froid les oléines qui sont unies à de fortes proportions de stéarines, et en soumettant seulement au froid les oléines qui ne sont unies qu'à de faibles proportions de stéarines, que je suis parvenu à analyser les suifs, les graisses, les beurres et les huiles. Pour séparer entièrement les stéarines de l'oléine en exposant ces corps à des températures de plus en plus basses et en séparant chaque fois la matière qui se solidifie, ainsi que je l'ai fait, il faudrait qu'il y eût un moment où les stéarines, en se solidifiant avec de l'oléine, formassent une telle combinaison, que celle-ci n'eût aucune affinité pour la portion d'oléine qui reste liquide à la température où cette combinaison se fige, ce qui est peu vraisemblable, puisque la matière congelée retient de l'oléine. D'après cette considération, je pense que les oléines que j'ai étudiées retenaient les stéarines.

1123. La préparation de la butyrine et de la phocénine est fondée sur ce que l'alcool froid à 0,822 dissout ces substances en toutes proportions, tandis qu'il ne dissout que très peu d'oléine; mais l'affinité mutuelle de ces corps fait présumer que la butyrine et la phocénine que j'ai préparées retenaient de l'oléine.

1124. La difficulté de séparer facilement les stéarines et l'oléine d'une graisse, assez exactement pour en estimer les proportions respectives, m'a conduit à penser qu'il serait utile, pour arriver à ce but, de déterminer les degrés de fusibilité de proportions connues de ces trois substances, ainsi que je l'ai fait pour les acides margarique et oléique (208).

1125. J'ai décrit avec beaucoup de détails la manière de préparer les diverses espèces de corps gras, afin qu'on puisse avoir une idée juste de mes procédés, qu'il soit facile de les répéter et qu'on sache bien sur quelle base repose la distinction de mes espèces. J'espère que ces détails rendront plus faciles les perfectionnements que mes méthodes d'analyse doivent indubitablement recevoir du temps. Si les arts et la physiologie sont susceptibles d'être éclairés par la chimie organique, ils le seront par le perfectionnement de ces procédés d'analyse.

REVUE DES ESPÈCES.

—

Acides stéarique et oléique.

1126. L'acide stéarique et l'acide oléique, tels que nous les avons étudiés, pouvaient retenir, le premier de l'acide oléique, le second de l'acide stéarique; malgré cela, comme espèces, ils sont bien caractérisés.

1° Quoique leur composition soit assez analogue quant à la nature et à la proportion des éléments, cependant l'acide stéarique contient, proportionnellement au carbone, plus d'hydrogène que l'acide oléique.

2° Ils diffèrent beaucoup par le degré de fusibilité : l'oléique est encore fluide au-dessous de zéro, le stéarique ne se liquéfie qu'à 70 degrés.

3° Si l'on ne remarque pas de différence sensible entre leur capacité de saturation, parce qu'ils contiennent à très peu près la même quantité d'oxygène, et que le rapport de cet oxygène à l'oxygène des bases qu'ils neutralisent est le même dans les stéarates que dans les oléates, les grandes différences qu'on observe entre les combinaisons qu'ils font respectivement avec la potasse et la soude sont bien propres à les distinguer l'un de l'autre.

1127. Si les propriétés que je viens de rappeler caractérisent les acides stéarique et oléique, il est évident que, si on parvient un jour à séparer du premier de l'acide oléique, et du second de l'acide stéarique, leurs différences deviendront encore plus frappantes.

Acide margarique.

1128. L'existence de l'acide margarique, comme espèce, n'est point aussi bien établie que celle des espèces précédentes, lorsqu'on réfléchit aux nombreuses analogies de cet acide avec le stéarique; cependant je n'ai pu faire autrement que de l'en distinguer, puisque : 1° il est plus fusible de 10 degrés; 2° en traitant par l'alcool le margarate de potasse, il m'a été impossible de réduire ce sel en stéarate et en oléate; 3° l'acide margarique contient plus d'oxygène que le stéarique et l'oléique.

1129. L'existence de ces acides, comme espèces distinctes, repose sur des propriétés si différentes, telles que la composition, la densité, l'odeur, la solubilité dans l'eau, la capacité de saturation, les propriétés des sels, qu'il est impossible de ne pas les admettre. Toutes les tentatives que j'ai faites pour réduire ces acides en un *principe odorant non acide* et en un *principe acide* ont été infructueuses; plusieurs de leurs combinaisons salines ont été soumises à l'action d'une légère chaleur, à l'action d'un courant d'acide carbonique, à celle de l'alcool; enfin elles ont été exposées pendant plus de cinq ans à l'air libre, sans qu'on ait observé de diminution sensible dans l'intensité de l'odeur de l'acide qui était resté en combinaison avec les bases. Acides phocénique et butyrique.

1130. Ces acides sont analogues par l'odeur, par la densité; mais le caprique est solide à 11 degrés, et le caproïque est encore liquide à 9°—0. Ils diffèrent aussi par la composition et par les propriétés de leurs sels. Acides caproïque et caprique.

1131. Non seulement cette substance est caractérisée par sa composition, parce qu'elle ne se fond qu'à 137 degrés, parce qu'elle se change en une substance astringente par l'acide nitrique, mais elle l'est encore par la propriété qu'elle a de n'éprouver aucune altération de la part de la potasse. D'après ce résultat, on ne peut admettre qu'elle contienne aucune des espèces de corps gras saponifiables. Cholestérine.

1132. Quoique cette substance soit bien distincte de toutes les autres espèces par sa fusibilité à 52 degrés, son inaltérabilité par la potasse, et sa composition analogue à celle de l'alcool et de l'éther, cependant j'avoue que je n'ai pas fait un grand nombre d'essais pour la réduire en plusieurs substances immédiates. Éthal.

Cétine.

1133. La cétine est une espèce qui me paraît suffisamment caractérisée par les produits de sa saponification; en effet, si par la potasse elle est réduite en acides margarique et oléique, elle ne donne point de glycérine comme les autres espèces de corps gras saponifiables, et en outre elle donne l'éthal, que celles-ci ne donnent jamais.

Stéarines et oléine.

1134. Si les deux stéarines d'une part et l'oléine d'une autre part ne peuvent être distinguées par des caractères tirés de la couleur, de la saveur, de l'odeur, de la tension de leurs vapeurs, de l'action de l'eau; si elles ne peuvent être caractérisées par l'action de l'alcool et de l'éther, qui est trop analogue sur les trois substances, et si l'on trouve que la différence qui existe entre leurs proportions d'oxygène et d'hydrogène est trop petite pour être prise en considération, il est évident que les deux stéarines sont suffisamment distinguées de l'oléine : 1° par la fusibilité, l'oléine étant fusible à 4 degrés au-dessous de zéro, et les stéarines ne se fondant qu'à 43 degrés et 49 degrés; 2° par la manière dont elles se comportent avec la potasse : toutes trois se convertissent bien en glycérine, en matière acide peu fusible et en acide oléique; mais les stéarines donnent une forte proportion de matière acide peu fusible, tandis que l'oléine donne au contraire une forte proportion d'acide oléique. Si on venait à prouver que les stéarines et l'oléine, telles que je les ai étudiées, contenaient les premières de l'oléine, et la seconde de la stéarine, les différences que j'ai observées, loin de disparaître dans les espèces pures, deviendraient encore plus sensibles.

Stéarine d'homme et stéarine de mouton.

1135. La distinction de ces stéarines l'une de l'autre est fondée sur les différences que j'ai établies entre les acides margarique et stéarique; en effet, si on saponifie comparativement ces deux stéarines amenées au même degré de fusibilité, on trouve que le savon de stéarine d'homme est formé d'acide margarique et d'acide oléique, dans une proportion telle que leur réunion est fusible à 51 degrés; tandis que le savon de stéarine de mouton est formé d'acide stéarique, d'acide margarique et d'acide oléique, dans une proportion telle que leur réunion est fusible à 53 degrés. Or, s'il y avait identité entre ces stéarines, il y aurait identité entre les produits de leur saponification.

1136. La distinction de ces espèces ne peut être mise en doute, puisque nous ne connaissons aucun corps saponifiable qui donne des acides phocénique et butyrique par la saponification; et si l'on pensait que la phocénine et la butyrine continssent assez d'oléine et de stéarine d'homme pour qu'on pût attribuer à ces deux substances l'origine des acides margarique et oléique que j'ai trouvés dans les produits de la saponification de la phocénine et de la butyrine, telles que je les ai étudiées, ces substances à l'état de pureté seraient caractérisées par la propriété de se convertir en glycérine et en acides volatils. Et conséquemment les distinctions que j'ai faites subsisteraient toujours.

Phocénine, butyrine.

QUATRIÈME SECTION.

DE PLUSIEURS PROPRIÉTÉS DES STÉARATES, DES MARGARATES ET DES OLÉATES DE POTASSE ET DE SOUDE, RELATIVEMENT AUX DISSOLVANTS.

1137. Les propriétés qu'ont les acides stéarique, margarique et oléique d'être absolument insolubles dans l'eau et de se dissoudre dans l'alcool et l'éther m'ont engagé à donner une attention toute particulière à l'action de ces liquides sur les stéarates, les margarates et les oléates, particulièrement sur ceux à base de potasse, de soude et d'ammoniaque. Depuis longtemps je désirais tirer quelques résultats généraux de l'action que les dissolvants exercent sur les combinaisons des corps qu'ils dissolvent, par la raison que les dissolvants sont les principaux instruments de l'analyse organique, ainsi que je l'ai dit plus haut (1102). Il me paraissait important surtout de déterminer à quel point des combinaisons de principes immédiats doués de propriétés antagonistes peuvent résister à l'action qu'un dissolvant neutre exerce inégalement sur chacun de ces principes.

1138. Examinons l'action de l'eau, de l'alcool et de l'éther sur les stéarates de potasse.

Action de l'eau.

1139. L'eau froide mise avec le $\frac{1}{10}$ de son poids de stéarate de potasse ne le décompose pas; elle est absorbée et le sel prend la forme d'un mucilage épais.

1140. L'eau froide mise avec le $\frac{1}{1000}$ de son poids de stéarate entre en concurrence avec l'acide stéarique (qu'elle ne dissout pas, comme on sait) pour lui enlever la potasse; mais l'insolubilité du bistéarate limite son action de telle sorte que la moitié seulement de la potasse est dissoute, tandis que l'autre moitié reste en combinaison avec tout l'acide à l'état de bistéarate.

1141. Si la température est élevée à 100 degrés, l'insolubilité du bistéarate n'étant plus alors suffisante pour balancer l'affinité de l'eau et de la potasse dissoute, la dissolution du stéarate mis en expérience est complète.

1142. La preuve que l'insolubilité du bistéarate de potasse dans l'eau est moindre à chaud qu'à froid, c'est que si l'on applique l'eau bouillante au bistéarate, on lui enlève une quantité notable de potasse et d'acide, et en une proportion telle, que la partie qui n'est pas dissoute contient proportionnellement à la base plus d'acide que le bistéarate lui-même. Si l'on recueille ce résidu et si on le soumet de nouveau à l'action de l'eau bouillante, il perdra encore de la potasse et il se changera en une matière fusible à 72 degrés, qui contient quatre fois plus d'acide que le stéarate neutre; de sorte que cette matière paraît être un *quadrostéarate*, analogue au *quadroxalate de potasse*.

1143. L'éther, ayant plus d'action sur l'acide stéarique que sur la potasse, doit produire des effets inverses de ceux de l'eau, si toutefois il a assez d'énergie pour changer l'état d'équilibre de la potasse unie à l'acide stéarique; or c'est précisément ce que l'expérience démontre. Faites bouillir de l'éther sur du bistéarate de potasse, filtrez la liqueur après son entier refroidissement, répétez plusieurs fois l'opération : vous aurez des dissolutions éthérées d'acide stéarique — Action de l'éther.

presque exempt de potasse, et un résidu qui pourra contenir plus de base que le stéarate neutre; car celui-ci cède de l'acide stéarique à l'éther bouillant.

Action de l'alcool.

1144. L'alcool, dissolvant bien et la potasse et l'acide stéarique, tend par là même à maintenir la composition du stéarate et du bistéarate de potasse avec lesquels on le met en contact, ainsi qu'on l'observe. Si le quadrostéarate dissous dans l'alcool bouillant est réduit par le refroidissement en bistéarate de potasse qui cristallise et en acide qui reste en dissolution, cela tient surtout à ce que la force de solidité du bistéarate concourt alors avec l'affinité de l'alcool pour l'acide stéarique, affinité qui est encore favorisée par la faible proportion de la potasse dans le quadrostéarate.

1145. On voit qu'en faisant réagir successivement de l'eau froide et de l'éther bouillant sur du stéarate de potasse, on en sépare successivement de la potasse et de l'acide stéarique, de manière que l'affinité de deux principes antagonistes combinés cède à l'action de dissolvants neutres.

1146. Le margarate de potasse se comporte comme le stéarate de potasse avec les dissolvants.

1147. L'oléate de potasse, quoique soluble dans l'eau froide, a cependant une tendance à se réduire en sursel insoluble et en potasse, quand il est dissous dans une grande quantité d'eau.

1148. Les stéarates et les margarates de soude et d'ammoniaque mis dans l'eau se réduisent également en alcali et en sursels insolubles.

1149. Ces décompositions sont remarquables sous plusieurs rapports. Conséquences.

1° Elles démontrent que dans l'explication qu'on donne de la décomposition qu'un sel éprouve de la part d'un dissolvant, il ne faut pas considérer la force de solidité de l'élément indissous d'une manière absolue, mais qu'il faut la considérer relativement au dissolvant; puisque si un liquide A dissout la base d'un sel à l'exclusion de son acide, un liquide B pourra dissoudre l'acide de ce même sel à l'exclusion de sa base, et qu'un troisième liquide pourra dissoudre l'acide et la base sans décomposer le sel : la stabilité de ce dernier sera donc relative aux liquides avec lesquels on le mettra en contact.

2° Elles démontrent que s'il y a des cas où un sel étant en contact avec un liquide qui le dissout, on peut croire que l'affinité du liquide ne dérange pas l'économie de la combinaison saline, il ne serait pas exact d'étendre cette conclusion à tous les cas. Ainsi le stéarate de potasse est dissous par l'eau bouillante; mais cette dissolution se décomposant, par le refroidissement, en potasse et en bistéarate qui se précipite, il est vraisemblable, d'après la loi de continuité, que le passage des éléments du stéarate neutre à ce second état d'équilibre ne se fait pas brusquement, mais qu'il a lieu graduellement; qu'en conséquence, il y a un moment où la dissolution présente, non pas du stéarate neutre, mais de l'eau de potasse unie à du bistéarate; et il est vraisemblable que parmi les dissolutions permanentes des sels neutres, il en est qui présentent un sous-sel ou un sursel uni dans la dissolution au reste de l'acide ou de la base qui constituaient la combinaison neutre, avant qu'elle eût été dissoute.

1150. Sous le rapport de l'influence que les dissolvants peuvent avoir pour séparer les principes immédiats des sels, on n'a guère examiné jusqu'ici que l'action de l'eau sur le nitrate de bismuth, le chlorure d'antimoine, le nitrate et le sulfate de peroxyde de mercure, le sulfate de cuivre. Tout en reconnaissant qu'on a eu raison de faire dépendre ces décompositions : 1° de l'affinité de l'eau pour l'acide; 2° de la force de cohésion de la base; 3° et de la faible alcalinité de cette dernière, cependant j'avouerai qu'avant mes recherches j'accordais trop d'influence à la troisième cause en comparaison de celle que j'accordais à la première; et la considération suivante me paraissait encore conforme à cette opinion : « Les corps qui jouissent à un haut degré de la propriété comburante et ceux qui jouissent de la propriété acide, en s'unissant les premiers aux combustibles, les seconds aux alcalis, forment des combinaisons qui sont assujetties à des proportions définies et qui présentent les exemples les plus frappants d'une affinité énergique, puisque ce sont elles qui offrent le phénomène de la combustion et celui de la neutralisation. D'une autre part, lorsque des corps qui n'ont pas de propriétés antagonistes s'unissent ensemble, il en résulte ordinairement des combinaisons en proportions indéfinies; telles sont celles qu'on observe : 1° lorsqu'un solide est dissous par un liquide; 2° lorsqu'un fluide élastique est absorbé par un liquide; 3° lorsque des liquides s'entre-dissolvent. Or ces combinaisons, qu'on appelle *dissolutions*, ne présentant point la disparition de la propriété caractéristique qu'un corps qui en fait partie peut avoir, *et un assez grand nombre d'entre elles étant évidemment formées d'éléments qui ont une faible action mutuelle, j'étais porté à regarder toutes ces combinaisons* INDISTINCTEMENT *comme des résultats d'affinités beaucoup plus faibles que celles qui donnent lieu aux combinaisons définies; et d'après cela, je pensais que les sels décomposables par les dissolvants étaient formés de principes qui n'avaient qu'une très faible action mutuelle.* »

1151. Aujourd'hui je crois que parce qu'un sel est décomposé par un dissolvant, ce n'est point une raison d'en conclure, *en général pour tous les cas indistinctement*, que l'acide et la base qui le constituent n'ont qu'une faible action mutuelle; et les considérations suivantes prouvent que les acides gras fixes sont assez puissants, et que si plusieurs de leurs combinaisons cèdent à l'action de l'eau et de l'éther, c'est que l'affinité de ces corps pour la potasse ou pour l'acide gras des sels est assez énergique. En effet, « les acides stéarique, margarique et oléique décomposent les sous-carbonates de potasse, de soude, de baryte, à la température de 100 degrés; lorsque ces acides sont dissous dans l'alcool et qu'ils sont versés dans des solutions alcooliques de plusieurs sels dont les bases sont susceptibles de former un savon insoluble dans l'alcool, la décomposition des sels a lieu; c'est ce qu'on observe particulièrement avec le nitrate d'argent ».

1152. *La propriété que possède le butyrate de potasse dissous dans un peu d'eau, de former avec une quantité notable d'acide butyrique hydraté un liquide qui est neutre au papier de tournesol bleu, et qui devient susceptible de le rougir quand on y ajoute de l'eau* (370), est propre à démontrer l'influence que les dissolvants exercent dans les essais que l'on fait avec ce papier réactif pour savoir si un sel est avec excès d'acide. *Il est évident qu'un excès d'acide contenu dans un sel ne pourra être indiqué par le tournesol que dans le cas où cet excès d'acide aura pour l'alcali du tournesol une affinité plus forte que celle du principe colorant pour ce même alcali.* Or la force de solidité du principe colorant uni à la fois avec la potasse et le papier est telle, que l'excès d'acide contenu dans la solution du butyrate de potasse concentrée ne peut enlever l'alcali au principe colorant; mais par l'addition d'eau, la force de solidité de la combinaison alcaline du principe colorant est assez diminuée pour que la potasse neutralise l'excès d'acide butyrique. Si alors on fait chauffer doucement le papier de tournesol rouge, l'alcali qui s'était uni à l'acide butyrique quitte ce dernier pour former un composé solide avec le principe colorant, et le papier repasse au bleu. Ce qui démontre que c'est principalement la force de solidité de l'extrait de tournesol qui s'oppose à ce que son alcali s'unisse à l'excès d'acide butyrique contenu dans la solution de butyrate de potasse concentrée, c'est que si l'on met de l'extrait de tournesol sec dans cette même liqueur, qui n'a pas d'action sur le papier de tournesol, l'extrait sec est dissous et il passe au rouge. On peut, en faisant évaporer la liqueur rouge dans une capsule de verre, obtenir un résidu bleu qui repasse au rouge en se dissolvant dans l'eau; mais ce résultat est moins facile à obtenir que lorsqu'on opère avec le papier de tournesol. Il n'est pas impossible que l'affinité du butyrate de potasse pour un excès d'acide, croissant en même temps que la portion d'eau qui tient ces corps en dissolution, diminue, concoure, avec la force de solidité du tournesol, à ramener au bleu le tournesol qui a été préalablement rougi par la solution de butyrate acide de potasse peu concentrée.

1153. Si la quantité d'eau dans laquelle du butyrate de potasse avec excès d'acide est dissous a tant d'influence sur l'action du papier de tournesol, l'espèce de réactif coloré que l'on emploie en général pour constater la neutralité dans les sels en a une très grande sur les résultats, ainsi que je l'ai constaté il y a longtemps; la liaison des faits qui le prouvent avec l'observation précédente m'engage à les rappeler ici. Une même solution saline est acide à un réactif et alcaline à un autre; par exemple, le papier de tournesol plongé dans la solution d'acétate de plomb, d'hydrochlorate de protoxyde d'étain devient rouge, tandis que l'extrait de campêche versé dans ces solutions les fait passer au bleu, ce qui indique un excès de base. Ces résultats, qui paraissent contradictoires quand on envisage la neutralité d'une manière absolue, s'expliquent aisément en considérant, dans le premier cas, la tendance des bases à se précipiter, et l'affinité de l'alcali du tournesol pour les acides acétique et hydrochlorique : et dans le second cas, la tendance des oxydes de plomb et d'étain à former avec l'hématine des composés insolubles dans l'eau.

1154. On voit donc : 1° *qu'un sel avec excès d'acide peut paraître neutre au papier de tournesol ;* 2° *qu'un sel neutre peut paraître acide à un réactif coloré, et alcalin à un autre.*

CINQUIÈME SECTION.

VUES GÉNÉRALES SUR L'ACTION RÉCIPROQUE DES BASES SALIFIABLES ET DES CORPS GRAS.

1155. Après avoir décrit chaque espèce de corps gras, ainsi que les moyens de les préparer, je me suis occupé des changements que les stéarines, l'oléine, la butyrine, la phocénine, la cétine, éprouvent lorsque étant soumises à l'action des bases salifiables, elles produisent des savons.

1156. On peut définir aujourd'hui exactement le sens qu'on doit attacher au mot *saponification*, créé pour désigner *l'opération par laquelle on fait le savon*, ou encore le *phénomène que présente un corps gras lorsqu'il concourt avec un alcali à produire du savon*. Les savons étant des réunions de stéarate, de margarate et d'oléate, et ces composés étant toujours préparés en grand avec les huiles et les graisses formées de stéarine et d'oléine, corps qui ne sont point acides aux réactifs colorés, il s'ensuit que *la saponification est une opération par laquelle, au moyen d'un alcali, on obtient de certains corps gras non acides, des corps gras acides, ou qu'elle est le phénomène que présentent des corps gras non acides lorsqu'ils manifestent l'acidité après avoir été soumis à l'action d'un alcali*. Mais si l'on fabriquait des savons en unissant directement un alcali avec des acides stéarique, margarique ou oléique, la définition précédente ne serait plus applicable; et, en effet, ce n'est point là une saponification, c'est la même opération que la combinaison d'un acide quelconque avec une base pour former un sel, et d'ailleurs, dans les ateliers, on n'a jamais formé de savon par l'union directe des acides dont je viens de parler avec la potasse ou la soude; conséquemment, ce qui constitue la *saponification*, c'est moins le savon qui en est le résultat, que l'acidité que manifeste une matière grasse après qu'elle a été soumise à l'action d'une base alcaline.

1157. Nous avons vu que trois sortes de corps sont nécessaires à la saponification : 1° un corps gras de la nature des deux stéarines, de l'oléine, de la cétine, de la phocénine, de la butyrine et de l'hircine; 2° une base salifiable; 3° de l'eau. Nous avons vu en outre que cette opération s'effectue sans le contact de l'oxygène atmosphérique. J'ai envisagé la saponification sous deux rapports généraux : 1° relativement aux corps gras; 2° relativement aux bases salifiables.

A. DE LA SAPONIFICATION ENVISAGÉE RELATIVEMENT AUX CORPS GRAS.

1158. En comparant la composition élémentaire des graisses d'homme, de porc et de mouton, celle de la cétine avec la composition des produits de leur saponification, on voit que la masse et la proportion des éléments de ces produits représentent, aussi exactement qu'on peut l'espérer dans l'état actuel de la science, la composition que j'ai assignée au corps d'où ils proviennent.

1159. On voit encore que dans la saponification des graisses, celles-ci se partagent en deux portions très inégales : 1° l'une qui s'élève au moins aux $\frac{92}{100}$ du poids des graisses et qui est formée d'oxygène, de carbone et d'hydrogène : ces deux derniers sont dans un rapport peu différent de celui où ils se trouvent dans les graisses; mais leur proportion relativement à l'oxygène est plus forte que dans cette dernière; 2° l'autre portion qui est également formée d'oxygène,

IMPRIMERIE NATIONALE.

de carbone et d'hydrogène, et qui fixe de l'eau pour constituer la glycérine d'une densité de 1,27.

1160. Les analyses élémentaires de la stéarine de mouton et de l'oléine que j'ai faites s'accordent avec ce que je viens de dire. En effet :

1° La stéarine de mouton contient moins d'oxygène et, proportionnellement au carbone, plus d'hydrogène que l'oléine;

2° La stéarine de mouton en se saponifiant donne plus d'acides gras et moins de glycérine que l'oléine, et la stéarine donne beaucoup moins d'acide oléique que l'oléine.

1161. Or ces résultats sont conformes d'une part avec la composition de la glycérine et celle des acides gras, et d'une autre part avec mes observations sur la saponification des graisses.

1162. L'analyse élémentaire de la cétine s'accorde pareillement bien avec celle des produits de sa saponification; dans cette opération, *tout son oxygène fixe du carbone et de l'hydrogène dans le rapport où ces corps constituent des acides margarique et oléique, tandis que le reste de ces combustibles, dans la proportion des éléments de l'hydrogène percarburé, en fixant une portion de l'eau qui tient la potasse en solution, forme de l'éthal.* J'ai considéré comme accidentel à l'opération la production d'une quantité de matière soluble qui ne s'élève pas à $\frac{1}{100}$ du poids de la cétine qui a été saponifiée. La grande masse de matière qui n'entre pas dans la composition des acides et qui forme l'éthal, c'est-à-dire une substance qui n'est pas susceptible de neutraliser les acides ni de se dissoudre dans l'eau, peut, à un certain point, expliquer pourquoi, dans la même circonstance, la cétine se saponifie plus lentement que les stéarines et l'oléine.

1163. Je terminerai mon résumé sur la saponification envisagée sous le rapport des corps gras, en rappelant que si la cholestérine n'est pas susceptible d'être saponifiée, cela tient très probablement à la petite quantité d'oxygène qu'elle contient et à ce que son carbone est à son hydrogène dans un rapport beaucoup plus grand que dans l'hydrogène percarburé. Or, dans les corps gras saponifiables, le carbone est à l'hydrogène dans un rapport assez approché de celui où se trouvent ces éléments dans l'hydrogène percarburé.

B. DE LA SAPONIFICATION ENVISAGÉE RELATIVEMENT AUX BASES SALIFIABLES.

1164. En considérant la saponification sous le rapport des alcalis qui la déterminent, j'ai examiné quelles sont les bases salifiables susceptibles de convertir en savons les stéarines et l'oléine, quelle est la quantité de ces corps qu'un poids déterminé de potasse est capable de saponifier, et enfin s'il est possible d'opérer la saponification par des sous-sels.

1165. Le premier examen m'a donné lieu d'observer que toutes les bases salifiables qui ont servi à mes expériences peuvent former trois groupes relativement à leur manière de se comporter avec les stéarines et l'oléine. Le premier groupe comprend des bases qui, comme l'alumine, à l'état humide, ne contractent aucune union avec ces substances; car après les avoir incorporées ensemble, il suffit de les exposer à l'action de l'eau bouillante pour que la plus grande partie des stéarines et de l'oléine vienne surnager, tandis que l'alumine reste au fond de l'eau. Le deuxième groupe comprend des bases qui s'incorporent avec les stéarines et l'oléine assez fortement pour que l'on ne puisse les en séparer quand on met les matières dans l'eau bouillante; telle est la magnésie, lorsque son action n'a pas été assez prolongée pour opérer la saponification. Enfin le troisième groupe comprend les bases qui sont susceptibles de convertir en peu de temps les stéarines et l'oléine en savon et en glycérine. Nous avons vu que la potasse, la soude, la baryte, la strontiane, la chaux, c'est-à-dire les bases alcalines fixes qu'on a regardées comme les plus énergiques, opèrent la saponification en produisant la même quantité de glycérine et la même proportion d'acides gras fixes. L'oxyde de zinc et l'oxyde de plomb, qui jouissent éminemment de l'alcalinité par la manière dont ils neutralisent les acides, présentent des résultats semblables; cela montre que la préparation des emplâtres par l'oxyde de plomb n'est qu'une saponification. Il est remarquable que la saponification soit également produite et par des bases qui forment des savons solubles et par des bases qui en forment d'insolubles; mais ce qui a lieu de surprendre, c'est que la magnésie n'opère que difficilement la saponification, quoiqu'elle ait des caractères alcalins très prononcés. L'ammoniaque liquide se comporte de la même manière; mais cela doit moins étonner, puisque sa volatilité ne permet pas qu'on expose les corps au feu.

1166. Embrassons maintenant d'un même coup d'œil les deux éléments de la saponification que nous venons de considérer isolément.

1167. D'une part les stéarines et l'oléine, soit isolées, soit combinées entre elles, et formant alors des suifs, des graisses ou des huiles, et d'une autre part la cétine, loin d'avoir une action acide sur les réactifs colorés, n'ont pas même d'affinité, ou n'en ont qu'une extrêmement faible pour les bases salifiables capables d'en opérer la saponification. Mais l'analyse élémentaire de ces substances, comparée à celle des produits de leur saponification, fait voir la possibilité que les $\frac{9}{10}$ des stéarines et de l'oléine passent à l'état acide, le $\frac{1}{10}$ restant étant de la glycérine ; que les $\frac{6}{10}$ de la cétine passent de même à l'état acide, tandis que le reste de la cétine, en fixant de l'eau, forme de l'éthal. Dès lors *on conçoit comment l'action d'un alcali, en changeant l'état d'équilibre où de certaines proportions d'oxygène, de carbone et d'hydrogène constituent des corps qui n'ont pas d'affinité pour ces alcalis, peut déterminer un nouvel équilibre où ces mêmes proportions d'éléments constituent des corps doués de l'acidité.*

1168. J'ajouterai qu'une quantité donnée d'alcali ne peut développer dans un corps gras saponifiable que la proportion de matière acide capable de former avec l'alcali une combinaison neutre. Ainsi la potasse, chauffée avec une quantité de graisse telle qu'en se saponifiant complètement elle produirait avec l'alcali un sursavon, ne produit qu'un savon neutre ; conséquemment il n'y en a que la moitié qui se saponifie, l'autre moitié reste là pour démontrer que la force alcaline est la cause de la saponification.

1169. Enfin un résultat curieux, c'est que la force alcaline du sous-carbonate de potasse, quoique en partie affaiblie par l'acide carbonique, est encore assez puissante pour développer l'acidité dans la graisse soumise à son contact. Si la température n'est pas trop élevée, il n'y a que la moitié de la potasse qui opère la saponification ; l'autre moitié retient tout l'acide carbonique à l'état de carbonate neutre.

SIXIÈME SECTION.

APPLICATIONS DE MES RECHERCHES.

Applications à la combustion.

1170. Les analyses que j'ai faites d'un grand nombre de corps gras font voir que les graisses les plus abondantes en stéarine sont celles qui contiennent le plus de matière combustible.

1171. La possibilité de séparer aisément une portion de l'oléine des graisses abondantes en stéarines donne le moyen d'augmenter les qualités du suif; celui-ci, en perdant de l'oléine, perd de sa couleur et de son odeur, les principes colorant et odorant se trouvant surtout dans l'oléine; il devient aussi moins fusible, et par là il est moins susceptible de tacher les étoffes sur lesquelles il peut être accidentellement répandu; mais, lors même qu'on parviendrait à en séparer toute l'oléine, il n'aurait point encore les propriétés de la cire, car je démontrerai plus tard que cette substance est absolument distincte des corps auxquels on l'a généralement assimilée. Je ferai observer que l'espoir que plusieurs personnes m'ont dit avoir de convertir le suif en cire au moyen de l'acide nitrique ne s'accorde point avec mes expériences; car, lorsqu'on opère comme je l'ai fait (46), l'acide nitrique, en brûlant du carbone et de l'hydrogène, tend à faire prédominer l'oxygène dans le corps gras soumis à son action; or ce résultat est contraire à celui qu'il faudrait obtenir pour changer le suif en cire.

1172. Les expériences sur la conversion des cadavres en gras, que la nature de l'adipocire m'a suggérées, ont prouvé qu'il n'y a pas ou que très peu d'avantages à opérer cette conversion en grand, par la raison que les parties grasses des cadavres contribuent seules à la formation de l'*adipocire*. J'ai constaté que la quantité d'adipocire qu'on obtient de l'albumine, du tissu jaune élastique, du tendon, de la fibre musculaire, etc., est plus petite que la quantité de matière grasse qu'on sépare de ces mêmes substances au moyen de l'alcool et de l'éther sulfurique, et je me suis assuré en outre que ces dissolvants extraient simplement la matière grasse qu'ils tiennent en dissolution; conséquemment, ils n'en déterminent pas la formation comme on l'a prétendu. Il en est de même lorsque l'acide nitrique est chauffé avec les substances azotées précitées et le gluten; il met à nu la matière grasse contenue dans ces substances, en l'altérant plus ou moins.

Les expériences dont je parle, ainsi que les conséquences nombreuses qu'on en déduit, seront exposées fort en détail dans mes recherches sur les matières azotées d'origine animale; j'y prouverai que dans l'économie animale les muscles ne se changent point en adipocire, ni même en graisse.

1173. Dès que j'ai eu découvert que les parties grasses des savons sont douées de l'acidité et qu'elles se réduisent en trois acides différents, le stéarique, le margarique et l'oléique, j'ai vu que l'art du savonnier recevait de ces connaissances une précision qu'il n'avait pu avoir tant que la nature des savons n'avait pas été parfaitement connue. En effet, ces composés, une fois rangés parmi les sels, entraient dans la classe des combinaisons qui sont assujetties à des proportions définies, et dès lors on devait espérer qu'en étudiant la fabrication avec les lumières de la science, on parviendrait à la placer sur la même ligne que la fabrication de l'alun, du sulfate de

Applications à l'art du savonnier.

fer, etc. Mais, pour arriver à ce point, il fallait déterminer les propriétés des corps gras avant la saponification, fixer la proportion des produits de cette opération, en déterminer toutes les circonstances essentielles. Après avoir fait ces recherches sur un même corps gras, il fallait les répéter sur des corps de la même série, afin d'expliquer cette diversité qu'on remarque dans les propriétés des savons. Ces composés diffèrent principalement sous deux rapports : 1° ils sont durs ou mous; 2° ils ont une odeur plus ou moins forte, ou bien ils sont dépourvus de cette propriété. Je vais les examiner sous ces deux points de vue.

A. DES SAVONS
CONSIDÉRÉS SOUS LE RAPPORT DE LEUR DEGRÉ DE DURETÉ OU DE MOLLESSE.

1174. On appelle *savons durs* ceux qu'on obtient en saponifiant l'huile d'olive, et surtout les graisses animales, par la soude; et *savons mous* ceux qu'on obtient en saponifiant par la potasse les huiles de graines, en général, et les huiles animales plus ou moins fluides.

1175. Quand on cherche en quoi consiste la propriété qu'ont les savons d'être *durs* ou *mous*, on trouve que ces propriétés dépendent de la manière dont ils agissent sur l'eau. En effet, les *savons durs* perdent la plus grande partie de leur eau de fabrication par l'exposition à l'air; et quand ils l'ont perdue, ils ne se dissolvent que lentement dans l'eau froide et sans s'y délayer. Les *savons mous*, au contraire, ne peuvent jamais être séchés par leur exposition à l'air; ils retiennent plus ou moins d'eau qui les rend mous ou gélatineux; et si, lorsqu'on les a séchés au moyen de la chaleur, on les met dans l'eau froide, ils sont dissous par ce liquide ou s'y délayent plus ou moins.

1176. Si l'on cherche maintenant pourquoi un savon est plus ou moins soluble dans l'eau, on en trouvera les causes : 1° dans la *nature de sa base alcaline;* 2° dans celle de la *matière grasse* qui est *unie à cette base.* Examinons successivement l'influence de ces deux causes.

1177. Elle est démontrée par les expériences suivantes. Que l'on saponifie le même corps gras par la potasse et ensuite par la soude, et on observera constamment que le savon de soude est moins soluble dans l'eau froide que le savon de potasse. 1° Influence de la base alcaline.

1178. Si la base alcaline seule avait de l'influence pour constituer les savons durs ou mous, il est évident que tous les corps gras saponifiés par la potasse donneraient des savons mous, tandis qu'ils en donneraient de durs quand ils le seraient par la soude. Or c'est ce qui n'arrive pas; car l'huile d'olive et surtout les graisses animales peu fusibles donnent avec la soude des savons qui sont beaucoup plus durs que les savons d'huiles de graines et d'huiles animales à base de soude, et en second lieu ces mêmes huiles forment avec la potasse des savons beaucoup plus mous que ne le sont les savons d'huile d'olive et de graisses animales peu fusibles à base de potasse : mes recherches expliquent complètement ces résultats. Rappelons d'abord l'action de l'eau froide sur les savons, ou plutôt sur les sels que les acides stéarique, oléique et margarique forment avec la soude et la potasse. 2° Influence de la matière grasse qui est unie à l'alcali.

1179. Le stéarate de soude peut être considéré comme le type des savons durs; il ne paraît pas éprouver d'action de la part de dix fois son poids d'eau. Le stéarate de potasse produit un mucilage épais avec la même proportion d'eau. L'oléate de soude est soluble dans dix fois son poids d'eau. L'oléate de potasse forme une gelée avec le double de son poids d'eau, et une dissolution avec quatre fois son poids; il est assez déliquescent pour que 100 parties absorbent, dans une atmosphère saturée de vapeur d'eau à la température de 12 degrés, 162 parties de ce liquide.

1180. Les combinaisons de l'acide margarique avec la soude et la potasse ne diffèrent de celles de l'acide stéarique avec les mêmes bases qu'en ce que l'eau exerce une action plus forte sur les premières combinaisons que sur les secondes.

1181. Les stéarates, les margarates et les oléates de potasse ou de soude peuvent s'unir ensemble en toutes sortes de proportions.

1182. On explique très bien les différences que présentent les savons sous le rapport de la solidité ou de la mollesse, avec les notions précédentes et les résultats suivants que l'analyse m'a donnés :

1° Les savons de graisse humaine, d'huiles végétales[1], sont formés d'oléates et de margarates unis en des proportions très variables; on remarque, en outre, que les savons sont d'autant plus mous, qu'ils contiennent plus d'oléate et conséquemment moins de margarate :

2° Les savons des graisses de mouton, de bœuf et de porc, le savon de beurre, abstraction faite des sels odorants qu'ils peuvent contenir, sont formés, non seulement de margarate et d'oléate comme

[1] Je ne parle ici que des savons formés avec des *corps gras végétaux* plus ou moins fluides.

les précédents, mais encore de stéarate. On observe que leur dureté est d'autant plus grande, que le stéarate est plus abondant, relativement à l'oléate.

1183. D'un autre côté, mes expériences ayant appris que ce sont principalement les stéarines qui donnent les acides stéarique et margarique, et l'oléine qui donne l'acide oléique, il s'ensuit : 1° que, d'après la proportion des stéarines à l'oléine contenues dans les corps gras saponifiables, proportion qu'on peut conclure du degré de fusibilité de ces substances, il est possible de prévoir le degré de dureté ou de mollesse des savons que ces corps produiront; 2° qu'il est facile d'imiter un *savon donné*, en prenant des stéarines et de l'oléine dans des proportions telles, que les acides stéarique, margarique et oléique qu'elles sont susceptibles de former par l'action des alcalis, soient entre eux dans le même rapport que celui où ces acides se trouvent dans le savon qu'on se propose d'imiter. Ainsi, en ajoutant à des huiles qui ne donneraient que des savons mous avec la soude, des corps abondants en stéarine, tels que la cire du *Myrica cerifera*, *une substance produite* en abondance par un arbre d'Afrique, qui m'a été remise par un savant voyageur anglais, on peut imiter le savon d'huile d'olive, savon qui ne diffère bien essentiellement des savons d'huiles de graines[1] qu'en ce qu'il contient moins d'acide oléique.

1184. Il est évident que ces notions sont la base de l'art du savonnier et qu'elles lui donnent un degré de précision qu'il ne pouvait

[1] Je ne parle ici que des huiles de graines qu'on emploie le plus ordinairement dans la fabrication des savons mous, car j'ai trouvé des huiles extraites de semences végétales qui m'ont présenté des substances grasses différentes de la stéarine et de l'oléine.

avoir tant qu'on a ignoré l'analyse de la partie grasse des savons en trois acides, et pourquoi les corps gras saponifiables produisent des savons durs ou des savons mous.

B. DES SAVONS CONSIDÉRÉS SOUS LE RAPPORT DE L'ODEUR.

1185. Les savons sont ou *inodores*, comme ceux de graisse humaine, de graisse de porc, ou *odorants*, comme ceux de beurre, d'huile de dauphin, de suif. Les odeurs des savons sont dues à des principes absolument distincts des acides stéarique, margarique et oléique; car,

D'une part, en décomposant ces savons dissous dans l'eau par l'acide tartarique ou phosphorique, et en soumettant à la distillation les liquides aqueux filtrés, on observe : 1° que le produit provenant du savon de beurre contient des acides butyrique, caproïque et caprique; 2° que le produit du savon d'huile de dauphin contient de l'acide phocénique [1]; 3° que le produit du savon de suif contient de l'acide hircique.

D'une autre part, en lavant suffisamment les acides stéarique, margarique et oléique, on finit par amener ces acides à un tel état de pureté, qu'en les unissant à la potasse et à la soude, ils forment des savons absolument inodores. C'est ce que j'ai particulièrement constaté pour la partie grasse du savon de beurre [2].

1186. Les applications que je viens de faire démontrent à la fois

[1] Quand cet acide est altéré, il communique au produit ou plutôt au savon une odeur de cuir apprêté à l'huile de poisson.

[2] Il est difficile d'enlever toute l'odeur à la partie grasse du savon d'huile de dauphin, parce que sa liquidité et sa légèreté par rapport à l'eau s'opposent au contact intime des deux liquides.

combien des recherches, en apparence purement spéculatives, sont susceptibles d'éclairer les arts, et combien il était nécessaire, avant de faire les applications dont j'ai parlé, d'entreprendre ce grand nombre d'expériences auxquelles j'ai soumis les corps gras saponifiables, ainsi que les produits de leur saponification.

SEPTIÈME SECTION.

CONJECTURES SUR LA COMPOSITION DE PLUSIEURS ESPÈCES DE CORPS GRAS.

Conjectures sur les propriétés des espèces de corps gras saponifiables à l'état présumé de pureté.

1187. Dans tout ce qui a été dit jusqu'ici, j'ai cherché à établir le plus de rapports possible entre les faits; je me suis efforcé, dans le petit nombre d'explications que j'ai données, de me tenir dans les limites de l'expérience; il n'est pas inutile maintenant d'exposer, sur la nature de plusieurs espèces de corps gras, quelques conjectures parmi lesquelles il en est qui se présentent si naturellement à l'esprit, qu'on aurait lieu de s'étonner de ne les pas trouver dans cet ouvrage.

1188. Les produits de la saponification de 100 parties de stéarine et de 100 parties d'oléine, de graisse humaine, sont :

	STÉARINE.	OLÉINE.
Glycérine	8,5	9,80
Acide margarique fusible à 55 degrés	80,0	22,08
Acide oléique liquide à zéro	16,4	73,92

Ce sont les mêmes produits, avec cette différence que la stéarine donne un peu moins de glycérine, et, par rapport à l'acide oléique, beaucoup plus d'acide margarique que l'oléine. D'une autre part, nous avons vu (1121) qu'il est bien probable que la stéarine sur laquelle j'ai opéré retenait de l'oléine, de même que l'oléine retenait de la stéarine (1122). *D'après ces considérations, il est permis de croire que ces substances, à l'état de pureté, donneraient : 1° la stéarine, de la glycérine et de l'acide margarique*[1] : 2° *l'oléine, de la glycérine et de l'acide oléique.*

1189. *Par la même raison, la stéarine de mouton pure donnerait de la glycérine et de l'acide stéarique.*

1190. La phocénine et la butyrine ont donné, par la saponification de 100 parties :

	PHOCÉNINE.
Glycérine	15,00
Acide phocénique sec	32,82
Acide oléique	59,00

	BUTYRINE.
Glycérine	12,50
Acides volatils	13,68
Acide margarique fusible à 55 degrés	16,90
Acide oléique liquide à zéro	63,60

1191. Dans la manière de voir précédemment énoncée, il serait conforme à l'analogie de considérer :

1° La *phocénine*, telle qu'elle a été décrite, comme formée d'*oléine* et d'une autre substance qui serait caractérisée par la propriété de se changer, sous l'influence alcaline, en glycérine et en acide phocénique ; ce serait donc la *phocénine pure;*

2° La *butyrine*, telle qu'elle a été décrite, comme formée de cinq principes immédiats : 1° d'*oléine;* 2° de *stéarine;* 3° d'une substance

[1] Si l'acide margarique est réellement distinct de l'acide stéarique, il faudra nommer la stéarine qui le fournit *margarine*, et conserver le nom de *stéarine* à la stéarine de mouton.

qui se convertirait, par l'action alcaline, en glycérine et en acide butyrique; ce serait la *butyrine* pure; 4° d'une substance qui se convertirait, par la même action, en glycérine et en acide caproïque; ce serait la *caproïne;* 5° d'une substance qui se convertirait, par la même action, en glycérine et en acide caprique; ce serait la *caprine.*

1192. Enfin, toujours dans la même hypothèse, on pourrait considérer la cétine comme formée de deux principes immédiats, dont l'un serait caractérisé par la propriété de se convertir, dans la saponification, en acide margarique et en éthal; tandis que l'autre le serait par la propriété de se convertir en acide oléique et en éthal. Il existe d'ailleurs, pour la purification de la cétine, les mêmes difficultés que pour celle de la stéarine et de l'oléine (1121).

Conjectures sur la composition immédiate des espèces de corps gras saponifiables.

1193. Les conjectures précédentes sont de nature à être confirmées par l'expérience, parce qu'il n'est pas absurde de penser qu'on trouvera un jour dans les êtres organisés des stéarines, de l'oléine, de la cétine, etc., absolument pures, ou qu'on parviendra à obtenir ces substances à cet état par le moyen des procédés chimiques. Mais les conjectures suivantes, relatives à l'arrangement des éléments qui constituent plusieurs espèces de corps gras, sont, je l'avoue, des hypothèses qu'on ne pourra guère démontrer complètement; malgré cela je les expose, dans la persuasion où je suis qu'elles seront susceptibles de suggérer de nouvelles recherches.

1194. Nous avons vu que la phocénine et la butyrine, qui ne sont pas acides, donnent, quand on les traite par la potasse, des acides et de la glycérine; qu'exposées à l'action simultanée de l'air et de la chaleur, elles deviennent odorantes et susceptibles de céder à la magnésie les principes de leur odeur. Les éthers végétaux et l'éther nitreux, qui passent pour être des combinaisons d'acides et d'alcool, présentent des propriétés analogues : ils ne sont point acides; quand on les traite par la potasse, ils se réduisent en alcool et en acides; exposés à l'action de l'air et de la chaleur, une portion de leur acide est mise à nu. D'après ces analogies, n'a-t-on pas quelques raisons pour considérer la phocénine et la butyrine comme des combinaisons d'acides odorants et de glycérine anhydre, ou plutôt d'une substance formée d'oxygène, de carbone et d'hydrogène, qui, en fixant de l'eau, constitue la glycérine?

1195. Si l'on admet le rapprochement que je fais entre la composition immédiate des éthers végétaux et celle de la phocénine et de la butyrine, on ne peut s'empêcher de l'étendre aux stéarines et à l'oléine; car celles-ci ont la plus grande analogie avec la phocénine et la butyrine, par la manière dont elles se comportent, non seulement lorsqu'elles sont exposées à l'action des alcalis, mais encore lorsqu'elles le sont à l'action de l'oxygène et à celle de l'acide sulfurique concentré. En effet :

(A) Les stéarines et l'oléine, sous l'influence alcaline, se changent en glycérine et en acides gras fixes, comme la phocénine et la butyrine se changent en glycérine et en acides gras volatils.

(B) Les stéarines et l'oléine, exposées à l'action de l'oxygène, deviennent acides; et si alors il se produit des acides volatils et une substance aromatique non acide, il se manifeste des acides gras fixes, comme il se manifeste des acides phocénique et butyrique lorsque la phocénine et la butyrine sont exposées à l'action de l'oxygène. (Voir la note 2 à la fin du volume.)

(C) Lorsqu'on met les stéarines et l'oléine avec l'acide sulfurique concentré, il se manifeste des acides gras fixes et peut-être de la glycérine (voir la note 3 à la fin du volume); de même qu'en exposant la phocénine et la butyrine à l'action de l'acide sulfurique concentré, il se manifeste des acides phocénique et butyrique et peut-être de la glycérine. (Voir la note 4 à la fin du volume.)

1196. A la vérité, on peut opposer à cette opinion plusieurs objections que je suis d'autant moins disposé à taire, qu'en 1814, dans mon troisième mémoire sur les corps gras[1], où je traitai le même sujet, ces objections me parurent alors assez fortes pour me faire penser qu'il était plus naturel de considérer la glycérine et les acides gras fixes, produits de la saponification des stéarines et de l'oléine, comme des substances de nouvelle formation, que de les considérer comme les principes immédiats des stéarines et de l'oléine; mais à cette époque je ne connaissais ni la phocénine ni la butyrine; j'ignorais l'analogie qu'il y a entre les résultats de l'action de l'oxygène sur les corps gras saponifiables et les résultats de l'action des alcalis sur les mêmes corps. Au reste, je vais rapporter les objections que j'ai faites à l'opinion qui me semble aujourd'hui la plus probable, avec les réponses qui me paraissent en atténuer la force.

(A) Les acides stéarique, margarique et oléique sont insolubles dans l'eau; la glycérine s'y dissout très bien; comment se fait-il que l'eau n'enlève pas ce principe aux acides qu'on y suppose combinés? C'est par la raison que l'eau froide n'enlève pas la potasse au bistéarate et au sursiliciate de cette base.

(B) Pourquoi les acides stéarique, margarique et oléique, etc., qui sont solubles en toutes proportions dans l'alcool d'une densité de

[1] *Annales de chimie*, t. XCIV, p. 113.

0,821 bouillant, forment-ils avec la glycérine anhydre, qui est soluble dans le même liquide (au moins quand elle est hydratée), des combinaisons qui n'y sont pas très solubles? C'est par la raison que l'acide sulfurique et la potasse forment un sel neutre peu soluble dans l'eau; que l'acide acétique et l'alcool forment un éther peu soluble dans le même liquide, et cependant l'acide sulfurique et la potasse, l'acide acétique et l'alcool, sont très solubles dans l'eau.

(c) Les acides stéarique, margarique, oléique, etc., ayant une action énergique sur le tournesol, pourquoi la glycérine, douée d'une affinité sensible pour la potasse, et qui par là semble être acide plutôt qu'alcaline, neutralise-t-elle l'action des acides gras sur le tournesol? C'est par la raison que l'alcool forme avec les acides nitreux, acétique, citrique, des éthers qui ne sont pas acides.

(d) Comment se fait-il que les acides stéarique, margarique, oléique, etc., mis en contact avec la glycérine, ne reproduisent pas des stéarines, de l'oléine, etc.? C'est qu'en présentant ces corps l'un à l'autre, ils sont à l'état d'hydrate; que dès lors leur affinité mutuelle n'est pas assez forte pour qu'ils se dépouillent des proportions d'eau qui sont étrangères à la composition des stéarines, de l'oléine, etc. Au reste, l'acide acétique, l'acide benzoïque, etc., mis en contact avec l'alcool, soit à chaud, soit à froid, ne produisent jamais d'éther tant qu'ils ne sont pas sous l'influence d'un acide minéral.

(e) Pourquoi la saponification ne s'opère-t-elle pas instantanément lorsqu'on présente aux matières saponifiables une base alcaline? Sans prétendre répondre à cette objection de manière à la détruire, cependant on peut considérer comme un obstacle assez puissant à la saponification, la difficulté d'établir un contact intime suffisamment prolongé entre deux liquides qui se mêlent difficilement.

1197. Enfin j'ajouterai que les propriétés de la glycérine anhydre peuvent être très différentes de celles que nous lui connaissons après qu'elle a fixé de l'eau ; car les matières organiques sont capables de s'unir à l'eau en des proportions définies de deux manières : 1° en conservant plus ou moins leurs propriétés principales, comme un sel minéral anhydre qui fixe de l'eau de cristallisation ; 2° en acquérant des propriétés absolument distinctes de celles qu'elles avaient avant de s'être combinées avec ce liquide, comme l'amidon qui, sous l'influence de l'acide sulfurique faible, en fixant de l'eau, se convertit en sucre de raisin.

1198. Au reste, quelle que soit celle des deux opinions que l'on préfère à l'autre, je vais résumer l'explication de la saponification : (A) dans l'hypothèse où les corps gras saponifiables sont considérés comme immédiatement formés d'oxygène, de carbone et d'hydrogène ; (B) dans l'hypothèse où ils sont considérés comme immédiatement formés d'acides gras et d'un composé qui, en fixant de l'eau, forme la glycérine ou l'éthal.

DE LA SAPONIFICATION DANS LA PREMIÈRE HYPOTHÈSE.

1199. Les stéarines, l'oléine, la phocénine, la butyrine, l'hircine, sont formées d'oxygène, de carbone et d'hydrogène dans des proportions telles, qu'une portion de leurs éléments représente un acide gras fixe ou volatil, tandis que l'autre portion + de l'eau représentent la glycérine. La cétine est formée des mêmes éléments, dans des proportions telles, qu'une portion représente une matière acide grasse fixe, tandis que l'autre portion, consistant en carbone et en hydrogène (dans la proportion des éléments de l'hydrogène percarburé) + de l'eau, représente l'éthal. Maintenant ces corps saponifiables sont-ils soumis à l'action d'une base salifiable suffisamment énergique, l'équilibre des éléments est rompu, la force alcaline détermine l'acidité dans une portion de la masse des substances saponifiables, tandis que le reste de cette masse, en fixant de l'eau, constitue la glycérine ou l'éthal. Dans cette hypothèse, la saponification est un phénomène du même genre que celui que présentent les métaux, lorsqu'ils se dissolvent dans un acide en s'oxydant aux dépens de l'eau : il n'y a de différence que dans la nature de la force qui est développée : dans la saponification, c'est la force alcaline qui détermine le développement de la force acide ; et, dans la dissolution des métaux, c'est la force acide qui détermine le développement de la force alcaline. Dans les deux cas, des sels sont formés avec des matériaux qui ne contenaient, tout développé, qu'un seul des principes immédiats des sels produits.

DE LA SAPONIFICATION DANS LA SECONDE HYPOTHÈSE.

1200. Les stéarines, l'oléine, la phocénine, la butyrine, sont des espèces de sels formés d'un acide gras anhydre, fixe ou volatil, et de glycérine anhydre ; la cétine est également une espèce de sel, mais la base qui neutralise la partie acide, au lieu d'être de la glycérine, est de l'hydrogène percarburé ; cette composition rapproche la cétine des éthers, qu'on regarde comme des composés d'un acide et d'hydrogène percarburé. Dans cette hypothèse, la saponification n'est que la décomposition d'un sel gras par une base salifiable qui prend la place de la glycérine anhydre ou de l'hydrogène percarburé, pendant que ces derniers corps, en fixant de l'eau, donnent la glycérine sirupeuse ou l'éthal.

NOTES.

PREMIÈRE NOTE.

SUR L'ANALYSE DU BEURRE DE CHÈVRE.

(*a*) Je n'ai eu que 4g5 de sels barytiques provenant de la décomposition du savon de beurre de chèvre. Cette quantité a été mise avec 12g5 d'eau à 22 degrés. Au moment du contact, il s'est dégagé une odeur mixte d'acide caproïque et d'acide hircique.

On a obtenu une 1re *solution* formée de :

Eau	100
Sel	16.62

1er *résidu* : mis avec 14g64 d'eau, il a donné une 2e *solution* formée de :

Eau	100
Sel	9.19

2e *résidu* : mis avec 11g50 d'eau, il a donné une 3e *solution* formée de :

Eau	100
Sel	3.25

3e *résidu* : mis avec 21g45 d'eau, il a donné une 4e *solution* formée de :

Eau	100
Sel	0.755

4e *résidu* : mis avec 50 grammes d'eau, il a donné une 5e *solution* formée de :

Eau	100
Sel	0.50

5e *résidu* : sa dissolution a donné des cristaux semblables à ceux de la 5e solution; ils y ont été réunis.

(*b*) Les cristaux des 5e et 6e solutions étaient semblables aux cristaux de caprate impur; et sans l'odeur très forte d'acide hircique qu'ils exhalaient, on aurait pu les confondre avec eux.

N'ayant pas eu $0^g,4$ de ces cristaux pour mes essais, et d'un autre côté, n'ayant fait qu'entrevoir quelques-unes des propriétés de l'hirciate de baryte, et n'étant pas sûr de la capacité de saturation de son acide, il m'a été impossible de m'assurer si ces cristaux sont réellement un mélange de caprate et d'hirciate de baryte. Ce qu'il y a d'important, *c'est d'avoir constaté que le principe odorant qui distingue le lait de chèvre du lait de vache se retrouve dans les sels barytiques provenant de l'analyse du savon du beurre de chèvre.* Tous les faits connus actuellement s'accordent pour faire considérer ce principe odorant comme un acide dont l'odeur est celle de l'acide hircique.

DEUXIÈME NOTE.

DES RÉSULTATS DE L'ACTION DE L'OXYGÈNE SUR LA GRAISSE DE PORC.

(*a*) De la graisse de porc, étendue sur les parois d'un flacon à l'émeri rempli d'oxygène, a été abandonnée dans un lieu où le soleil ne donne pas. Au bout de trois ans, la plus grande partie du gaz était absorbée; et s'il s'était produit du gaz acide carbonique, ce n'était que dans une proportion extrêmement faible. La graisse semblait avoir perdu de sa fusibilité, car, après l'avoir fondue, elle commençait à se troubler à 35 degrés; mais la solidification ne se faisait qu'à 27 degrés; avant d'avoir été soumise à l'action de l'air, 27 degrés était bien le point de solidification de la graisse, mais le trouble ne commençait qu'à 31 degrés. Quand la graisse se figeait, elle présentait à sa surface des inégalités plus grandes qu'avant d'avoir été soumise à l'action de l'oxygène; elle était blanche et exhalait une forte odeur de rance évidemment aromatique et acide.

(*b*) La graisse a été agitée à plusieurs reprises avec l'eau. Chaque fois l'eau a été filtrée après être restée vingt-quatre heures en contact avec la graisse. Je vais examiner : 1° les lavages de la graisse rance; 2° la graisse rance lavée.

§ I. LAVAGE AQUEUX DE LA GRAISSE RANCE.

(*c*) Il était acide et odorant: son odeur était absolument semblable à celle de la graisse rance.

(*d*) Il a été distillé.

Résidu de la distillation.

(*e*) Ce résidu était jaune, acide et amer: il était recouvert de *gouttes huileuses orangées, qui m'ont paru analogues à l'acide oléique de l'adipocire des cadavres* (945). Ces gouttes ont été séparées du liquide qu'elles recouvraient; celui-ci, évaporé à siccité et repris par l'eau froide, a encore abandonné des gouttes huileuses qu'on a séparées. Après ce traitement, le liquide aqueux était moins coloré, moins amer; sa saveur acide était plus franche; elle était mêlée cependant d'un goût d'empyreume. Ce liquide, évaporé, donnait un extrait orangé absolument distinct de la glycérine, qui paraissait formé d'une substance grasse et d'une substance incristallisable. — L'extrait se séchait à l'air: sa solution aqueuse ne précipitait l'eau de baryte que très légèrement; en faisant évaporer à siccité et traitant ce qui restait par l'alcool, celui-ci n'enlevait qu'une trace d'un sel barytique et d'une huile acide orangée précipitable de l'alcool au moyen de l'eau.

(*f*) Les expériences précédentes me font considérer le résidu de la distillation (*d*) comme un composé d'*acide oléique*, de *principe colorant orangé*, d'un *acide fixe soluble dans l'eau*, *uni peut-être à une substance organique non acide*.

(*g*) Le produit de la distillation (*d*) avait l'odeur de la graisse rance; on l'a distillé après l'avoir neutralisé par l'eau de baryte. On a obtenu : 1° un *produit volatil*; 2° un *résidu salin barytique*. Produit de la distillation.

(*h*) Il avait l'odeur de la graisse rance, sauf l'odeur acide de cette substance. Cette odeur était absolument semblable à celle d'un produit non acide que l'on obtient en distillant les graisses avec le contact de l'air. La dissolution aqueuse du principe odorant non acide de la graisse rance, conservée pendant quelques mois dans un flacon fermé, prenait l'odeur du fromage de Roquefort. Produit volatil.

(*i*) Ce résidu a été traité à trois reprises par trois portions d'eau : Résidu salin barytique.

Le 1er lavage était formé de :

Eau	100
Sel	9,99

Le 2e lavage était formé de :

Eau... } en quantités qu'on n'a pas déterminées.
Sel.... }

Le 3e lavage était formé de :

Eau	100
Sel	1,01

(*k*) Il semble que dans le résidu salin il y avait deux sels barytiques : cependant, comme je ne les ai pas séparés, je n'assure pas cette conclusion; j'ajouterai seulement que la matière acide des sels barytiques, isolée de la baryte, se présente à l'état d'un hydrate oléagineux semblable à l'acide caproïque hydraté. Et s'il existe deux acides volatils dans la graisse rance, il faudrait rechercher si l'un est produit par la stéarine et l'autre par l'oléine.

§ 2. EXAMEN DE LA GRAISSE RANCE LAVÉE.

(*m*) Elle a été traitée par son poids d'alcool d'une densité de 0.821 bouillant. — On a filtré la liqueur après qu'elle a été refroidie, et on l'a fait évaporer: il est resté un extrait huileux, liquide à 15 degrés, visqueux au-dessous de cette température, très acide, soluble en toutes proportions dans l'alcool froid, d'une densité de 0.821. Je n'ai point examiné le résidu indissous dans l'alcool; il m'a paru formé, pour la plus grande partie au moins, de stéarine et d'oléine.

(*n*) L'extrait huileux (*m*) a cédé à l'eau bouillante une *matière jaune* semblable à celle qui est décrite (*e*) : quand il a eu cessé d'en céder, on l'a dissous dans l'alcool et précipité par l'eau: celle-ci a encore dissous de la *matière jaune*.

(*o*) L'extrait huileux, après le traitement précédent, était visqueux à 15 degrés: il semblait être formé d'une substance liquide, et d'une substance solide interposée dans la première. On l'a traité par la magnésie, au milieu de l'eau bouillante; celle-ci ne retenait presque rien en dissolution. Quant à la matière huileuse qui avait fait pâte avec la magnésie, on l'a traitée par l'alcool froid, puis par l'alcool bouillant.

Lavages alcooliques.

(*p*) Les lavages alcooliques contenaient une *graisse non acide* avec un peu de *savon de magnésie*.

Résidu indissous dans l'alcool.

(*q*) Ce résidu était formé de *margarate* et d'*oléate de magnésie*, et probablement de *stéarate de la même base*. Les acides séparés de la magnésie étaient à 18 degrés, en partie sous la forme d'aiguilles, et en partie à l'état liquide. Je me suis assuré que la matière dont je parle s'unissait à la potasse sans perdre de son poids et sans changer de fusibilité, et que le savon de potasse se convertissait dans l'eau en *matière nacrée* et en *oléate*.

(*r*) La graisse de porc, exposée au contact du gaz oxygène à la température ordinaire, absorbe une quantité considérable de ce gaz.

L'oléine et la stéarine se changent :

1° En *principe colorant orangé;*

2° En *acide fixe soluble dans l'eau;*

3° En une *substance non acide soluble dans l'eau;*

4° En un *principe volatil non acide;*

5° En un ou deux *acides volatils*, congénères des acides gras volatils qui forment le genre des espèces décrites dans cet ouvrage.

C'est au principe volatil non acide et à la matière acide volatile que la graisse rance doit son odeur. Il est probable que tous ces principes volatils se forment dans la distillation des graisses, telle qu'on fait ordinairement cette opération.

6° En *acides gras fixes.*

TROISIÈME NOTE.

DE L'ACTION DE L'ACIDE SULFURIQUE SUR LES STÉARINES ET L'OLÉINE.

PREMIÈRE SECTION.

DE L'ACTION DE L'ACIDE SULFURIQUE SUR LA GRAISSE DE PORC.

(*a*) 6g 5 de graisse de porc, mêlés avec 6g 5 d'acide sulfurique concentré, ont été exposés à 100 degrés pendant quelques minutes; les matières se sont colorées légèrement en brun et une petite quantité de gaz sulfureux s'est dégagée.

(*b*) Au bout de huit jours, les matières ont été étendues avec 50 grammes d'eau : on a séparé un *liquide acide* d'une *matière grasse.*

(*c*) La *matière grasse* mise avec 100 grammes d'eau a formé une émulsion homogène qui a été décomposée dès qu'on a eu neutralisé à chaud l'acide sulfurique de cette émulsion par la magnésie : la *matière grasse,* d'abord fluide, a pris peu à peu de la consistance en se combinant à la magnésie qu'on avait ajoutée en excès. Le savon magnésien a été lavé à l'eau bouillante.

(*d*) Je vais examiner : 1° le *liquide acide* (*b*); 2° le *liquide aqueux* au sein duquel la matière grasse s'était unie à la magnésie; 3° le *savon magnésien.* L'eau qui avait servi à le laver a été réunie au liquide aqueux.

§ I. DU LIQUIDE ACIDE (*b*).

(*e*) Il a été mêlé à un léger excès d'eau de baryte, on a filtré : je n'ai pas recherché si le précipité contenait quelque autre sel insoluble que le sulfate de baryte. La liqueur filtrée, évaporée à siccité, a laissé un résidu qui a été traité par l'alcool. On a obtenu une *matière indissoute* et une *solution alcoolique.*

(*f*) *Matière indissoute* (*e*). *C'était un sel de baryte dont l'acide me paraît analogue à l'acide sulforinique; c'est pourquoi je le désignerai par le nom d'*ACIDE SULFOADIPIQUE. Cet acide est probablement formé d'acide hyposulfurique uni à une matière organique. Le sulfoadipate de baryte pesait 0g 33, abstraction faite du sous-carbonate de baryte qui y était mêlé.

Il était très soluble dans l'eau et presque insoluble dans l'alcool. Lorsqu'on le distillait dans un tube contenant un peu d'air, on obtenait entre autres produits : 1° une vapeur acide empyreumatique extrêmement âcre, dans laquelle on reconnaissait la présence de l'acide sulfureux et du gaz acide hydrosulfurique; 2° du soufre; 3° du sulfure de baryte mêlé de charbon. Le sulfoadipate de baryte avait une saveur d'abord piquante et ensuite légèrement douceâtre; je ne l'ai pas obtenu cristallisé. Lorsqu'on en précipitait la baryte par l'acide sulfurique, on en retirait un acide sirupeux d'une saveur très aigre qui donnait à la distillation des produits analogues à ceux du sel, avec cette différence qu'ils étaient plus âcres et plus huileux. Il restait beaucoup de charbon.

(*g*) *Solution alcoolique* (*e*). Évaporée à siccité, elle a laissé 0g 20 d'un résidu qui contenait du *sulfoadipate de baryte* et une *matière organique* soluble dans l'eau et dans l'alcool, sirupeuse, douceâtre, qui peut-être était de la *glycérine*.

§ 2. DU LIQUIDE AQUEUX (*d*).

(*h*) Il était neutre aux réactifs colorés. On l'a fait évaporer : l'alcool, appliqué au résidu de l'évaporation, a séparé du sulfate de magnésie. La solution alcoolique étendue d'eau a été concentrée, puis mêlée à de l'eau de baryte; celle-ci a précipité de la magnésie et une matière organique qui était en trop petite quantité pour être examinée. Quant à la solution aqueuse, elle m'a paru formée, pour la plus grande partie au moins, de *sulfoadipate de baryte*, car cette solution évaporée a laissé 0g 07 d'un résidu insoluble ou peu soluble dans l'alcool, soluble dans l'eau, qui donnait à la distillation les mêmes produits que le sel (*f*).

§ 3. DU SAVON MAGNÉSIEN (*d*).

(*i*) Il a été lavé à trois reprises par quinze fois son poids d'alcool bouillant. Les lavages ont donné un dépôt qui a été séparé par la filtration.

ARTICLE PREMIER.

RÉSIDU INDISSOUS.

(*k*) Il a été décomposé par l'acide hydrochlorique; on a obtenu 1g 9 d'une *matière grasse, brune, fusible à 48 degrés*, qui s'est dissoute instantanément dans la potasse très étendue. Cette matière séparée de la potasse, après avoir bouilli avec elle, avait la même fusibilité qu'auparavant, ainsi que le même poids; ce qui prouve qu'elle était entièrement acide. Elle faisait une émulsion avec l'eau acidulée par l'acide sulfurique et hydrochlorique. Cette émulsion était décomposée : 1° par la concentration; 2° par la neutralisation de l'acide sulfurique ou hydrochlorique; 3° par un excès d'acide sulfurique ou hydrochlorique. La matière grasse était en grande partie formée d'*acide margarique*, d'*acide oléique* et probablement d'*acide stéarique*, et d'une *substance* qui communiquait à ces trois acides la propriété de faire émulsion avec l'eau acidulée. Cette dernière substance contenait probablement de l'acide hyposulfurique, car elle donnait à la distillation beaucoup d'acide hydrosulfurique, et sa combinaison avec la baryte donnait beaucoup de sulfure quand on la chauffait au rouge.

ARTICLE 2.

DÉPÔT (*i*).

(*l*) C'était un savon magnésien dont les acides gras pesaient 0g 95, étaient fusibles à 47 degrés et n'avaient point la propriété de faire émulsion avec l'eau acidulée, soit à chaud, soit à froid; ils ne donnaient pas ou presque pas de produit sulfuré à la distillation.

ARTICLE 3.

MATIÈRE RESTÉE EN SOLUTION DANS L'ALCOOL REFROIDI.

(*m*) Cette matière, après avoir été séparée de l'alcool, n'a rien cédé à l'eau, si ce n'est une trace d'un sel magnésien. Traitée par l'alcool froid, on en a séparé une matière insoluble pesant 0g 18, dont la composition était analogue à celle du *dépôt* (*l*). Quant à la solution alcoolique, elle a laissé après l'évaporation 1g 60 d'une *substance rougeâtre* qui a cédé à l'acide hydrochlorique 0g 03 de magnésie: on n'a pas recherché si l'acide n'avait dissous absolument que de la magnésie.

Propriétés de la substance rougeâtre privée de magnésie pesant 1.57.

(*n*) Elle était orangée; elle faisait émulsion avec l'eau acidulée chaude; elle absorbait l'eau froide. Quand on la laissait refroidir, après l'avoir fondue, elle se congelait à 29°,5, ou plutôt à cette température elle prenait beaucoup de consistance sans devenir absolument solide.

(*o*) 0g 5 de cette substance ont été chauffés dans l'eau: ils se sont fondus sans que l'eau ait paru agir dessus: ayant ajouté de l'eau de baryte sur-le-champ, la matière grasse a pris de la consistance, parce qu'elle s'est combinée à l'alcali. Cependant la combinaison est devenue fluide sans que l'eau bouillît; on a décanté l'eau de baryte qui était en excès, on a lavé la matière insoluble avec l'eau bouillante, puis avec l'alcool bouillant.

(*p*) *Résidu indissous par l'eau et l'alcool.* La baryte ayant été séparée de ce résidu par l'acide hydrochlorique, on a obtenu une *matière d'un rouge orangé* qui avait les propriétés suivantes: elle était fusible à 28 degrés: elle absorbait l'eau froide: elle faisait avec l'eau acidulée une émulsion décomposable par la concentration, les acides et la magnésie. Elle était soluble dans l'eau de potasse, et en se combinant à cet alcali elle n'éprouvait aucun changement de fusibilité: sa dissolution alcaline laissait précipiter du bimargarate de potasse mêlé peut-être de bistéarate. La matière d'un rouge orangé donnait beaucoup d'acide hydrosulfurique à la distillation: je pense qu'elle différait de la *matière grasse, brune, fusible à 48 degrés* (*k*), en ce qu'elle contenait de plus grandes proportions d'acide oléique et de la substance que j'ai considérée comme formée d'acide hyposulfurique et d'une matière organique; j'ignore les rapports que cette substance pouvait avoir avec l'acide sulfoadipique.

(*q*) *Lavage aqueux du résidu* (*p*). Il contenait de la baryte unie à une matière qui donnait à la distillation des produits sulfurés.

(*r*) *Lavage alcoolique du résidu* (*p*). Il contenait une portion de matière analogue au résidu (*p*).

Conséquences. La graisse de porc traitée par son poids d'acide sulfurique a donné:

1° De l'*acide sulfoadipique*, qui est incristallisable, soluble dans l'eau et l'alcool; qui donne des produits sulfurés par la distillation et qui forme avec la baryte un sel soluble dans l'eau et presque insoluble dans l'alcool.

2° Une *matière soluble dans l'eau et l'alcool*, incristallisable, douceâtre. Je suis d'autant plus porté à croire que cette matière était de la glycérine, que la graisse de porc traitée par la moitié de son poids d'acide sulfurique a fourni une substance qui a les plus grandes analogies avec la glycérine. Comme cette dernière, elle conservait sa liquidité dans le vide sec; sa saveur était douce: cependant elle avait un arrière-goût piquant qu'elle devait à une petite quantité de sulfoadipate de baryte qu'on y découvrait par la distillation. Si je n'avais pas trouvé ce sel dans la substance dont je parle, j'aurais prononcé sans hésitation son identité avec la glycérine.

3° De l'*acide margarique*.

4° De l'*acide oléique*.

5° De l'*acide stéarique*: mais ce dernier n'a pas été isolé des deux précédents.

6° Une *substance organique combinée probablement à de l'acide hyposulfurique*. C'est elle qui donnait aux acides précédents la propriété de faire émulsion avec l'eau acidulée. Le temps ne m'a pas permis de l'isoler de ces acides: cependant j'aurais bien désiré savoir si elle est réellement distincte de l'acide sulfoadipique, comme il le paraîtrait d'après ce résultat, *que quand on la traite par la baryte, ainsi que les acides gras qui l'accompagnent, la combinaison de cette substance avec la baryte reste pour la plus grande partie unie ou mélangée avec le savon barytique formé par les acides gras*; et si, dans le cas où la substance est distincte de l'acide sulfoadipique, cette même substance ne pourrait être considérée comme une combinaison d'acides gras fixes et d'acide hyposulfurique, tandis que l'acide sulfoadipique pourrait être considéré comme une combinaison de glycérine et d'acide hyposulfurique.

On voit donc qu'en traitant par l'acide sulfurique la graisse de porc, cette matière se partage, comme dans la saponification, en deux portions très inégales : 1° l'une qui est *soluble dans l'eau* et qui est formée d'acide sulfoadipique et d'une substance qui paraît être de la glycérine; 2° l'autre qui est *insoluble dans l'eau* et qui est formée d'acides gras fixes et d'une substance dont la composition est analogue à celle de l'acide sulfoadipique.

Je me suis assuré que dans le traitement précédent il ne se produit pas de quantité notable d'acide acétique. Je n'ai point recherché s'il se produit quelque substance alcaline.

DEUXIÈME SECTION.

DE L'ACTION DE L'ACIDE SULFURIQUE SUR LA STÉARINE DE MOUTON.

(*a*) 6g 68 de stéarine de mouton fusible à 43 degrés ont été traités par 6g 68 d'acide sulfurique, comme la graisse de porc. Les phénomènes pendant l'action ont été les mêmes.

(*b*) Au bout de huit jours, les matières ont été mises en contact avec l'eau, on a obtenu un *liquide acide* et une *matière grasse* qui a fait émulsion avec l'eau quand elle a été séparée du liquide acide. Cette émulsion a été réduite par la magnésie en un *liquide aqueux* et en un *savon de magnésie*.

§ 1. DU LIQUIDE ACIDE (*b*).

(*c*) Ce liquide a été mêlé à une quantité d'eau de baryte un peu plus que suffisante pour précipiter tout l'acide sulfurique qu'il contenait. Le liquide filtré a été distillé; le produit m'a paru contenir une trace d'*acide acétique*. Le résidu de la distillation contenait : 1° de l'*acide sulfoadipique;* 2° une *matière organique* soluble dans l'alcool et dans l'eau, sirupeuse, douceâtre, qui peut-être était de la glycérine. L'acide sulfoadipique était représenté par 0g 45 de sulfoadipate de baryte. La seconde matière pesait 0g 2, mais elle retenait du sulfoadipate de baryte.

§ 2. DU LIQUIDE AQUEUX (*b*).

(*d*) Il a été évaporé à siccité. L'alcool a séparé du résidu du sulfate de magnésie; il a dissous du sulfoadipate de magnésie et peut-être une matière organique

§ 3. DU SAVON DE MAGNÉSIE.

(e) Il a été traité cinq fois par l'alcool froid, puis deux fois par l'alcool bouillant. Je vais examiner : 1° le *résidu indissous par l'alcool;* 2° la *matière dissoute par l'alcool froid :* 3° la *matière dissoute par l'alcool bouillant.*

ARTICLE PREMIER.

RÉSIDU INDISSOUS PAR L'ALCOOL.

(f) Il a été décomposé par l'acide sulfurique. On a obtenu une *graisse jaune fusible à 57 degrés,* pesant 2g 95, qui ne faisait émulsion ni avec l'eau pure ni avec l'eau acidulée, soit à chaud, soit à froid. Cette graisse était entièrement saponifiée, car l'ayant mise dans l'eau de potasse faible et chaude elle a été dissoute sur-le-champ. La liqueur ayant été bouillie, le savon ayant été décomposé par l'acide phosphorique, on a obtenu une *graisse fusible à 57 degrés* qui pesait autant que la matière qui avait été unie à la potasse. Cette graisse était formée d'*acides stéarique, margarique* et *oléique;* on en a obtenu de l'acide stéarique fusible à 69 degrés, très brillant, qui ne donnait pas une trace de gaz sulfuré à la distillation.

ARTICLE 2.

MATIÈRE DISSOUTE PAR L'ALCOOL FROID.

(g) Elle pesait 1g 73 : elle était jaune; mise avec 100 grammes d'eau chaude, elle n'a pas fait émulsion, mais elle est devenue en partie floconneuse. L'eau n'a dissous qu'une trace d'un sel magnésien; comme cette matière était acide, on l'a neutralisée par un lait de magnésie : l'eau ne contenait presque pas de matière soluble.

(h) En traitant le savon par l'alcool, j'ai réduit la matière organique qui le constituait :

1° En une *graisse acide* pesant 0g 19, fusible à 44 degrés, qui ne faisait point émulsion avec l'eau et qui était entièrement saponifiée;

2° En une *graisse acide* pesant 1g 54, fusible à 36 degrés, qui faisait légèrement émulsion avec l'eau acidulée; elle n'était pas entièrement saponifiée, car, après avoir été bouillie dans la potasse et séparée de cet alcali, elle était fusible à 37 degrés. Dans cet état, elle faisait émulsion avec l'eau acidulée comme auparavant; distillée, elle donnait des produits sulfurés.

(k) La substance qui donnait à la matière précédente la propriété de faire émulsion avec l'eau était analogue à celle dont j'ai parlé dans la première section de cette note (k).

ARTICLE 3.

MATIÈRE DISSOUTE PAR L'ALCOOL BOUILLANT.

(*l*) Cette dissolution s'était abondamment troublée par le refroidissement : elle a été filtrée.

(*m*) *Matière précipitée par refroidissement.* C'était un mélange de graisse acide, de savon de magnésie et d'une graisse non acide. Ayant neutralisé par la magnésie, puis traité par l'alcool, on a obtenu :

1° 0^g 7 d'une *graisse entièrement acide, fusible à 55 degrés.*

2° 0^g 2 d'une *graisse non acide, fusible à 42 degrés* (cette matière était de la stéarine qui n'avait pas été en contact avec l'acide sulfurique).

(*n*) *Matière restée en dissolution dans l'alcool froid.* Elle était entièrement acide, fusible à 44 degrés ; elle ne faisait pas, ou qu'extrêmement peu, émulsion avec l'eau ; elle pesait 0^g 37 ; elle donnait des produits sulfurés à la distillation.

(*o*) Lorsqu'à une température de 50 degrés on traite le suif par la moitié de son poids d'acide sulfurique concentré, on obtient, en lavant les matières avec l'eau, un lavage qui contient de l'*acide hircique* et une *substance* qui a les plus grands rapports avec la glycérine. La matière indissoute par l'eau contient des acides gras fixes.

(*p*) On voit que l'action de l'acide sulfurique sur la stéarine est tout à fait analogue à celle qu'il exerce sur la graisse de porc, et que par ce traitement on obtient entre autres produits de l'*acide stéarique bien caractérisé.* Conclusion.

(*q*) M. Braconnot, avant moi, avait observé que le suif traité par la moitié de son poids d'acide sulfurique est changé en une *matière qui a une grande aptitude à se combiner avec les alcalis.*

QUATRIÈME NOTE.

PREMIÈRE SECTION.

ACTION DE L'ACIDE SULFURIQUE SUR LA PHOCÉNINE.

(*a*) 1^g 5 de phocénine ont été mis avec 1^g 5 d'acide sulfurique à 66 degrés ; on a fait chauffer à 100 degrés ; on a abandonné les matières à elles-mêmes ; au bout de huit jours, elles exhalaient une odeur mixte d'acide phocénique et d'acide sulfureux. On a versé dessus 40 grammes d'eau ; peu à peu une *matière huileuse* s'est séparée à la surface de l'eau. Quand celle-ci a été transparente, on l'a pompée avec une pipette. Elle sera examinée sous la dénomination de *liquide acide*.

(*b*) La *matière huileuse* a fait émulsion avec 50 grammes d'eau; cette émulsion a été décomposée par la magnésie. On a obtenu un *liquide aqueux neutre* et un *savon magnésien*.

§ 1. LIQUIDE ACIDE ET LIQUIDE AQUEUX NEUTRE.

(*c*) On a précipité l'acide sulfurique de ce *liquide acide* par un léger excès d'eau de baryte et l'on a filtré la liqueur pour séparer le sulfate de baryte [1].

(*d*) On a évaporé le *liquide aqueux neutre* à siccité; le résidu a été traité par l'alcool : il est resté du sulfate de magnésie. L'extrait alcoolique évaporé à siccité a été dissous dans l'eau, puis mêlé à l'eau de baryte pour en séparer la magnésie. La liqueur filtrée a été réunie à la liqueur (*c*).

(*e*) Les deux liqueurs (*c*) et (*d*), contenant de la baryte, ont été distillées avec de l'acide phosphorique. On a obtenu de l'acide phocénique représenté par 0g 700 de phocénate de baryte sec : mais on en avait perdu. Ce phocénate de baryte distillé n'a pas donné de sulfure : seulement le résidu, mis avec l'acide hydrochlorique, a laissé dégager une trace d'acide hydrosulfurique, qui n'était pas sensible à l'odorat, mais qui a noirci le papier imprégné d'acétate de plomb. Ce produit était très probablement accidentel.

(*f*) Le résidu de la distillation, outre l'acide phosphorique, contenait : 1° une *matière organique soluble dans l'eau et dans l'alcool*, qui était peut-être de la glycérine : 2° de l'*acide sulfoadipique*. Ces matières pesaient 0g 25.

§ 2. DU SAVON MAGNÉSIEN.

(*g*) Ce savon a été traité par l'alcool froid, puis deux fois par l'alcool bouillant. Celui-ci n'a donné qu'un léger dépôt en se refroidissant.

ARTICLE PREMIER.

DU RÉSIDU INDISSOUS PAR L'ALCOOL.

(*h*) Ce résidu a été traité par l'acide hydrochlorique; il a donné 0g 3 d'un acide qui avait toutes les propriétés de l'acide oléique coloré : il ne contenait pas ou que très peu de soufre.

[1] On n'a pas recherché si le sulfate de baryte séparé était pur.

ARTICLE 2.

DU DÉPÔT DE LA SOLUTION ALCOOLIQUE.

(*i*) Ce dépôt, traité par l'acide hydrochlorique, a donné $0^{g}07$ d'un acide oléique qui ne faisait pas émulsion avec l'eau, et qui à froid était dissous complètement par l'eau de potasse.

ARTICLE 3.

DE LA SOLUTION ALCOOLIQUE REFROIDIE.

(*k*) La solution alcoolique, évaporée à siccité, a laissé un résidu jaune orangé qui a été traité par l'acide hydrochlorique; la matière grasse pesait $0^{g}51$. Elle était peu colorée; elle ne faisait presque pas émulsion avec l'eau acidulée. Elle était dissoute à froid par l'eau de potasse; cependant la dissolution n'était pas complètement transparente, et certainement elle contenait une très petite quantité de matière grasse non acide, susceptible de se saponifier; car, par l'ébullition, la dissolution devenait parfaitement limpide. Cette matière, distillée avec de la baryte, a donné un peu de gaz sulfuré et une trace de sulfure de baryte.

En traitant la phocénine par l'acide sulfurique, on obtient donc, entre autres produits, de l'acide phocénique, de l'acide oléique et de l'acide sulfoadipique.

SECONDE SECTION.

DE L'ACTION DE L'ACIDE SULFURIQUE SUR LA BUTYRINE.

La butyrine, traitée absolument comme la phocénine, a donné des résultats tout à fait analogues; seulement, au lieu d'acide phocénique, on a obtenu de l'acide butyrique probablement uni aux autres acides volatils du beurre, et il m'a semblé que les proportions de l'acide sulfoadipique et de la matière émulsive étaient plus fortes que celles des mêmes matières fournies par la phocénine.

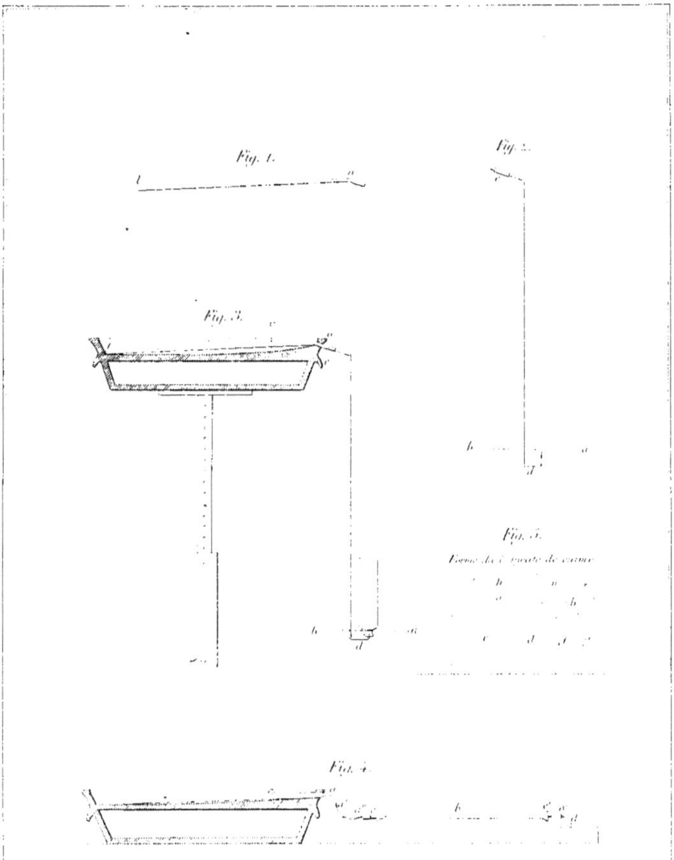
Fig. 1.
Fig. 3.
Fig. 4.

TABLE DES MATIÈRES.

LIVRE III.

LIVRE IV.

LIVRE V.

PREMIÈRE PARTIE.

SECONDE PARTIE.

LIVRE VI.

NOTES.

IMPRIMERIE NATIONALE.

www.ingramcontent.com/pod-product-compliance
Lightning Source LLC
LaVergne TN
LVHW011220170726
843501LV00002B/300
* 9 7 8 2 3 2 9 4 1 9 5 1 0 *